令和版

いつできた？この制度

廃棄物処理法

廃棄物処理法愛好会

編集代表　長岡文明

TAC出版

はじめに

　「廃棄物処理法 いつできた？ この制度」は当初、平成20（2008）年に環境省産業廃棄物課主催「今後の産廃行政研究会」の委員であり、環境省環境調査研修所主催研修会「産廃アカデミー」の講師をともに担ったメンバーの共著として出版した。

　難解といわれる廃棄物処理法も成立当初はもっと簡単で、改正を繰り返すうちに複雑怪奇になったのであるが、それぞれの改正の背景には、社会のニーズがあったはずである。それらを知ることにより、法令・規制の仕組みがより体系的に理解できるのではないかと思いスタートしたものであった。

　それから10年が経過し、廃棄物処理法はその後も度重なる発展（？）を遂げ、ますます混迷を極めた。そこで、新たなメンバーにより（一社）産業環境管理協会の機関誌である「環境管理」の2018年10月号から2020年11月号まで、26回にわたりリニューアル連載したものである。

　この度、単行本として出版するに当たり、連載以降の法改正を反映するとともに、より理解しやすい内容となるよう、全体構成の見直しなどを行った。なお、「環境管理」連載のうち「許可不要制度」については、当本の姉妹本として別途出版することとなった。

　それぞれのテーマで分担しての執筆ではあったが、お互いに精査することにより、独りよがりの理論展開となることもなく、満足のいく内容になったと自負している。

　廃棄物は社会の変化とともに質・量ともに変化する。それに合わせ、廃棄物の処理ルールも変化せざるを得ない。よって、廃棄物処理法は今後も引き続き条文の改正は行われるであろうし、条文は変わらずとも新たな運用が行われることは宿命ともいえるだろう。

　本書の内容は、あくまでも執筆時点での運用ということでご承知おき願いたい。

　レベルとしては、基礎知識は一応マスターし実務経験もそれなりに積んだ方を対象にしているが、対話調で書かれていることから初心者の方も想定質問者である「COPさん」とともに、いろいろな項目に挑戦していただけるものと思っている。

　「廃棄物処理法 いつできた？ この制度」（令和版）を出版するに当たり、参考とさせていただいた「平成版」の執筆者の岡田氏、定氏、機関誌連載時の編集担当であった産業環境管理協会の板倉氏、出版にご尽力いただいた株式会社オフィスTMの三宅氏、菱沼氏をはじめ関係者の方々に感謝を申し上げたい。

　　令和5年11月吉日

廃棄物処理法愛好会
編集代表　長岡文明

目　次

略記一覧
本文中に掲載のある主な略記の正式名称は次のとおりです。

略　記	正式名称
海洋汚染防止法	海洋汚染等及び海上災害の防止に関する法律
家電リサイクル法	特定家庭用機器再商品化法
小型家電リサイクル法	使用済小型電子機器等の再資源化の促進に関する法律
資源有効利用促進法	資源の有効な利用の促進に関する法律
自動車リサイクル法	使用済自動車の再資源化等に関する法律
ダイオキシン特措法	ダイオキシン類対策特別措置法
地方分権一括法	地方分権の推進を図るための関係法律の整備等に関する法律
廃棄物処理法	廃棄物の処理及び清掃に関する法律
廃棄物処理法施行令	廃棄物の処理及び清掃に関する法律施行令

略　記	正式名称
廃棄物処理法施行規則	廃棄物の処理及び清掃に関する法律施行規則
バーゼル条約	有害廃棄物の国境を越える移動及びその処分の規制に関するバーゼル条約
プラスチック資源循環法	プラスチックに係る資源循環の促進等に関する法律
ロンドン条約	1972年の廃棄物その他の物の投棄による海洋汚染の防止に関する条約
PRTR法	特定化学物質の環境への排出量の把握等及び管理の改善の促進に関する法律
PCB特措法	ポリ塩化ビフェニル廃棄物の適正な処理の推進に関する特別措置法

第①回

有価物、廃棄物の区分の巻

みなさんこんにちは。本書では、廃棄物処理法を愛してやまない「廃棄物処理法愛好会」のメンバーが、難解な廃棄物処理法や関連法の様々な制度の生い立ちを説明していくものです。聞き手は、某企業の廃棄物管理部門に配属されて3年目、廃棄物処理法を鋭意勉強中のCOPさんです。第1回は、「有価物、廃棄物の区分」を取り上げます。お相手は「不用品回収セミナー」の講師も担当しているN先生です。

「廃棄物」の概念の歴史は浅い

POINT

●「廃棄物」と意識しだしたのは、たかだか半世紀。そのため、国民の概念が統一されていない。
●「毒のある物」「感染性がある物」「悪臭がする物」と同様に「邪魔になる物」も「不要な物」

COP：廃棄物処理法を担当する人は、排出者でも、処理業者でも、行政担当者でも、「物が有価物か、廃棄物か」は最大の課題ですよね。

N先生：そうですねぇ。廃棄物処理法を初めて担当する新任者も、そして10年、20年と廃棄物処理法を担当しているベテランでも、この「有価物か、廃棄物か」は最大の難問でしょう。

COP：どうしてこんなに大変で、難しいのでしょうか？

N先生：それはなんといっても、この法律が「廃棄物処理法」だからでしょうね。

COP：そんな意地悪な答えではなく、ちゃんと答えてくださいよ。

N先生：あながち、不真面目ともいえないのですが……。廃棄物処理法がスタートする前の法

律は「清掃法」、その前が「汚物掃除法」というもので、法律の名称にも「廃棄物」という文言は出てきませんよね。ということは、この時代は「廃棄物」という視点、概念は「なかった」とまではいいませんが、あまり重要視はされていなかったともいえるでしょう。

COP：どういうことですか？

N先生：今でこそ、「廃棄物」といえば、日本人の多くの人が分かりますし、ましてや「不法投棄」という状況をイメージすることもできます。しかし、半世紀前までの日本では「廃棄物」という概念は薄くて、「毒があるから規制しなければ」「病気になるから取扱注意」という捉え方が大勢であったと思います。COPさんは、道路脇に石ころが転がっていたといって気にしますか？

COP：道路の真ん中に岩が転がっていたら問題ですけど、道路脇に石が転がっていても、そんなものは気にしませんね。昔からある光景ですし、私の生活に影響することでもありませんから。

N先生：半世紀前までの日本人の「廃棄物」というものについての概念は、おそらくそんな状況だったでしょう。別の先生から解説があると思いますが平成の初めまでは、廃棄物を投棄しても違法にはならない場所が数多くあったんで

すよ。昔の日本は貧しかったんです。加えて、プラスチック類を初めとする人工合成物がほとんどなかったということも要因でしょうね。

そもそも「不要」になる「物」自体がほとんどない。そして、不要になったとしても「自然界の物質」ですから、再び自然界に戻してやっても、害になることはほとんどなかった。だから、規制することもなかったし、意識することもなかった。

COP：いわれれば、そのとおりですね。漬け物石を河原から拾ってきて使ったとしても、その石を用が済めば再び河原に捨てたところで、誰も問題視はしない。漬け物も、ほとんどは食べちゃう。多少、食べ残したとしても畑で肥やしにして土に戻してやる。誰も何もいわないでしょうね。

N先生：その時代、唯一といってもいいくらいですが、問題になるのは「糞尿」。しかし、この糞尿が問題になるのは、伝染病の原因になったり、臭いから問題になるのであり、「不要」だから問題になっていたわけじゃない。江戸時代なんかは、郊外の農家が町中の長屋の糞尿を買いに来ていたっていうからね。

COP：なるほど。半世紀前までの日本では「不要」という意味では、問題になるケースはほとんどなかった。だから、「有毒」「感染性」「悪臭」といった要因では規制しなければならなかったが、「不要」という要因ではルールにする必要性がなかったってことですね。

N先生：ところが、プラスチックという物が発明された。これは、腐ったり、さびたりせずに、とても便利なものではあるけど、逆にその性質は「そのままでは自然には還っていかない」という大きな課題を内蔵した物体でもあった。加えて、戦後まもなく、大量生産、大量廃棄という時代に入り、「有毒」や「感染」という

要素はないが、とにかく量が半端なく発生してしまう物が出てしまった。

COP：それは具体的には何ですか？

N先生：典型的な物は「汚泥」と「がれき類」でしょうね。汚泥は水処理などを行うから出てくるものであり、おそらく今でいう「汚泥」は江戸時代にはほとんど発生していないでしょう。また、「がれき類」はコンクリートガラ、アスファルトガラですから、これはビルを解体しなければ出てこない。

COP：なるほど。それまでの建物はほとんどが茅葺き屋根の木造家屋だったでしょうからね。ビルが建設され、それが解体される時代に入ったからこそ課題になったってことですか。

N先生：こういった「毒」でも「感染性」でもないが、大量に出てきたために、それを野放図に放置することは、社会にとって迷惑な時代に突入したわけです。

COP：なるほど。で、話を戻しますが、そのことと「廃棄物」の定義の難しさについて、再度解説をお願いします。

N先生：「毒」や「病気」「臭い」は、太古の昔から人間は経験的に、また、感覚的に理解できますし、人による違いもそれほどないでしょう。つまり、共通の認識、一定の基準を作ることが比較的簡単です。ところが、前述のとおり「不要」という概念は、実はまだ歴史が浅く、人によって判断結果が大きく異なります。そのために、一定の数値的、客観的な基準を規定しにくい、ということです。

COP：はぁ～現代の私たちにとってみれば普通に「廃棄物」って言葉を使ってはいますが、その歴史はそれほど古くない、そのため人による違いが大きい。それで、「物が有価物か、廃棄物か」はいまだに判断に苦労しているってことですか。

法律の規定

●法律で代表的な物の例示はあるものの、「汚物」「不要物」という文言は極めて捉えにくい。

COP：そうはいっても、「廃棄物処理法」を制定する時点でも、「廃棄物」って定義したわけですよね。

N先生：あらためて廃棄物処理法の規定を確認してみましょう。

（定義）

第2条 この法律において「廃棄物」とは、ごみ、粗大ごみ、燃え殻、汚泥、ふん尿、廃油、廃酸、廃アルカリ、動物の死体その他の汚物又は不要物であつて、固形状又は液状のもの（放射性物質及びこれによつて汚染された物を除く。）をいう。

N先生：最初のほうの「ごみ、粗大ごみ、燃え殻、汚泥、ふん尿、廃油、廃酸、廃アルカリ、動物の死体」はいわゆる「例示」であり、廃棄物処理法がスタートする昭和40年代（今から半世紀前）の日本においても、「これが廃棄物だ」と観念できる「物」だったんでしょうね。

次が「汚物」という表現。さらにいよいよ「不要物」という表現が登場してきて、これが先ほどから述べてきたように、「人によって認識、判断が変わるよね」という曖昧さを含んだ表現になっているんですね（なお、「固形状又は液状のもの（放射性物質及びこれによつて汚染された物を除く。）」の部分は、公的な解説本などにも度々取り上げられていますので、今回はこの部分は省略）。

COP：そうですねぇ。物理的、化学的には全く同じ物であっても、人によって、全く価値を見いださず「不要だ」と思う物でも、人によっては「とても大切だ」と感じる物もあるわけですからね。

N先生：典型的な物としてアルバムなんかそうかなぁ。私にとって私のアルバムは有価物ですが、COPさんにとっては廃棄物でしょ。

COP：ギクッ。まぁ、正直にいわせていただければ、N先生のアルバムを押し付けられても、邪魔になるだけではあります。

N先生：もっと、真面目な例としては「農薬」なんかは実感しやすいかな。農家や家庭菜園をやっている人にとっては農薬は「毒性」があっても「必要な物」。でも、普通のサラリーマンにとっては「不要」ですよね。さらに、家庭菜園をやってる人でも、数kg程度なら「必要」だとしても、それ以上は要らないよね。

COP：3kgで足りるところを10kg買ってしまったら、7kgは「不要」ってなっちゃうでしょうね。奥さんと上手くいっていない人は必要かもしれないけど……。

N先生：このように「同じ物」であっても、その状況により有価物になったり、廃棄物になったりしてしまう。

そこで、「物が有価物か廃棄物かは一つの要素だけでは判断がつかない」という考え方から、「いくつかの要素を総合的に判断して、はじめて物は有価物か廃棄物か決めることができる」という総合判断説が提唱されたんだ。

COP：「提唱された」なんて、なんか、奥歯に物が挟まったような物言いですね。

N先生：気が付いたかい。実は、この総合判断説は国が通知してから、何十年も経過した後に「定説」となった経緯があるんですよ。

COP：おっ、ようやく『いつできた？ この制度』の軌道に乗りましたね。

過去の通知

POINT

●国の解釈、運用は当初「客観説」。しかし、数年後には「総合判断説」に軌道修正

N先生：実は国の見解も、廃棄物処理法がスタートした当初は客観説だったんだけど、程なく総合判断説に軌道修正した。これは昭和46（1971）年10月16日通知と昭和52（1977）年3月26日の改正通知を見れば分かるよ。

廃棄物の処理及び清掃に関する法律の施行について
昭和46年10月16日 環整第43号（厚生省環境衛生局長通知）

二　廃棄物の定義

1　廃棄物とは、ごみ、粗大ごみ、汚でい、廃油、ふん尿その他の汚物又はその排出実態等からみて<u>客観的に不要物として把握することができるもの</u>であつて、

（下線は筆者）

廃棄物の処理及び清掃に関する法律の一部改正について
昭和52年3月26日（改訂通知）環計第37号（厚生省環境衛生局水道環境部計画課長通知）

第一　廃棄物の範囲等に関すること

1　廃棄物とは、占有者が自ら利用し、又は他人に有償で売却することができないために不要になった物をいい、これらに<u>該当するか否かは、占有者の意志、その性状等を総合的に勘案すべきものであって、排出された時点で客観的に廃棄物として観念できるものではないこと。</u>

　　法第2条第1項の規定は、一般に廃棄物として取り扱われる蓋然性の高いものを代表的に例示し、社会通念上の廃棄物の概念規定を行ったものであること。

（下線は筆者）

COP：どうして軌道修正したんでしょうか？

N先生：「都合の悪い事案が出てきて、理屈が合わなくなった」ってことでしょうね。

COP：ということは、総合判断説って「都合がいい」ということですか？

N先生：制度設計者や制度運用者にとっては「都合がいい」といえるでしょうね。

COP：お友達の行政担当者は、「総合判断説ほどやっかいなものはない」とぼやいていますが……。

N先生：一律に決められないからこそ、「総合判断」といっているわけで、その判断は現実的には行政がするケースが多いでしょ。だから、世間が騒ぐような事案では「廃棄物」と判断して、厳しく指導する。世間が騒がないようなら、「有価物」と判断して、そっとしておく。生殺与奪権を握っているようなものだからね。

COP：そんな不公平な。

N先生：まぁ、そうはいっても、大抵のケースでは、世の中の9割ぐらいの人は一目見れば「物が有価物か、廃棄物か」なんて判断がつきますよ。残り1割がグレーゾーンとして行政の判断が入るとして、さらにそれに不満であれば、最後には裁判で決着をつけるって道もあるわけですし。

おから裁判

POINT

●最高裁判決は法律相当
●「おから裁判」により、物が有価物か廃棄物かは総合判断説によるとすることが「定説」に
●総合判断説とは「物の性状」「排出の状況」「通常の取扱い形態」「取引価値の有無」「占有者の意志」という五つの要素を総合的に判断する、というもの

N先生： 実は、この総合判断説が「定説」となったのも、ある裁判があったからなんだ。と、その前に、「総合判断説」について、COPさんは知ってるかな。

COP： 確か、「物の性状」「排出の状況」「通常の取扱い形態」「取引価値の有無」「占有者の意志」という五つの要素について、総合的に判断するっていうものでしたね。

N先生： 正解。私が知る限り、この文言が出てくるのは、先ほど紹介した昭和52年の通知。この通知により、しばらくは運用していたんだけど、裁判になった事案もいくつかあった。

COP： そりゃそうですよ。扱っている「物」が有価物だったら、誰も何もいわないけど、廃棄物だったら、下手したら無許可や不法投棄で捕まっちゃうわけでしょ。

N先生： そうだねぇ。そしてついに、前述の裁判が起きた。この事件は平成5年頃に、豆腐屋さんから出てくる「おから」を集めて、飼料にする業務をやった人間が、「産業廃棄物の無許可処理業」で検挙されたもの。

やってる人間は、「おからはスーパーマーケットでも売っているじゃないか。それと同じおからを運搬する行為は、廃棄物の収集運搬業の許可は要らないだろう」とがんばったんだね。

地裁、高裁でも決着付かず、ついに最高裁に持ち込まれた。最高裁判決は平成11（1999）年3月10日。

COP： おからが有価物か廃棄物かを最高裁の裁判長が判決を言い渡したわけですか。

N先生： 結果の判決文は、前述の昭和52年のものとほとんど同じ（と私は読み解いた）なんだけど、最高裁判例という重みがついた。

COP： というと？

N先生： 法律家さんの世界では、最高裁判例は法律と同等と考えるんだそうだ。だから、昭和52年の通知は、いくら国の偉い人が発出したものであっても、それはあくまでも「行政担当

者の一つの見解」でしかない。まぁ、だから、総合判断説は、このおから裁判により、「定説」として、「箔が付いた」ってことかな。

COP： なるほど。これで「物の区分」の「いつできた」はめでたく完結ってことですね。

3.19通知

POINT

●家電リサイクル4品目に関しては、買い取れていても、その後の処理が、野放図な取扱いであれば「物は廃棄物」として扱う。3.19通知

N先生： ところが、実際には、この総合判断説自体が五つの要因を総合的に判断するって理論なので、その判断がなかなか難しい。

COP： というと？

N先生： 総合判断説を持ち出さなくてはならないようなケースは、現実的には0円近辺の物。現金やダイヤの指輪の取引には総合判断説は持ち出すまでもないでしょ。

この例で分かるとおり、大抵の取引では、「金を出して買ってくる物」は有価物。逆に「処理料金を払わなければ持っていってくれない物」は廃棄物として扱っている。

COP： まぁ、そうですね。1回1回の取引に総合判断説を持ち出していたんじゃ仕事は進みませんからね。抵抗なくというか、特段の疑問もなく、そうやっていますね。

N先生： ところが、この「買う」「金を払う」というのは、総合判断説の五つの要因の中の「取引価値の有無」という一つの要素でしかない。そこで、「買い取っていても廃棄物」「料金を支払っていても有価物」という形態があってもおかしくない。

COP： 先生、それは屁理屈というものでしょう。さすがに、お金を出して買ってもらった物

が廃棄物なんて……。

N先生：それが、「3.19通知」です。

COP：「3.19通知」？　どういうものですか。

N先生：「3.19通知」ですが、平成24（2012）年3月19日に発出された「使用済家電製品の廃棄物該当性の判断について」という通知のことです。

　この通知は、無許可業者による廃家電回収に手を焼いた環境省が発出したもので、ただで引き取られていたり、買い取られていた場合であっても、廃棄物に該当する場合もある、という通知です（**図表1**）。

COP：えぇー、買い取られていても……ですか。じゃ、引き取るほうは無許可になり、出すほう、つまり「売った」事業者側も、無許可業者に委託したってことで、法律違反になるってこ

とですよね。どういう理論構成なんですか？[※1]

N先生：物が有価物か廃棄物かは、「取引価値の有無」だけで決まるものではない。廃家電について考えてみると、一旦引き取られた後、多くの物は付加価値の高い金属部品を引き抜かれ、抜け殻の廃プラスチック類などはそのまま不法投棄されるケースもある。そこまでひどくなくても、多くは海外（当時は中国やフィリピン）に輸出される。そして、輸出先ではスラム街で、野焼きをしたり、劣悪な環境の下で、金属の抜き取りがなされている。海外といえども環境悪化につながる行為は放置しておけない。さらに、この輸出のときに火災が頻発している。

　改めて考えてみれば、こういったことがないように、廃家電はリサイクルするようにと家電

図表1　使用済家電製品の廃棄物該当性

以降の取扱いが、野放図であるようなら、排出者からの収集時点から廃棄物‼

中古製品として扱うのであれば、OK‼

全商品半額セール！　電機

販売店B

修理専門店C

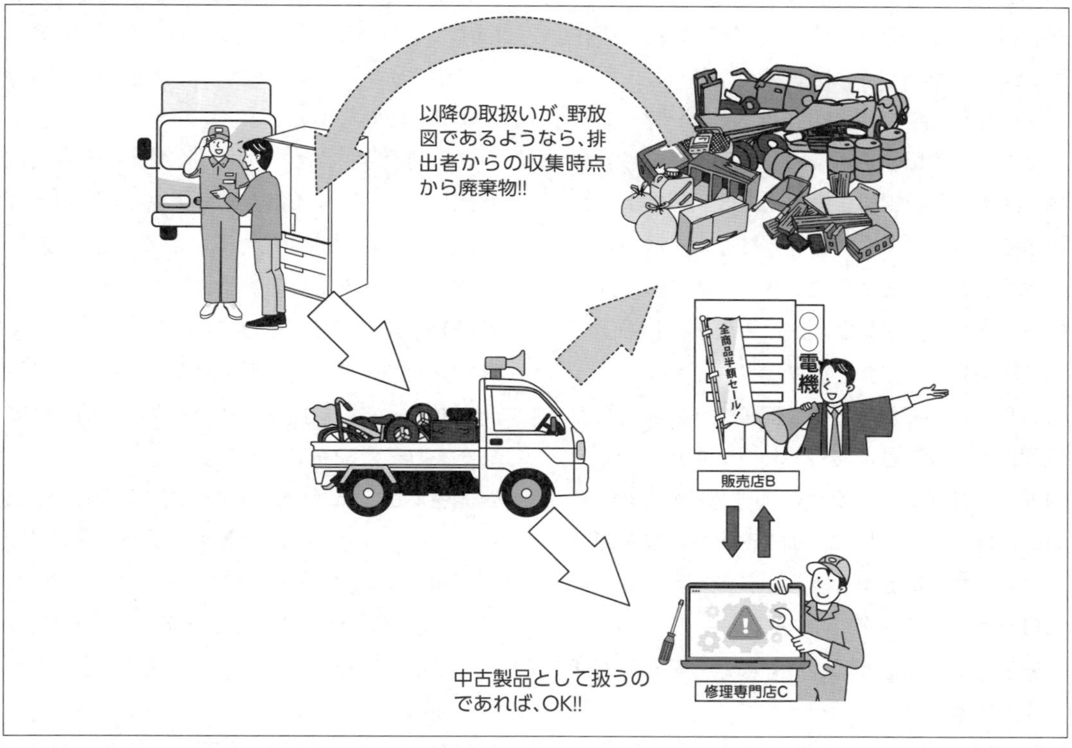

※1　無許可業者委託については、産業廃棄物と事業系一般廃棄物については罰則規定がありますが、生活系一般廃棄物については、罰則は設けられていません。

8　廃棄物処理法 いつできた？ この制度（令和版）

リサイクル法というルールが作られている。このルールでは、廃家電は一定以上のリサイクルをすることが義務付けられている。ということは、このリサイクルの義務を果たせない処理ルートは本来存在してはならないルートのはずである。別の言い方をすれば、このリサイクルルールを守ろうとすれば、本来「買い取る」ことなど困難なはずだ。結局、いくらその時点（排出時点）で表面上買い取っているようでも、ほかの総合判断説の要因を勘案すれば、その廃家電は廃棄物と判断するべきものである。という理論構成ですね。

COP：ん〜、一度聞いたくらいでは、なかなか理解できない理論構成ですね。まるで、風が吹けば桶屋がもうかる、みたいです。

N先生：私も、さすがにこの通知は無理筋かなぁ、これで実際の事件が起きたときに、検察は起訴して、裁判所は有罪にしてくれるんだろうか、と不安に感じていたのですが……。

COP：どうなんですか。

N先生：この通知が発出されて、ほぼ1年後なのですが、岐阜県警が「無料廃家電回収業者」の強制捜査に乗り出し、その後、簡易裁判ではありましたが、首謀者と従業員の実行行為者に対して罰金刑の有罪が確定しました。

COP：ほ〜、ということは司法もこの3.19通知を認めたってことですね。

N先生：そうですね。法治国家ではありますが、本来、法律は何のために存在しているのか、といえば社会正義、公衆の福祉のためですよね。社会秩序を乱して、生活環境保全上の支障が発生しているような行為に対しては、司法も理解を示してきているってことですかね。

有害使用済機器

POINT
- 平成29（2017）年法律改正により「有害使用済機器」という新たな類型を規定。これに該当する廃家電等32品目であれば、有価物であっても廃棄物処理法により規制する（法第17条の2）。
- 正規の廃棄物処理業者であれば、有害使用済機器保管等の届出は不要

N先生：こういった経緯もあり、平成29年の法律改正により「有害使用済機器」という規定が制定されました。

COP：それは廃棄物処理法初心者の私も知っています。平成30（2018）年4月1日からスタートした制度ですね。前任者から「新しくできた制度だよ」と教えられたので覚えています。確か、廃家電については、有価物であっても廃棄物処理法を適用するってことでしたね。

N先生：そのとおりです。前述のとおり、3.19通知で無料回収業者についてだいぶ指導、規制を強めたのですが、「リサイクル率」が規定されているのは、家電リサイクル法で規定しているテレビ、冷蔵庫、エアコン、洗濯機の4品目だけなんですね。そうなると、ほかの家電、例えば扇風機とか掃除機といったものは、3.19通知の理論が通らない（成立しにくい）。そこで、環境省は更に一歩踏み込んで、有害な使用済みの機器は、いくら「有価」であっても、廃棄物処理法で一定の規制を行う、という姿勢を示しました（**図表2**）。

COP：ただ、全ての機器が対象ということではなかったですね。確か、家電リサイクル法対象の4品目と小型家電リサイクル法対象の28品目、計32品目が廃棄物処理法で規定する「有害使用済機器」ってことでしたね。

N先生：よく勉強していますね。本来であれば、もっとも火災の原因となっているバッテリーやモーター、計装盤、被覆電線なども対象にしたかったようですが、「大人の事情」によりまずは、32品目を対象としてスタートしました。まぁ、これで成果が現れなければ、再度の法令改正で対応するのだと思います。

COP：また改正があるんですかねぇ。もう十分ですが……。で、この「有害使用済機器」って制度は成果を出しているのでしょうか。

N先生：そもそも、この有害使用済機器とは、本来の製品としての役目は終えて、例えば、扇風機は扇風機としての役目を終えて、それでも金属としての価値はある、買い取れる価値はある、といった物が対象です。「処理料金を頂戴しないと持って行きませんよ」というのであれば、もうそれは廃棄物ですから、「有害使用済機器」にはなりません。

　そして、この有害使用済機器は保管等をする業者については、届出をしなければなりませ

ん。さらに、この「有害使用済機器保管等業者」には、保管基準が適用になります。この基準は産業廃棄物保管基準に火災予防という要因も追加された内容となっています。

　しかしながら、本来の産業廃棄物処理業の許可を有している、まぁ、「正規の許可業者」は、この「有害使用済機器保管等」の届出は不要と規定しています。

COP：近況を考えると、中国が廃プラスチック類をはじめとする廃棄物の輸入をストップしました。となると、今まで海外に流れていた「物」が流れなくなる。そうなると、そもそも有害な使用済みの物体が、今の日本で本当に「有価で取引」されるかは甚だ疑問ですね。ということは、こういった物体を扱う人間は、インプット側で収入がなければ事業は成り立たないわけなので、排出者から処理料金を徴収する。となると、廃棄物処理業の許可が必要だってことですよね。そして、正規の許可を取った人物は有害使用済機器保管等業者の届出は不要なん

図表2　違法な廃棄物回収業者取締りに向けた基本的な考え方

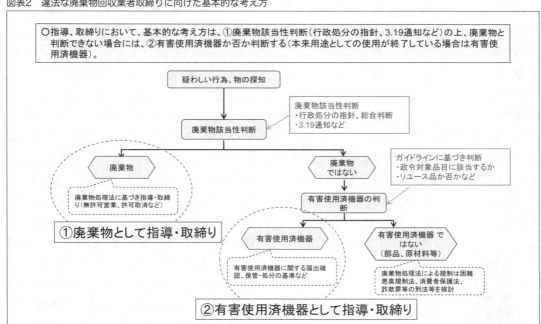

ですよね。そういうことであれば、せっかく制定した第17条の2の「有害使用済機器制度」ですが、届出を出す人なんて、いないんじゃないですか。

N先生：私もそう思っていました。ところが、実際には数十の自治体で500件ほどの届出がなされている（令和5（2023）年時点）ようです。

　今回は、「物は有価物か、廃棄物か」について、今までのいろいろな経緯、通知について取り上げてみました。この「物は有価物か、廃棄物か」は人の価値観によって変化してしまうものです。ですから、これからも変化し続けることになるでしょう。それにあわせて制度も作っていかなければならないということになるでしょう。

COP：このテーマは、世の中の動きとともに、常に現在進行形にならざるを得ないってことですかねぇ。今回も、勉強になりました。次回もまたよろしくお願いします。

まとめノート

　昭和46（1971）年以前、廃棄物処理法の前身である「汚物掃除法」、「清掃法」には「廃棄物」という文言は登場せず。この時代の日本人は「汚物」「毒物」という概念はあっても「廃棄物」という概念は希薄であった模様。ちなみに、昭和44（1969）年の広辞苑には「廃棄物」の文言は掲載されていない。

　昭和46年廃棄物処理法施行。10月の局長名の施行通知では、物が有価物か廃棄物かについては客観説をとっている。

▶**昭和52（1977）年**　昭和52年3月の課長通知により、昭和46年10月25日発の課長通知を改正し、このときから総合判断説を採用

▶**平成8（1996）年**　おから事件広島高裁岡山支部判決

▶**平成11（1999）年**　おから事件最高裁判決。物が有価物か廃棄物かについては総合判断説を採用

▶**平成24（2012）年**　「3.19通知」（使用済家電廃棄物該当性判断通知）

▶**平成29（2017）年**　法律改正。第17条の2で「有害使用済機器」制度がスタート

第❷回

廃棄物の種類の巻

今回は、「廃棄物の種類」を取り上げます。お相手は第1回に引き続きN先生です。

なぜ種類分けが必要なのか

POINT

● スタートは産業廃棄物は19種類。それは処理方法が違うと考えられ、それぞれに最も適した、妥当な処理方法があり、処理基準と結びついていた。

● 「種類、区分」−「処理基準」−「処理業許可」−「処理施設」は密接な関係

COP： 今回は「産業廃棄物の種類」というテーマですが、現在は法律で6種、政令で14種類、計20種類が規定されているわけですが、この種類に大きな変遷はあったんですか？

N先生： そうですねぇ。廃棄物処理法がスタートしてから約半世紀ですが、法律、政令に規定する産業廃棄物の種類としては、**図表1**では19番、政令第2条第4号の2「動物系固形不要物」一つが追加されただけです。でも、実態としてはそれなりの変化、改正があったんですよ。

COP： 半世紀、50年の月日が流れれば、世の中も変わるし、新素材だって発明されるでしょうから、そのままってほうがおかしいですよね。

N先生： 具体的な話に入る前に、COPさんはどうして産業廃棄物を20の種類に分けなければ

ならないと思いますか。

COP： 単純に考えれば、「種類ごとに性状や、その扱いが違うから」なんでしょうね。

N先生： 大正解。この原理原則的なことを忘れてしまうと、何のために区分を設定しているか、制度のための制度を作っているんじゃないか、となってくる。だから、少なくとも廃棄物処理法がスタートした昭和45（1970）年の時点では、AとBは扱いの方法、廃棄物に関しては処理の手法が違うからこそ、別の種類にしたわけです。

COP： いわれてみれば、そのとおりですね。処理の手法が「燃やす」と「埋め立てる」だけなら、「燃えるごみ」と「埋めるごみ」の区分だけでいいわけですもんね？

N先生： 少なくとも昭和45年の時点では、「廃棄物の種類」−「処理方法」−「それを行う人物」−「それを行う施設」と結びついていた。これが、「種類、区分」−「処理基準」−「処理業許可」−「処理施設」という関係なんですね（**図表2**）。

COP： なるほど。汚泥と廃プラスチック類は、その処理の方法が違うし、それを処理する基準も違ってくる。その基準を守れる処理施設も違ってくる。その施設を所有していて、適正に処理基準を守れる人物にだけ、許可を与えましょうってことですね。それなら分かりやすい。

図表1　現在の「産業廃棄物の種類」一覧表（簡略表記）

番号	名称	業種指定の有無	指定業種等
1	燃え殻	なし	———
2	汚泥	なし	———
3	廃油	なし	———
4	廃酸	なし	———
5	廃アルカリ	なし	———
6	ゴムくず	なし	———
7	金属くず	なし	———
8	ガラスくず及び陶磁器くず	なし	———
9	鉱さい	なし	———
10	廃プラスチック類	なし	———
11	がれき類	なし	———
12	紙くず	あり	建設業、パルプ、紙又は紙加工品の製造業、新聞業、製本業及び印刷物加工業等
13	木くず	あり	建設業、木材又は木製品の製造業、パルプ製造業及び輸入木材の卸売業等
14	繊維くず	あり	建設業、繊維工業
15	動植物性残さ	あり	食料品製造業、医薬品製造業又は香料製造業
16	動物のふん尿	あり	畜産農業
17	動物の死体	あり	畜産農業
18	ばいじん	あり	備考：集じん施設によって集められたもの等
19	動物系固形不要物	あり	と畜場等
20	処理物	あり	備考：廃棄物を処分するために処理したもの

図表2　廃棄物の種類と処理方法の関係

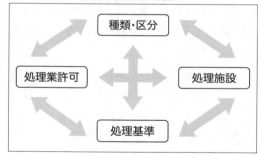

「追加」は可能、「削除」はしない

POINT

●社会が必要な事項は追加改正をするが、需要がなくなっても特段支障がなければ廃止、削除改正はめったにやらない。

COP： 以前から不思議に思っていたんですが、そうであるならなぜ「ゴムくず」なんてわざわざ1項目としているんですか？　廃プラスチック類に含めていいんじゃないですか。

N先生： 私もその点は不思議に感じていて、昔の文献を調べていたら、どうも次のようなことのようですよ。半世紀前の日本では、プラスチックがこれほど普及するとは思っていなかったようです。思い返すと、私の子供時代（昭和30年代）は身の回りにはプラスチックはほとんどなかったです。

COP： えぇー、じゃ、今、プラスチックが使われているような製品、部品、箇所、用途には何を使っていたんですか？

N先生： そもそも、そういう製品は存在していなかったり、適度な硬さ、柔らかさ、柔軟さが求められるような箇所には「樹脂」を使っていましたね。松ヤニ、動物の皮革、骨、そういった自然の素材を活用していたんです。だから、今でもプラスチックのことを「合成樹脂」っていうでしょ。そういう状況でもっとも、クッション材、天然の「樹脂」として用いられていたのが「ゴム」だった。だから、ゴムは今後（昭和40年代以降）ますます需要が増していき、したがって廃棄物として排出される量も増えていくだろう、ということで「ゴムくず」という独立した1品目が制定されたらしいね。

COP：へぇぇ、だから「ゴムくず」なんて独立した項目があるんですか。でも、それなら、いつかの時点、今でもいいでしょうけど、必要がなくなった項目であれば、廃止、削除、統合ってことをやってもいいんじゃないですか？

N先生：どうも、法律を作る人たちの感覚はそうじゃないみたいだね。支障があれば追加はするが、支障がないのならなにもわざわざ廃止しなくてもいいでしょ。残しておいたって、支障ないんだから……と。これは廃棄物処理法だけの話じゃないようだけど。

COP：では、話を戻しまして、廃棄物処理法がスタートした時点では、法律6種類、政令13種類、全部で19種類の産業廃棄物の区分であった。これは、それぞれに処理方法が違うと考えられたから、ですね。

事業活動を伴っていても 一般廃棄物としているものがある

POINT

● 廃棄物の処理の大原則「排出者責任」
● しかし、個々の国民では物理的に困難。そこで共同処理。最も小さな公共的集合体が「市町村」
●「市町村」とは国民の集合体。だから、一般廃棄物の統括的処理責任は市町村にある。
● 廃棄物処理法スタート当時、市町村でも処理が可能な廃棄物は事業活動を伴っていても「一般廃棄物」として市町村で受け入れていた。これが事業系一般廃棄物
● 市町村で処理が困難な廃棄物を産業廃棄物とした。

COP：スタート時点のことについてもう一つお聞きしておきたいのですが、事業活動を伴っていても一般廃棄物としているものがありますね。これはどうしてですか？

N先生：排出者が、いわゆる「指定業種」に該当している場合は産業廃棄物となるが、それ以外の業種では一般廃棄物となる、というルールですね（図表3）。

　これは、前述の処理基準とはまた別の観点からの区分といえるでしょう。いわゆる「処理責任」の所在から分けたといわれています。つまり、産業廃棄物については排出事業者に処理責任があるが、一般廃棄物については「処理の統括的責任」は市町村にある、というものです。

COP：どういうことでしょう？

N先生：廃棄物を適正に処理する責任は誰にあるのか？　を考えたときに、感覚的にも一番しっくりくるのは「それを排出した人物」となるわけですね。

COP：それは私も異存はありません。

N先生：COPさんは簡単に「異存がない」と答えましたが、じゃ、「あなたが出しているウンチ、おしっこ、生ごみ。あんたが出しているんだから、あなた自身が責任持って処理しなさい」といわれたらどうですか？

COP：先生、そりゃ、言葉尻を捉えるってもんで、都会暮らしのサラリーマンにそれを求められても不可能ですよ。田舎で農家をやっている人だって全部は無理でしょう。

N先生：そうですね。でも、「排出者責任」なんですよ。どうしても、何とかしなければならない、となったらどうしますか？

COP：とても一人ではできませんから、何人か集まって共同でやるしかないでしょうね。

N先生：その「一人ではできないから共同してやる」という、「共同」の最も小さい公共の団体が「市町村」なんですね。これを基礎的地方公共団体などと呼んだりしています。

COP：はぁっは～。市町村って「お役所」としか見ていなかったんですが、国民、住民の一番基礎となる集合体って意味もあるわけですね。

「動植物性残さ」の許可を持っているからといって……

動植物性残さ

Super market

スーパーマーケットや外食産業から出た売れ残り、食べ残し、調理くずを扱った。

動植物性残さは指定業種のある産業廃棄物。スーパーマーケットや外食産業は指定業種ではない。

一般廃棄物無許可

N先生：そうですね。市町村は一人ひとりの国民では処理できない一般廃棄物について、共同してその処理をやっているって位置付けでもあるんですね。そういった要因もあるからこそ、市町村が一般廃棄物を処理するってことは、自分の廃棄物を自分で処理する、いわゆる「自ら処理」ということもあり、処理業の対象にはしていないんですね。

COP：なるほど。責任分担という位置付けで、本来一人ひとりの住民が処理する責任がある廃棄物については住民の集合体である市町村でやろう、となったわけですね。

N先生：事業系の一般廃棄物についても、基本的には中小零細企業、個人事業、極論すれば家庭生活からの廃棄物と大差ない量と質のものを想定していたようですね。廃棄物処理法がスタートした時点では、家庭から出される廃棄物のほとんどは「埋めるか」「燃やすか」で処理ができました。だから、大抵の市町村は埋立地と焼却炉は持っていたようです。

　よって、中小零細企業、個人事業から排出さ

れて埋めるか燃やすかで処理ができる廃棄物は市町村で引き受けてあげましょう、となったようですね。物理的にも、当時は大企業以外で独自の処理施設を持っているってところはほとんどなかったようですから。

COP：まぁ、改めて考えてみると、床屋さんから出てくる髪の毛とか、八百屋さんから出てくる野菜くず程度は市町村で引き受けてあげてもいいかなぁとは思います。

N先生：前述のような理論から、質、量がとてもじゃないが市町村の処理施設では対処できない廃棄物を産業廃棄物とした経緯があるようですね。

COP：それが廃酸や廃油といったものや、食料品製造業から出てくる動植物性残さってことですね。

N先生：まぁ、そんな考え方なので、一般廃棄物の定義の仕方は「廃棄物であって産業廃棄物以外のもの」としているんでしょうね。整理をしますと、責任の所在により一般廃棄物と産業廃棄物は区分された、ということでしょうか。

「種類」そのものの追加ではないが……

POINT
- 形容詞的な改正の第1号。「PCBが付着した」紙くず
- ずっと時代が下って、「PCBが染み込んだ」木くず、繊維くず

COP：さて、それではいよいよ……。最初の「産業廃棄物種類の改正」はいつで、何だったんですか？

N先生：昭和50（1975）年の「PCBが付着した」紙くずのようです。紙くずは前述のとおり、「業種指定」がなされている産業廃棄物の一つですが、最初は紙製品製造業等に限定されていました。

ところが、昭和40年代にPCBが公害問題として大きく取り上げられました。その多くはトランスやコンデンサなどの電機部品の絶縁体として使用されていたんですが、複写紙にも使用されていたんですね。そもそも、PCBは油ですから、高濃度のものは「廃油」として、それを絶縁体として使用していたトランスやコンデンサーの筐体（入れ物、外箱）も材質は金属かプラスチックで、これらは業種指定のない品目ですから、事業所から排出されれば、即、産業廃棄物となります。

しかし、紙くずは業種の指定があり普通の事務所から排出されれば一般廃棄物となってしまうわけです。

そこで、これらを適正に処理するために、政令の「紙くず」の最後に、「PCBが付着したもの」を追加したのです。「種類」「品目」自体を追加したわけではないのですが、まぁ、「形容詞的な追加」とでもいえるのではないでしょうか。

COP：この改正で、どういう事業所から排出

されたとしてもPCBが付着した紙くずは産業廃棄物となったわけですね。

N先生：はい、その後、平成9（1997）年に紙くずと同じように、PCBの「染み込んだ」木くずと繊維くずも業種に関係なく産業廃棄物に追加しています。

COP：平成9年というと昭和50（1975）年からは四半世紀経っていますが、何かあったのでしょうか。

N先生：この時期から、いよいよPCB廃棄物の処理が開始されつつあったんですが、いざ処理してみると、PCB使用機材には材質として木や繊維も使用されていました。

そのため、PCB廃棄物処理施設から木くずや繊維くずが「処理後物」として発生してしまうことが分かってきました。そういうこともあり、細かな点ですが、こういった改正も必要だったようです。

建設業の指定業種追加改正に伴って

POINT
- 建設木くずも最初は一般廃棄物。大量に排出される時代になり、解体木くずを産業廃棄物に追加
- その後、木くず、紙くず、繊維くずも、さらに、解体工事だけでなく、建設工事から排出されるものは産業廃棄物に追加してきた。

COP：次の改正は何でしょうか。

N先生：昭和57（1982）年の「解体木くず」でしょう。それまで一般廃棄物であったものを産業廃棄物に改正しています。

COP：えぇー、現在では産業廃棄物の木くずの代表が建設業からの解体木くずですが、それまでは一般廃棄物だったんですか。

N先生：はい、廃棄物処理法スタート時の木く

ずの指定業種は、「木材又は木製品の製造業（家具の製造業を含む。）、パルプ製造業及び輸入木材の卸売業に係るものに限る」となっていて、建設業は入っていませんでした。

先ほど述べましたが、事業活動を伴って排出されていたとしても、市町村の処理施設で対応できる廃棄物は一般廃棄物として対応するのが原則的な考え方でした。「木くず」は燃えますよね。加えて、その頃までは、まだ「薪（たきぎ）」を使用しているお風呂や竈（かまど）も結構あって、木造家屋を解体して出てくる「木材」は貴重な燃料だったんです。

ところが、昭和50年代に入り、戦後間もなく建てられた木造家屋の建て替えラッシュがはじまり、いくら性状的には焼却炉で燃やせるものだとしても、膨大な量への対応が市町村の焼却炉では困難になってきたんですね。それで、政令を改正しまして、「建築物の解体工事から排出される木くず」を一般廃棄物から産業廃棄物に改正したんです。

なお、それから五月雨式にはなるのですが、その後、木くずだけではなく紙くずと繊維くずも、加えて「解体工事」だけではなく、新築、改築工事も産業廃棄物に追加してきています。

COP：今や建設工事から排出される廃棄物のほとんどは、産業廃棄物となっていますものね。さて、次のなる改正はどんなものですか。

「特別管理」というやっかいもの

POINT

● 特別管理産業廃棄物も産業廃棄物である。だから、特別管理産業廃棄物も産業廃棄物20種類のどれかに分類されるはず
● 現実的には、特別管理産業廃棄物は「産廃と一廃」「産廃は20種類」「処理業許可は品目ごとに必要」といった原則を超越したようなルールになっている場合もある。

N先生：次は、「産業廃棄物の種類の追加」というよりも、それよりワンランク上の改正ではあるのですが、平成4（1992）年（法令改正は平成3（1991）年）7月から施行された「特別管理」という制度についてどうしても触れておかなければならないでしょう。

COP：私も少しは勉強しましたが、特管制度が廃棄物処理法に導入されたのは、国際的なバーゼル条約の関係らしいですね。

N先生：そのとおり。世界的に有害廃棄物の国境を越える移動が問題視されて、バーゼル条約ができました。日本もこれに加盟するために国内法を整備しなければならなかったんです。ところが、日本には既に廃棄物の処理に関しては「廃棄物処理法」が存在していた。そこで全くの新法を制定するのではなく、廃棄物処理法の改正で対応したんですね。

COP：聞く限りでは「もっとも」な話のようですが、何か問題でもあるんですか？

N先生：本来であれば「特別管理」という全く異質の制度が入るんだったら、一度ガラガラポンして、真っさらにして、土台から新しい制度を作ればよかったと思うんですよ。

　ところが廃棄物処理法は昭和45年にできていますから、このとき既に20年以上が経過していた。廃棄物の世界では、完全に一般廃棄物と産業廃棄物では違う処理ルートが確立されてきていた。そのためガラガラポンができずに一般廃棄物と産業廃棄物という大分類の中に「特別管理」という異質の制度を練り込まなくてはならなくなった。だから、条文上、制度上はあくまでも特別管理一般廃棄物は一般廃棄物であり、特別管理産業廃棄物は産業廃棄物なんです。法令上は、「特別管理廃棄物」という物は存在しないんです（**図表4**）。

COP：それがどういう矛盾につながるのですか？

N先生：例えば、産業廃棄物は（現在は）20種類と規定しています。特別管理産業廃棄物も産業廃棄物である限り、この20種類のどれかに分類されるはずです。

　しかしながら、現実には「感染性廃棄物」や「水銀廃棄物」のような分類を提示したりしています。また、何のために分類、区分しているかといえば、何回も話しているように処理方法や責任の所在が違うからこそ分類しているはずなのに、「特別管理産業廃棄物の処理業の許可を取得していれば、特別管理一般廃棄物も扱えます」とか、そんなルールにするなら区分、分類する意味はないと思いませんか。

　さらにいわせてもらえば、何のために「特別管理」にしているかといえば、それは普通の廃棄物に比較すれば、リスクが高く、管理をなお

図表4　特別管理産業廃棄物に注目した包含・系統概念図

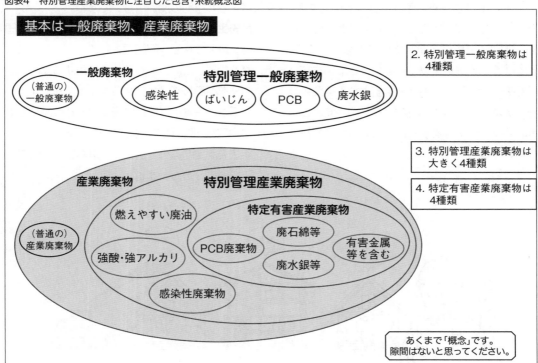

一層注意しなければならないからですよね。ところが、変質灯油が事業所から排出される場合は特別管理産業廃棄物になりますが、家庭から出される場合は特別管理一般廃棄物にはならないんですよ。普通の一般廃棄物なんです。どうにも、理論に一貫性がない。

COP：先生は、なんか特別管理に恨みでもあるんですか。当たりが強いですね。どうも、これはきりがなくなりそうなので、次にいきましょう。

輸入廃棄物

POINT
●「輸入廃棄物は産業廃棄物」と規定したが、実績は今のところほとんどない。

N先生：平成5（1993）年には「輸入廃棄物」を産業廃棄物に追加しています。これは先ほどのバーゼル条約とも関連するのですが、廃棄物

の国際間移動が盛んになることが想定され、その対応のために条文を整備したのでしょうね。

COP：この改正から既に30年が経ちましたが、廃棄物の輸入ってどうなんですか。

N先生：平成22（2010）年の改正で、もっと廃棄物の輸入（希少金属を国内に戻そう）を盛んにしようとさらに制度改正も行ったのですが、現時点でもあまり実績はないようですね（図表5）。

COP：ちなみに、なぜ輸入廃棄物は産業廃棄物としたのでしょうか？

N先生：輸入廃棄物の発生時点、発生場所は外国になりますから、その詳細は不明なことも出てくるでしょうし、加えて、もし、これを一般廃棄物としてしまうと荷揚げをした港の所在市町村に過度の負担がかかってしまうってことも勘案したようです。

COP：関連条項を多少は勉強してみたのですが、「輸入廃棄物」とは別に「携帯廃棄物」とか「航行廃棄物」とか、手続的にも「許可」とか「確認」とかあって、極めて分かりにくい規定の

図表5　輸入廃棄物

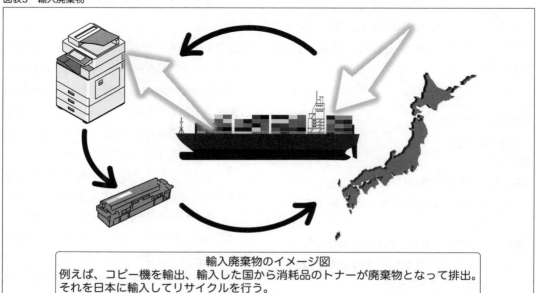

輸入廃棄物のイメージ図
例えば、コピー機を輸出、輸入した国から消耗品のトナーが廃棄物となって排出。それを日本に輸入してリサイクルを行う。

仕方ですねぇ。

N先生：そうですねぇ。これについては関係者は正確に勉強しなければならないでしょうけど、現時点では国民のほとんどの人が関係しないので、また別の機会としましょうか。

裁判を受けての改正

N先生：次の改正は、平成12（2000）年と平成14（2002）年1月なのですが、この改正はいくつかの要因と経緯があります。まず、平成12年に政令9号のいわゆる「がれき類」の規定が改正されました。

廃棄物処理法施行令

（産業廃棄物）

第2条

（旧）九　工作物の除去に伴つて生じたコンクリートの破片その他これに類する不要物

（新）九　工作物の新築、改築又は除去に伴つて生じたコンクリートの破片その他これに類する不要物

N先生：これは紙くずや木くずの改正と同じように「解体」だけでなく「新築」と「改築」時のがれき類も範疇に入っていますよ、ということを明確にしたわけですね。

COP：新築時に発生しちゃうと日本語としては「がれき」とはいわないと思いますが、具体的にはどんな物がこれにあたるのですか？

N先生：コンクリートの強度確認のために引き抜き検査の対象となったコンクリート柱などはこれにあたるとされています。この改正で解体時だけでなく新築のときに発生する「コンクリートの塊」もこの「9号」産業廃棄物としたわけです。

　さて、次に別の要因となるのですが、ちょうどどこの時期に某裁判が行われたようなんですね。

COP：それはどのような？

N先生：コンクリートブロックの一種に、インターロッキングブロックという製品があります。この不良品を処理業の許可を取らずに扱っていた業者が、無許可で立件されたって事件のようです。COPさんは煉瓦工場やコンクリートブロックの製造工場から排出される、不良品は一般廃棄物がふさわしいと思いますか、それとも産業廃棄物とすることがふさわしいと思いますか？

COP：そりゃ、誰が考えても産業廃棄物でしょう。事業活動から排出されるし、家庭から出される量と比較すれば大量に出るでしょうし。

N先生：そうですよねぇ。当時、廃棄物処理法に携わっているほとんどの人もそのように感じていました。だから、コンクリートブロックの不良品は7号か9号、どちらかに該当させて産業廃棄物として処理していたと思います。ところが、条文を改めて読んでみると、この改正まではこういった煉瓦やコンクリートブロックの不良品をどの「種類」に区分するかはなかなか難しかったんです。この改正までの条項を改めて確認してみましょう。

COP：なるほど。9号はコンクリートとはいっているけど、「工作物の除去に伴つて生じた」と限定しているから、製造過程で発生した不良品はこれに該当しない。一方、7号では「ガラスくず及び陶磁器くず」としかいっていないってことですか。

N先生：7号にも9号にも該当しないようだと、コンクリートブロックの不良品は、産業廃棄物として適当な品目がない、そうなると「産業廃棄物以外の廃棄物は一般廃棄物」という原則に従い、一般廃棄物ってことになってしまう。

COP：コンクリートブロックの不良品が一般廃棄物ですか。それは抵抗があるなぁ。

N先生：ところが、実際の事件では裁判長は、「この規定の仕方では、インターロッキングブロックは産業廃棄物に該当するものがない。（したがって、違反条文とした第14条違反を問うことはできない）」として無罪を言い渡したようなんです。この政令改正が行われたときの施行通知の該当部分を抜粋して紹介しましょう。

となったものであること等を考慮して、これまで「ガラスくず及び陶磁器くず」に含まれるとする運用を行ってきたところであるが、名古屋高等裁判所金沢支部において本運用が否定される判決があり、当該廃棄物の取扱いが法的に不明確となったため、今回、当該廃棄物を「コンクリートくず（工作物の新築、改築又は除去に伴って生じるものを除く。以下同じ。）」として、廃棄物処理令第2条第7号に明示的に規定し、産業廃棄物としての取扱いを法的に明確化したものであること。

N先生：通知では「これまで『ガラスくず及び陶磁器くず』に含まれるとする運用を行ってきたところであるが……」と書いてはいますが、9号として取り扱ってきていたところも相応にあったようです。ちなみに、一般廃棄物として扱っているところは、ほとんどなかったと思います。まぁ、国としては製造工程から発生するものは9号ではなく、7号として解釈してきたけど、自治体や民間では、意思統一がなされていなくて、裁判にもなってしまった。そこで、運用を統一するために、7号を次のように改正したんですよ。

COP：これで誤解がなくなってめでたし、めでたしってことですね。

N先生：まぁ、世間ではそうかもしれないけど、産業廃棄物の種類に関しては、私はこの改

正で新たな矛盾を抱えてしまったと思っているんですよ。

COP：それは何ですか？

13号処理物

●産業廃棄物の種類の定義を改正することは、ほかの種類にも影響を及ぼす。
●政令13号に規定するいわゆる「処理物」は、ほかの産業廃棄物の定義が改正されるごとに、改正が行われてきた。
●13号処理物の実際の運用は「有害物が溶出しないようにコンクリート等により固形化した物」とされている。

N先生：7号に「コンクリートくず」を追加したことの矛盾。それは13号処理物なんだ。

COP：「13号処理物」というのは政令の13号に規定されている「物」ですよね。

N先生：COPさんは13号処理物ってどんな物だと思っていますか。

COP：有害物が基準値以上溶け出してくるので、そのままでは埋立てができない産業廃棄物を、キレート剤やコンクリートで固形化して安全化した「物」ではないんですか。

N先生：通常はそのように運用されていますね。せっかくなので現在の13号処理物の規定を確認してみましょう。

廃棄物処理法施行令　　　　　　　＊令和5年
　（産業廃棄物）
第2条
　十三　燃え殻、汚泥、廃油、廃酸、廃アルカリ、廃プラスチック類、前各号に掲げる廃棄物（第1号から第3号まで、第5号から第9号まで及び前号に掲げる廃棄物にあ

つては、事業活動に伴つて生じたものに限る。）又は法第2条第4項第2号に掲げる廃棄物を処分するために処理したものであつて、これらの廃棄物に該当しないもの

COP：ひぇー、何をいっているか、さっぱり分かりません。

N先生：実は『廃棄物処理法 いつできた？ この制度（令和版）』って題名なんですから、この13号の変遷も取り上げたかったのですが、それだけでこのシリーズが終わってしまうほどのややこしさなんですよ。この文章になるまでには、先ほど話した「紙くずにPCBが付着したための改正」や「輸入廃棄物が事業活動を伴わなくとも産業廃棄物とした改正」などが複雑に関わってきています。ですので、ここは思い切って、廃棄物処理法がスタートした当時の条文で見てみましょう。

廃棄物処理法施行令　　　　　　　＊昭和46年
　（産業廃棄物）
第2条
　十三　燃え殻、汚泥、廃油、廃酸、廃アルカリ、廃プラスチック類又は前各号に掲げる産業廃棄物を処分するために処理したものであつて、これらの産業廃棄物に該当しないもの

COP：これなら何とか理解できます。要は産業廃棄物を処理した結果、万一、法律や政令で規定している「物（状態）」以外になってしまったとしても、それは産業廃棄物ですよってことですよね。

N先生：そうですね。初期の疑義応答では、「『泡』や『粉』の廃棄物は一般廃棄物か産業廃棄物か？」と聞いた質問に、「産業廃棄物として

該当する性状ではないので一般廃棄物である」と回答した疑義応答があるんですよ。産業廃棄物を処理して一般廃棄物に変わるようだと、処理責任が市町村に移ってしまって、排出者処理責任ということが徹底できなくなる。そこで、「産廃を処理して出てきた物は産廃」と規定しておいたわけだね。それでは先ほどの話に戻り、「有害物が溶け出さないようにコンクリートで固めたコンクリートの塊」は何に該当しますか。

COP： そうかぁ、コンクリートの塊はコンクリートくず。……そうかぁ、そうなっちゃうと「前号の7号に該当」となってしまうから、13号ではなくなっちゃいますね。

N先生： そうなんですよ。下手に9号と7号を詳細に整備しちゃったので、思わぬところに歪みが出ちゃったんですね。まぁ、この話はほかでも詳しく取り上げたりしていますし、現実的にはあまり支障なく運用されていますので、今回はこの辺で。

唯一の追加種類

POINT

● 唯一の号レベルの追加改正。「動物系固形不要物」
● ほかの動植物性残さとは処理方法、処理ルートが大きく異なっている。

COP： 次の改正は何になりますか。

N先生： 平成13（2001）年に行われた改正で、政令枝番の4号の2で規定する、いわゆる「動物系固形不要物」と呼ばれるものです。

COP： 私は一度も見たことがないのですが、それはどういった物で、どういう経緯で追加されたものですか？

N先生： とりあえず、その条文を確認してみましょうか。

廃棄物処理法施行令　　　　　　　＊昭和46年

（産業廃棄物）
第2条

四の二　と畜場法第3条第2項に規定すると畜場においてとさつし、又は解体した同条第1項に規定する獣畜及び食鳥処理の事業の規制及び食鳥検査に関する法律第2条第6号に規定する食鳥処理場において食鳥処理をした同条第1号に規定する食鳥に係る固形状の不要物

N先生： 産業廃棄物は廃棄物処理法施行の昭和46（1971）年に19種類でスタートし、現在まで約50年。その半世紀の間に唯一追加された「種類」が、この「動物系固形不要物」です。平成13年の改正につながる「狂牛病（BSE）騒動」が起きました。それまで、食肉にならない牛の死体はミンチ状にし、さらに天ぷらの揚げかすのような状態にして、牛の飼料にしていたのです。これを「肉骨粉」といいます。ところが、これが「狂牛病（BSE）」の原因と分かり、飼料にすることが禁止されたのです。そのため、それまで「飼料」という形で有価物として流通していた肉骨粉は需要を失い、廃棄物となってしまったのです。

しかし、有価物としての需要はなくなったものの、大きな牛の死体を、ほかの動植物性残さと同じ処理ルートに乗せることは難しいようです。そのため、肉骨粉製造プラントは、そのま

ま廃棄物である動物の死体の処理施設として使われ続けることになりました。

その後の研究等で、特に「狂牛病（BSE）」の原因となる部位は「眼球」や「小腸の一部」ということも分かり、現在はこういった部位（特定危険部位）は、食肉となる牛についても、と畜場で取り除かれるようになっています。

4号の動植物性残さは排出業種を「食料品・医薬品・香料製造業」に限定しています。と畜場、食鳥処理場はこれにはあたりません。しかしながら、平成13年以降は前述のような理由により、と畜場、食鳥処理場からも相応の量の「動物に由来する不要物」が排出され、かつ、その処理ルートも動植物性残さとは違っていることから、号数を新たに起こし、20番目の産業廃棄物となったのです。

ちなみに、この動物系固形不要物は前述のとおり、極めて特殊なものであり、処理ルートも限定されていることから、処理業許可制度には馴染まないとして、省令第9条第11号で「許可不要」と規定しています。

COP：はっは〜。動物に由来する廃棄物ではあるが、ほかの動植物性残さとは処理方法、処理ルートが全く違う、ということで独立した新たな分類を起こしたわけですね。先生の「処理の方法」が違うから「別の区分」という原則に則ったやり方ではありますね。

N先生：当時、私は「こんな特殊な物のためにわざわざ号を起こすなんて」と思ったものでしたが、今、改めて考えると理にかなった改正だったのかなぁと思います。

COP：ちなみに、条文後半の「食鳥に係る固形不要物」というのも、同じようなものなのですか。

N先生：友だちの獣医さんにお聞きしたところ、条文上は「食鳥に係る固形状の不要物」も「動物系固形不要物」となりますが、鳥は牛と異なり「危険部位」はなく、鶏肉、鳥モツは当然

ながら食用に、羽毛は飼料や肥料に、その他の部位もレンダリング工程を経て「獣脂」になり、有価物として流通するものがほとんどとのことです。

安定型産業廃棄物

POINT

●種類としては安定5品目なのに、安定型最終処分場に埋立処分できない「物」も出現

COP：次の改正は何ですか？

N先生：平成18（2006）年に行われたアスベスト関連の規定についてお話ししておきたいと思います。これは、最近改正された水銀廃棄物や、それ以前の自動車等破砕物にも関係することですが。

COP：それは動物系固形不要物のような「品目の追加」でもなければ、紙くず、木くずのような「形容詞的改正」でもないですよね。

N先生：はい。この改正は産業廃棄物の種類は公式には改正されていません。処理基準や契約書事項、マニフェスト記載事項といった改正になります。私はこの頃から廃棄物処理法が迷走し始めて、原則破りの制度が出現したなぁと感じています。極めて、個人的な感想ですが。

COP：ほっほー、それはどうしてですか。

N先生：先ほどからいっているように、何のために「区分」しなければならないのか？　それは処理の方法が異なっているからこそ、別の種類に区分している意味があるわけです。

COP：焼却処理と埋立処理しかなかったら、廃棄物の区分は「燃えるごみ」と「埋立ごみ」の2種類で十分でしょって話ですね。

N先生：この原則理論は、「処理方法が異なるようであれば、廃棄物の種類は別にするべき」ということになりますよね。ところが、この石

綿、水銀、自動車等破砕物については、廃棄物の種類と処理の方法が結びつかないんです。そんなやり方では、種類を別にしている意味がありますか？

COP：まぁ、まぁ、先生。そう興奮せずに一つずつ説明してください。

N先生：まぁ、先ほど述べたとおり、特別管理という分類を作ったときから、ある程度の矛盾は発生していたのですが、それでもそれはそもそも「特別管理」という廃棄物の種類を別立てで起こしたのですから、百歩譲りましょう。ところが、平成7（1995）年に廃自動車の処理が課題になりました。

COP：まだ、自動車リサイクル法がスタートする前の話ですね。

N先生：そうです。まぁ、こういったいくつかのことが積み重なって、やがて自動車リサイクル法の成立に結びつくわけですが、それは数年後の話になります。

　廃自動車のリサイクルにはいくつかの工程があり、はじめはそのままリユースできる部品をもぎ取りし、フロンを抜いて、という工程の後に、「ギロチン」「シュレッダー」と呼ばれる大きな破砕機で粉々にして、電磁石で鉄を抜き取ったりするのですが、最後に残さとして残る物が出てきます。これをシュレッダーダストと呼んでいます。

COP：なるほど。では、シュレッダーダストは自動車の構成部材でしょうから、金属くず、廃プラスチック類、ガラス陶磁器くずとなるわけですね。

N先生：そのとおり。では、この3品目だとすれば、COPさんはどんな処分方法が浮かびますか。

COP：リサイクルできないグシャグシャの状態で発生するわけでしょうから、埋立てくらい

しかないかなぁ。でも、幸いにして金属くず、廃プラスチック類、ガラス陶磁器くずなら安定型最終処分場に入れられますね。

N先生：そこなんです。理屈としては、この3品目は「安定5品目（石綿溶融物を加えて「安定6品目」と呼ぶときもあります）」ですから、安定型最終処分場に埋立処分ができる、できていたんです。ところが、このシュレッダーダストからは時折、有害金属が出てくるときがあるんです。

COP：それはどうしてですか？

N先生：典型的なのは鉛なんですが、現在の鉛の環境基準、安定型最終処分場の浸透水基準は鉛の飽和濃度以下なんですね。

COP：「飽和濃度」なんて、中学の理科で習って以来だなぁ。確か、水につけておくと溶け出す最大の濃度、逆にいえば、いくら浸けておいてもそれ以上は溶け出さないって濃度でしたね。

N先生：そのとおりです。そして、鉛は利用勝手のよい金属なので、電器製品のハンダなどに用いられていたんです。だから、ハンダを使用しているような電機部品や、鉛を使用しているプリント配線板などが、安定型最終処分場に入ってしまうと、浸透水基準をクリアできなくなってしまうんです。

　そこで、本来は安定5品目であるから、安定型最終処分場に埋立処分してよいはずの廃棄物なのに、シュレッダーダスト他数品目（鉛管、ブラウン管の側面ガラス、容器包装等）は安定型最終処分場には埋め立ててはいけない、という処理基準を作っちゃったんですね。

COP：これが、先生のいうところの「廃棄物の種類」＝「処理基準」となるべき原則を崩したってことになるわけですね。

種類≠処理基準≠許可

N先生：そしていよいよ平成18（2006）年の政令改正により、石膏ボードそのものも安定型から外したんです。さらに、省令の第8条の4の2の中で「委託契約に含まれるべき事項」として「委託する産業廃棄物に石綿含有産業廃棄物が含まれる場合は、その旨」という事項を追加した。同様にマニフェストにも記載することを義務付けた。

さらにさらに、処理基準として「破砕、切断してはならない」というルールも追加した。そして、処理業の許可証にも「廃プラスチック類（石綿含有産業廃棄物を除く）」や、「鉱さい（石綿含有産業廃棄物を含む）」のように正規の産業廃棄物の種類の次に括弧書で「含む」「含まない」を明記することにしたんです。

これほど、処理基準をはじめいろいろなところで、ほかの産業廃棄物と取扱いを別にするのなら、独立した一つの「種類」とするべきだと思うんです。

COP：なるほど。このやり方が平成29（2017）年の省令改正「水銀使用製品産業廃棄物」や「水銀含有ばいじん」につながるわけですね。確かに、ここまでなると、何のための種類分けなんだって感じはします。

N先生：私はなにもPRTR法のように500種類もの区分けをしろ、といっているわけじゃないんです。そんなことしたら、許可の区分があまりにも細かすぎて、取り扱える業者が存在しな

くなったりしますから。

しかし、処理基準を別のものにして、委託契約書や管理票にもわざわざ特記させ、処理業許可証にも括弧書させなければならないような状況になるのであれば、それはもう独立した一つの種類にするべきでしょってことです。

「業種」ではない限定の仕方

COP：まだ産業廃棄物の種類についてありますか？

N先生：これが最後になりますが、政令レベルでの改正は、平成19（2007）年に行われた「木くずパレット」ですね。

COP：「木くず」は、業種指定のある産業廃棄物ですが、木製パレットに関しては業種を問わず、産業廃棄物になるって改正ですね。

N先生：「そのとおり」ですが、前述の「PCBが付着した」木くずも業種は問わないんですね。「業種」ではない条件付きはそのほかにもあるんです。

COP：それは何ですか？

N先生：政令12号の「ばいじん」は大気汚染防止法やダイオキシン類対策特別措置法で規定する焼却施設で発生し「集じん施設で集められた」という形容詞ですし、先に紹介した政令4号の2の「動物系固形不要物」は「と畜場」から出てくるということで、これも業種ではないんです。

昔から、形容詞というか条件が「業種」で限

定される物が多かったことから、慣用として「指定業種」とか「業種指定」とか呼んできましたが、本当は「特定の排出形態」なんですね。まぁ、半世紀にもわたり「業種指定」と呼称してきましたから、今更変えられないかもしれま

せんが、頭の片隅に入れておいていただけたらと思います。

COP：産業廃棄物の種類の変遷は奥が深いですね。今回もためになりました。

まとめノート

▶**昭和46（1971）年**　産業廃棄物は19種類

▶**昭和50（1975）年**　形容詞的な改正の第1号。「PCBが付着した」紙くず

▶**昭和58（1983）年**　解体木くずを産業廃棄物に追加

▶**平成4（1992）年**　特別管理産業廃棄物の登場

▶**平成5（1993）年**　「輸入廃棄物は産業廃棄物」と規定

▶**平成9（1997）年**　「PCBが染み込んだ」木くず、繊維くず
工作物の新築、改築時の木くず、紙くず、繊維くずも産業廃棄物に追加

▶**平成12（2000）年**　工作物の新築、改築時の「がれき類」も産業廃棄物であると明示

▶**平成13（2001）年**　「動物系固形不要物」を追加

▶**平成14（2002）年**　政令7号に「コンクリートくず（建設工事を除く）」を追加

▶**平成18（2006）年**　「石綿含有産業廃棄物」は産業廃棄物の種類ではないが、処理基準、契約書、マニフェスト、処理業許可証特記についてほかの産業廃棄物にはないルールを追加

▶**平成19（2007）年**　「パレット」「木製リース物品」であった木くずは業種を問わず産業廃棄物に追加

▶**平成29（2017）年**　「水銀使用製品産業廃棄物」「水銀含有ばいじん」は産業廃棄物の種類ではないが、「石綿含有産業廃棄物」と同様のルールを追加

※平成3年、5年、9年等、政令13号に規定するいわゆる「処理物」は、ほかの産業廃棄物の定義が改正されるごとに改正

第**3**回

有害な産業廃棄物と
特別管理産業廃棄物の巻

第3回は、廃棄物処理法の中でも特にややこしくて勘違いしている人も多い「有害な産業廃棄物と特別管理産業廃棄物」を取り上げてみました。今回の担当はG先生です。では、G先生よろしくお願いします。

有害な産業廃棄物や
特別管理産業廃棄物の歴史

POINT

●特別管理産業廃棄物は、その多くは特定の施設から発生した有害性を有する廃棄物が指定されている。

●判定基準を超えた廃棄物であっても、その廃棄物が特定の施設から発生したものは特別管理産業廃棄物となり、当該施設以外の場合は普通の産業廃棄物である有害な産業廃棄物となる。

●判定基準を超えた普通の産業廃棄物である有害な産業廃棄物を埋め立てる場合は、固型化して、その結果、判定基準以下の場合は管理型処分場、判定基準を超えた場合はなお、有害な産業廃棄物として遮断型処分場に埋め立てなければならない。

COP：廃棄物処理法ができてから50年以上経ちますが、G先生のお気持ちは？

G先生：いやーなんとも。私は30年関わってきましたが、いまだに難しい。法律ってのは"国民が法の権威を重んじて行動するもの"でなければならないですよね。そのためには法律

は「正確」「平明」、そして「簡易」な表現が求められるところ、廃棄物処理法は「簡易」という点がどうもねぇ～。

COP：そこなんですよ。廃棄物処理法の歴史を踏まえながら、この法を平易に理解するために、ぜひG先生には有害な産業廃棄物と特別管理産業廃棄物を解説してほしいですね。

では、まず近年では、平成27（2015）年の政令改正（平成27年政令第376号）で廃水銀及び廃水銀化合物が特別管理産業廃棄物に指定されましたね。

G先生：そうですね。水銀については、平成25（2013）年10月に「水銀に関する水俣条約」が採択されましたが、このうち、水銀の廃棄については、"環境上適正な方法で管理すること"が条約の要求事項であり、その要求に従い廃棄物処理法の政令改正に至ったわけです。

COP：しかし、水銀廃棄物は複雑怪奇で分かりにくいですね。私は「水銀廃棄物ガイドライン（第3版）」（環境省環境再生・資源循環局廃棄物規制課 令和3年3月）（https://www.env.go.jp/content/900537048.pdf）を参考にしていますが、廃水銀等とか、水銀含有ばいじん等、水銀使用製品産業廃棄物……とか。水銀部屋のお相撲さんが土俵で乱立しているよう。

G先生：悩みは理解できます。しかし、行司は

排出事業者なんですよ。自ら排出する廃棄物は排出事業者が最も熟知していますね。何に該当するかの軍配は排出事業者なんで、責任重大ですよね。"行司差し違え"は処理業者をはじめ、処理場周辺の住民など様々なステークホルダーに影響を与えます。理解を深める努力は必要です。

COP： そりゃそうですね。

G先生： さて、「廃水銀等」は"特別管理産業廃棄物"のうちの特定有害産業廃棄物に指定されています（政令第2条の4第5号二）。特定の施設において生じた廃水銀又は廃水銀化合物、水銀又はその化合物が含まれる物や、産業廃棄物となった水銀使用製品から回収した水銀を「廃水銀等」としています。

COP： 「廃水銀等」は特別管理産業廃棄物に指定されているんですね。それじゃあ、「水銀含有ばいじん等」も同じですか？

G先生： 「水銀含有ばいじん等」は特別管理産業廃棄物ではありません。「水銀含有ばいじん等」は普通の産業廃棄物で政令第6条の処理基準に出てくるんですね。「廃水銀等」のような"品目"、"種類"ではないんですね。廃蛍光管のような水銀使用製品産業廃棄物も同じです。

COP： 水銀に係る産業廃棄物にも特別管理産業廃棄物と普通の産業廃棄物があるんですね。

G先生： 「鉱さい」などを除き、特別管理産業廃棄物に指定されている多くのものは施設を指定して、そこから発生したもののみを特別管理産業廃棄物としています。例えば、水銀の廃試薬も大学やその試験研究機関から発生したものは「廃水銀等」であり、特別管理産業廃棄物に指定されていますが（省令第1条の2第5項第1号）、小中学校の理科室から発生した廃試薬は普通の産業廃棄物となります（「廃棄物処理法施行令等の改正に関するQ&A」（環境省 平成29年9月）Q3-3（https://www.env.go.jp/content/900537044.pdf））。

COP： 水銀の廃試薬も発生する施設によって、特別管理産業廃棄物になったり普通の産業廃棄物になったり。

G先生： 水銀を含むばいじんも同じことがいえます。例えば、大気汚染防止法の水銀精錬施設から発生するばいじんであって、溶出試験の結果、水銀が判定基準の0.005mg/ℓを超える場合は水銀精錬施設が指定されていますので特別管理産業廃棄物になります（判定基準とは、「金属等を含む産業廃棄物に係る判定基準を定める省令」別表の基準）。ところが、産業廃棄物焼却施設から発生したばいじんについては、産業廃棄物焼却施設が指定されていないので水銀が0.005mg/ℓ超であっても特別管理産業廃棄物にはなりません。

COP： やはり普通の産業廃棄物ですか。でも、産業廃棄物焼却施設から発生するばいじんに水銀が検出された場合、普通の産業廃棄物になるとはいえ、そのまま管理型処分場に埋めたら環境のリスクが高まりますよね。まずいんじゃないですか。

G先生： なので、普通の産業廃棄物でも水銀を含むばいじんなど人の健康や生活環境に係る被害を生ずるおそれのあるものを埋め立てる場合には固型化して、なおも判定基準を超える場合は「有害な産業廃棄物」として遮断型最終処分場に埋め立てなければなりません（政令第6条第1項第3号ハ及びタ）。

COP： 今の「有害な産業廃棄物」や「特別管理産業廃棄物」「特定有害産業廃棄物」「有害な特別管理産業廃棄物」といった、「特別」だの「有害」だの、紛らわしいですね。これらは、法律で整理するとどうなります？

G先生： それでは、条文を見てみましょう。

廃棄物処理法　　　　＊令和5年時点の規定を整理

（定義）

第2条

5　この法律において、「特別管理産業廃棄物」とは、産業廃棄物のうち、爆発性、毒性、感染性その他の人の健康又は生活環境に係る被害を生ずるおそれがある性状を有するものとして政令で定めるものをいう。

廃棄物処理法施行令

（特別管理産業廃棄物）

第2条の4

一　廃油（燃焼しにくいものとして省令で定めるものを除く。）

二　廃酸（著しい腐食性を有するものとして省令で定める基準に適合するもの。）

三　廃アルカリ（著しい腐食性を有するものとして省令で定める基準に適合するもの。）

四　感染性産業廃棄物

五　特定有害産業廃棄物（イからルまであり）

六から十一　（輸入廃棄物に係る特別管理産業廃棄物の規定）

（産業廃棄物の収集、運搬、処分等の基準）

第6条第1項第3号ハ

ハ　埋立処分は、周囲に囲いが設けられ、かつ、産業廃棄物の処分の場所（次に掲げる産業廃棄物の埋立地にあつては、有害な産業廃棄物の処分の場所）であることの表示がなされている場所で行うこと。

（特別管理産業廃棄物の収集、運搬、処分等の基準）

第6条の5第1項第3号イ

イ　埋立処分は、周囲に囲いが設けられ、かつ、特別管理産業廃棄物の処分の場所（次に掲げる特別管理産業廃棄物の埋立地にあつては、有害な特別管理産業廃棄物の処分の場所）であることの表示がなされている場所で行うこと。

COP：おっー。全て出そろいましたね。このように抜粋で見ると分かりやすいですね。なるほど。これは、廃棄物処理法の施行時（昭和46（1971）年9月24日）から変わってないのですか。

G先生：いやー、きましたね。COPさん。法施行時は、シンプルでしたよ。「特別管理産業廃棄物」「特定有害産業廃棄物」「有害な特別管理産業廃棄物」なんていうのはなかったですね。

COP：ということは、普通の「産業廃棄物」と「有害な産業廃棄物」だけ？

G先生：そうそう。「産業廃棄物」があって、処理基準の中に「有害な産業廃棄物」がありました。法律でいうと、廃棄物処理法第2条第3項（昭和46年当時）の「廃棄物の定義」に「産業廃棄物」があり、産業廃棄物の埋立処分の基準である政令第6条第1号イ（昭和46年当時）に「有害な産業廃棄物」を規定しました。

COP：この「有害な産業廃棄物」とは？

G先生：「有害な産業廃棄物」とは「ある特定の施設から排出された汚泥などをコンクリート固型化してもなお、水銀などの重金属が溶出して、自然環境を汚染し、人の生命、健康に影響を及ぼすもの」とされています。そして、「溶出」っていうのは、先ほどの判定基準を超えたものです。

COP：なーるほど。

G先生：この「有害な産業廃棄物」という語句は、今は政令第6条第1項第3号ハにあります。が、その内容は昭和46年当時と今とでは違うんですね。だけど、歴史と内容を同時に説明すると、「宇宙から電波がきている」ごとくわけが分からなくなるので、先に歴史をひもときます。

COP：そーしてください。

G先生：先ほど、お話ししたとおり、昭和46年は「産業廃棄物」と埋立ての処理基準としての「有害な産業廃棄物」がありました。

COP：ふむふむ。

G先生：そして、「有害な産業廃棄物」への追加はありましたが、昭和46年から20年間はそのままだったんですね。ところが、平成2（1990）年の生活環境審議会答申（平成2年12月10日生環審第3号「今後の廃棄物対策の在り方について（答申）」）では「有害性、爆発性、感染性などを有して特別な配慮が必要な廃棄物を区分する必要がある」としました。これは、有害廃棄物の世界的取組を示したバーゼル条約の基本概念を採り入れ、「産業廃棄物」の中に「特別管理産業廃棄物」を平成3（1991）年の廃棄物処理法改正（平成3年法律第95号）で廃棄物処理法第2条第5項に創設したんですね。

COP：はっはー。なるほど。バーゼル条約っていうのは、「有害物質含有廃棄物などが先進国から発展途上国に輸出され環境汚染が生じる事例があったことから、輸出入を厳しくして他国の環境汚染をなくそうと平成4（1992）年5月に発効した『有害廃棄物の国境を越える移動及びその処分の規制に関するバーゼル条約』のことで、平成元（1989）年3月にスイスのバーゼルで採択された。冒頭でお話のあった国内の水銀廃棄物対策も水俣条約の趣旨を踏まえつつ、バーゼル条約に沿った対応であるといえます」。ちゃんちゃん！

G先生：さすがだねぇ。おさらいになりました。そして、この「特別管理産業廃棄物」ができて、その政令で定める特別管理産業廃棄物の中に「特定有害産業廃棄物」が、そして、「特別管理産業廃棄物」の埋立処分の基準に「有害な特別管理産業廃棄物」ができたわけです。

COP：わけが分からなくなってきた。

G先生：つまり、
○昭和46年法施行時から平成3年法改正までは
・普通の「産業廃棄物」を規定
・埋立処分の基準に「有害な産業廃棄物」を規定
○平成3年法改正により

・「産業廃棄物」の中に「特別管理産業廃棄物」を規定
・政令改正（平成4年政令第218号）で政令第2条の4に「特別管理産業廃棄物」の中に「特定有害産業廃棄物」を規定
・特別管理産業廃棄物の埋立処分の基準に「有害な特別管理産業廃棄物」を規定

COP：はっはー、これで、
①普通の「産業廃棄物」
②普通の「産業廃棄物」の埋立処分の基準として「有害な産業廃棄物」
③「特別管理産業廃棄物」
④「特別管理産業廃棄物」の中に「特定有害産業廃棄物」
⑤「特別管理産業廃棄物」の埋立処分の基準として「有害な特別管理産業廃棄物」
ができ、全て出そろったわけですね。「有害な」とつけば、それは遮断型処分場へ埋めなさいっていう埋立処分の基準だと考えればいいですね（図表1）。

G先生：そのとおり！！これで「特別」や「有害」は勢ぞろいですね。あっと、そうそう、もう一つ硫酸ピッチがらみで平成16（2004）年の法改正（平成16年法律第40号）で法第16条の3に「人の健康又は生活環境に係る重大な被害を生ずるおそれがある性状を有する廃棄物」として、⑥「指定有害廃棄物」が規定されていますね。

この指定有害廃棄物はpHが2以下の硫酸ピッチなので特別管理産業廃棄物の一つですね。まぁ、問題となった硫酸ピッチは軽油の密造により排出されるものなのでここでは特に扱わないことにしましょう。

COP：しかし、語句がいろいろ出てきて分かりづらいなぁ。純米大吟醸産業廃棄物とか、大吟醸産業廃棄物、本醸造産業廃棄物なーんてほうがあたしゃ分かりやすい。

G先生：ますます分かりづらいと思いますが。

図表1　有害な産業廃棄物と特別管理産業廃棄物の区分

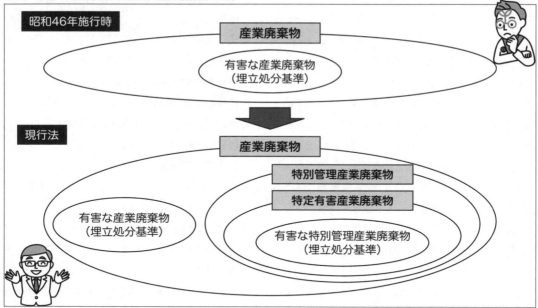

COPさんの日本酒好きには困ったもんだねぇ。でも楽しそう。不法投棄現場で「課長！これは純米大吟醸ですね」「いやいやこれは本醸造じゃあねえか」なーんて、利き酒みたい。産廃行政の人気が上がるかも。

COP：先生、ノリがいいですね。

G先生：いかん、脱線した。まぁ、特別だの有害だの、これらはね、排出事業者、処理業者、そして行政の担当者でもよく混乱するところですね。特に「有害な産業廃棄物」＝「特別管理産業廃棄物」と勘違いしている人もいますからね。

COP：これで、制定の歴史はよく分かりました。さーて、そろそろ、それぞれの内容について、解説をいただけますか？

いろいろな？　有害な？　特別な？　産業廃棄物

POINT

●「金属等を含む産業廃棄物に係る判定基準を定める省令」は特別管理産業廃棄物や埋立処分方法の判断にあたって重要な省令である。

●判定基準を超えたものを埋立処分する場合は、遮断型処分場に処分しなければならない（後述のダイオキシン類を除く）。

G先生：それじゃー、最初に普通の「産業廃棄物」の埋立処分の基準としての「有害な産業廃棄物」からお話ししますか。ただし、話が複雑になりますので、最終処分は、陸上埋立と海洋投入がありますが、陸上埋立を中心に話します。

COP：復習ですが、この「有害な産業廃棄物」っていうのは、廃棄物処理法施行時（昭和

46年9月24日）からあったんですね。

G先生：そうです。この政令第6条第1号（昭和46年当時）っていうのは、産業廃棄物の処理基準の中で埋立処分の基準を示したものです。その第1号イに「有害な産業廃棄物」という語句が出ており、この「有害な産業廃棄物」を埋立処分する場合は、「公共の水域及び地下水と遮断されている場所で行うこと」とされていました。

COP：その「有害な産業廃棄物」の内容っていうのはどんなものだったんです？

G先生：昭和46年当時の「有害な産業廃棄物」には大きく分けて二つあり、一つは、「鉱さい又は鉱さいの処理物」で水銀、カドミウム、鉛、有機リン化合物、六価クロム化合物、ヒ素（以下「重金属等」）のいずれか一つでも一定以上含むもの。

　もう一つは、水質汚濁防止法の特定施設のうち、先の重金属等とシアン化合物を含む排出水を排出する特定施設から生じた一定以上の重金属等を含む「汚泥又は汚泥のコンクリート固型化物」をそれぞれ政令第6条第1号イで規定しました。

COP：鉱さいは発生源の特定がないが、汚泥は特定されていた。

G先生：そうそう。そして、当時の『廃棄物処理法の解説』（厚生省環境整備課編 昭和47年4月20日）では、「有害な産業廃棄物」の「汚泥又は汚泥のコンクリート固型化物」については、「水質汚濁防止法の特定事業場から排出される排出水は、排水基準を遵守しなければならない結果、特定事業場の種類によっては、特定施設に多量の有害物質を滞留させることになる」としています。なので、「そこから生じる汚泥は特に厳しい基準を適用している」としました。ま、当たり前のことですが。

COP：なーるほど。簡単にいうと「有害な産業廃棄物」は「重金属等を含む鉱さい」と「重金属等とシアン化合物を含む、ある特定の施設から発生する汚泥」だったんですね。分かりやすいですね。

G先生：そして、その後、昭和50（1975）年の政令改正（昭和50年政令第360号）で、先の重金属等にPCBが加えられ、PCBを排出する特定施設が新たに対象となりました。さらに、昭和52（1977）年の政令改正（昭和52年政令第25号）では、大気汚染防止法のばい煙発生施設のうち、ある施設から生じる一定以上を含む重金属等を含む燃えがら、ばいじんを政令第6条第1号イに追加しました。

COP：なるほど。ところで、これまでに出てきた「一定以上を含む」とはどんな基準でしたっけ？

G先生：これは、先ほどの判定基準に触れた際の「金属等を含む産業廃棄物に係る判定基準を定める省令」（昭和48年総理府令第5号）のことです。COPさんはこれ全て通読したことありますか？

COP：いや、通読だなんて。

G先生：たった4条から構成されているんですよ。

COP：たった4条っていったってね。これは難解ですよ。先生。

G先生：そうですね。ちなみに省令第1条の2第7項で「判定基準省令」と読み替えられています。

COP：ほっほー。だけれどもあれは宇宙からの暗号を解読するようなもんですよ。

G先生：まぁ、確かに、「判定基準省令」は分かりづらい。廃棄物処理法の中でも難解な省令の一つだと思いますね。省令の中の附則の難解さでは、最終処分場基準省令[※1]のほうが上ですけど。ある自治体の行政担当者は処理業者向けの講習会でこの判定基準省令をそのまま資料とし

※1　一般廃棄物の最終処分場及び産業廃棄物の最終処分場に係る技術上の基準を定める省令（昭和52年総理府・厚生省令第1号）

て出して、ひんしゅくを買ったって話もありましたねー。

COP：まぁ、説明する側もされる側もわけ分からなくなりますよ。暗号を読んでるみたいになっちゃって。途中でみんな……ZZZってね。

G先生：しかし、「判定基準省令」は、特別管理産業廃棄物か否かの判断や、処分方法を判断する上で重要な省令なので、よく理解しておく必要はありますよね。産業廃棄物処分業者の許可証だって、普通の産業廃棄物であっても「汚泥（判定基準に適合するものに限る。）」っていうのが出てくるし、排出事業者も行政も知識は必要だね。平成29（2017）年6月までに24回改正されていますよ。

COP：また、勉強してみます。

G先生：ここまでまとめますと、「有害な産業廃棄物」は「判定基準省令」の基準を超える重金属等を含む鉱さいや一定の特定施設からの汚泥、そして、一定のばい煙発生施設からの燃えがら、ばいじんの埋立処分の基準として規定され、遮断型処分場で処分しなさいよってことでした。そして、平成3年の法改正で「特別管理産業廃棄物」が創設されました。

特定？ 有害？ 産業廃棄物

POINT

●排出事業者は、図表4（36ページ）を参考に適正な処理方法を検討し、処理業者を選定して委託しなければならない。

COP：先ほどの歴史の説明を振り返ると、「特別管理産業廃棄物」の一つとして「特定有害産業廃棄物」が規定されたんでしたね。

G先生：そのとおり。「特別管理産業廃棄物」は廃棄物処理法第2条第5項で規定するとおり「産業廃棄物のうち、人の健康又は生活環境に係る

被害を生ずるおそれがある性状を有するもので政令で定めるもの」ですね。この「政令で定めるもの」として、平成4年の政令改正（平成4年政令第218号）により当時の政令第2条の2に第1号の廃油、第2号の廃酸、第3号の廃アルカリ、第4号の感染性産業廃棄物、第5号の「特定有害産業廃棄物」が規定されました。

COP：ここでようやく「特定有害産業廃棄物」が出てきましたね。

G先生：そうですね。この「特定有害産業廃棄物」は、第5号イからラまでに

①PCB油などの「廃PCB」

②PCB塗布の紙くずやPCB付着の廃プラ、金属くずを「PCB汚染物」

③「廃石綿等」

④「判定基準省令の基準を超える重金属等を含む鉱さい」

⑤「判定基準省令の基準を超える重金属等やトリクロロエチレン、テトラクロロエチレンを含む一定の特定施設からの汚泥、廃油、廃酸、廃アルカリ」

⑥「判定基準省令の基準を超える重金属等を含む一定のばい煙発生施設からの燃えがら、ばいじん」

が規定されたんですね。このうち、⑤のうちトリクロロエチレンとテトラクロロエチレンは、平成元年の政令改正（平成元年政令第103号）により政令第6条の処理基準に加えられたトリクロロエチレンやテトラクロロエチレンの廃油も含めて「特定有害産業廃棄物」になっています。

COP：この「特定有害産業廃棄物」は平成3年以降も、追加されてますね。

G先生：そうですね。時系列に見ていくと図表2のようになります。

COP：はぁ。頭が痛くなってきた。まぁ、これで「特別管理産業廃棄物」は出そろいましたね。

G先生：これで政令第2条の4第1号から第5

図表2 特定有害産業廃棄物の変遷

平成6年政令改正（平成6年政令第306号）
・判定基準省令を超えるジクロロメタン、四塩化炭素、1,2-ジクロロエタン、1,1-ジクロロエチレン、シス-1,2-ジクロロエチレン、1,1,1-トリクロロエタン、1,1,2-トリクロロエタン、1,3-ジクロロプロペン、ベンゼンを含む一定の特定施設から排出される廃油、汚泥、廃酸、廃アルカリ及びこれら処理物を追加
・判定基準省令を超えるセレンを含む一定の施設から排出される汚泥、廃酸、廃アルカリ、ばいじん、燃え殻及びこれらの処理物を追加
・判定基準省令を超えるチウラム、シマジン、チオベンカルブを含む一定の特定施設から排出される汚泥、廃酸、廃アルカリ及びこれら処理物を追加
平成9年政令改正（平成9年政令第353号）
・PCBが染み込んだ木くず、繊維くずを「PCB汚染物」として追加
・一定基準（省令第1条の2第4号）を超えるPCB汚染物を処分するために処理したものを「PCB処理物」
平成11年政令改正（平成11年政令第434号）
・「ダイオキシン類対策特別措置法」の焼却炉である特定施設から排出されるダイオキシン類を一定基準（ダイオキシン類対策特別措置法24条第1項（現在は平成14年政令改正により省令第1条の2第14項又は同条第49項の基準）（いずれも3ナノグラム/グラム））を超える燃え殻、ばいじん及び汚泥を追加
平成12年政令改正（平成12年政令第493号）
・PCB付着陶磁器くずを「PCB汚染物」に追加
平成14年政令改正（平成14年政令第313号）
・「ダイオキシン類対策特別措置法」の一定の特定施設から排出されるダイオキシン類を一定基準（省令第1条の2第49項の基準（100ピコグラム/リットル））を超える廃酸、廃アルカリを追加
・「水質汚濁防止法」の一定の特定施設から排出されるジクロロメタンが一定基準を超える廃油、廃酸、廃アルカリ、汚泥をそれぞれ追加
平成15年政令改正（平成15年政令第519号）
・「ダイオキシン類対策特別措置法」の特定施設追加に伴いダイオキシン類を一定基準含む汚泥を追加
平成16年政令改正（平成16年政令第5号）
・PCB付着がれき類を「PCB汚染物」に追加
平成18年政令改正（平成18年政令第250号）
・「廃石綿等」の範囲に「その他工作物」を追加
平成25年政令改正（平成25年政令第12号）
・「水質汚濁防止法」の一定の特定施設から排出される1,4-ジオキサンが一定基準を超えるばいじん、汚泥、廃酸、廃アルカリ、汚泥、それらの処理物を追加
平成27年政令改正（平成27年政令第376号）
・灯台の回転装置を有する施設等の特定の施設から排出される廃水銀及び廃水銀化合物（廃水銀等）を追加

号まで全てです。ちなみに第5号の「特定有害産業廃棄物」の規定ですが、平成25（2013）年政令改正までは、政令第2条の4第5号イからルまで規定されていまして、イロハニホヘト……ン？「色は匂へど　散りぬるを　我が世誰ぞ　常ならむ　有為の奥山　今日超えて　浅き夢見し　酔ひもせず　ん」と「いろは歌」からも「特定有害産業廃棄物」は48あることがよく分かったんですね。

COP：当時どれくらいの人がいろは歌と特定有害産業廃棄物をひも付けしていたのか、甚だ疑問ですが。

G先生：しかし、残念なことに1,4-ジオキサンの追加の際に、政令第2条の4第5号イからル㉕までと項区分が整理されてしまったんですね。

COP：別に残念とは思いませんが。あれ？先生、「特定有害産業廃棄物」のうちの④の「判定基準省令の基準を超える重金属等を含む鉱さい」や⑤の「判定基準省令の基準を超えるもの」は平成3年法改正前の普通の「産業廃棄物」の「有害な産業廃棄物」と同じじゃあありませんか？

G先生：そうなんですよ。つまり、平成3年の政令改正の際に「有害な産業廃棄物」が「有害な特別管理産業廃棄物」に移って「遮断型処分場」に処分しなさいよってなりました（図表3）。

COP：そうすると、「有害な産業廃棄物」はどうなっちゃったの？

G先生：平成4年の政令改正で一旦なくなりました。が、平成9（1997）年の政令改正（平

図表3 「有害な産業廃棄物」の変遷

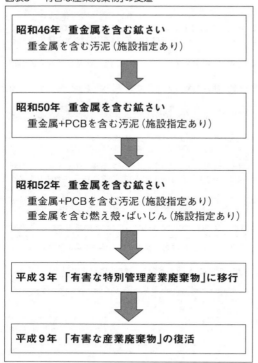

昭和46年 重金属を含む鉱さい
重金属を含む汚泥（施設指定あり）

↓

昭和50年 重金属を含む鉱さい
重金属＋PCBを含む汚泥（施設指定あり）

↓

昭和52年 重金属を含む鉱さい
重金属＋PCBを含む汚泥（施設指定あり）
重金属を含む燃え殻・ばいじん（施設指定あり）

↓

平成3年 「有害な特別管理産業廃棄物」に移行

↓

平成9年 「有害な産業廃棄物」の復活

成9年政令第353号）で復活しました。ただし「水質汚濁防止法の特定施設」、「大気汚染防止法のばい煙発生施設」の施設要件がなくなって、再登場したってことですね。

COP：つまり、「有害な特別管理産業廃棄物」と「有害な産業廃棄物」の違いは廃棄物の性状は同じだけれども発生源が指定されているか否かってことですか。

G先生：そういうことです。事実上、遮断型の廃棄物の拡大ですね。

COP：いや、それにしても複雑ですね。

G先生：そうですねぇ。"特別な""有害な"産業廃棄物を**図表4**にまとめてみたので、参考にしてください。特に排出事業者は、我が工場から発生した産業廃棄物や特別管理産業廃棄物を処理業者に委託する場合に、この図を参考に処分先や処理業者を適切に選定して委託しなければなりません。

図表4 「特別な」「有害な」産業廃棄物

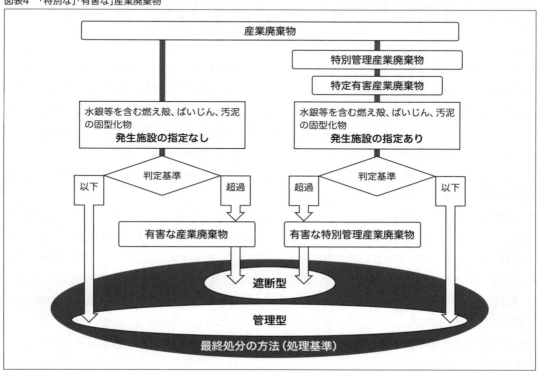

ダイオキシン法と特別管理産業廃棄物

POINT
● 廃棄物焼却炉から発生する燃え殻、ばいじんに係るダイオキシン類の基準はダイオキシン法の省令に規定されている。
● 基準を超えるダイオキシン類を含む燃え殻やばいじんは、一部の適用除外を除いて基準以下となるよう処理した上で、管理型処分場に埋め立てる必要がある。

G先生：複雑ついでに、平成11（1999）年の政令改正で「ダイオキシン類対策特別措置法」の焼却炉からの燃え殻、ばいじんと汚泥とそれら処理物については、基準を超えるダイオキシンを含むものが特定有害産業廃棄物に追加されていますが、このときに廃棄物処理法第2条第5項の「特別管理産業廃棄物」の定義が読み替えられているんですよ。

COP：というと？

G先生：このダイオキシン類対策特別措置法、長いのでダイオキシン法といいますが、この法第24条は「廃棄物焼却炉に係るばいじん等の処理」に関する規定で、法第25条は「最終処分場の維持管理」に関する規定です。このうち、法第24条第2項で、廃棄物処理法第2条第5項を『「特別管理産業廃棄物とは、産業廃棄物のうち、爆発性、毒性、感染性その他に人の健康〜」』を『「特別管理産業廃棄物とは、産業廃棄物のうち、廃棄物の焼却施設に係る集じん機によって集められたばいじん及び燃え殻その他の爆発性、毒性、感染性その他に人の健康〜」』』とダイオキシン法で規定した内容を廃棄物処理法で読むために読替規定を置いているんですね。

COP：この読替えは廃棄物処理法だけを見ていても分かりませんね。

G先生：いやいや、よーく見ると、廃棄物処理

法政令第2条の4の柱書きに「法第2条第5項（ダイオキシン類対策特別措置法第24条第2項の規定により読み替えて適用する場合を含む。）の政令で定める産業廃棄物は……」とあります。

COP：ほう。あれ？　ダイオキシン法第24条第1項は「廃棄物焼却炉である特定施設から出た集じん機で集められたばいじんと燃え殻の処分はダイオキシン類が環境省令で定める基準以内に処理しなければならない」って廃棄物処理法の処理基準のようなことが書いてありますね。

G先生：そうですね。ダイオキシン法で定める廃棄物焼却炉からの集じん機で集めたばいじんと燃え殻は、この法で「処理基準」が決められています。また、この基準はダイオキシン法省令第7条の2第1項に「1グラムにつき3ナノグラム」と規定されています。

COP：ということは、3ナノグラムを超えたものは3ナノグラム以下にしなさいよってことですね。

G先生：ですから、3ナノグラムを超えれば必ず3ナノグラム以下にして遮断型でなく管理型処分場に埋立処分しなければいけない、3ナノグラムを超えるダイオキシンは埋めてはいけない。この点が水銀や鉛を含むものとは大きく異なる点ですね。

COP：ダイオキシンは特に厳しいと。

G先生：また、ダイオキシンが含まれている燃え殻、ばいじんについては、廃棄物処理法政令第2条の4第5号リ(6)により特別管理産業廃棄物である特定有害産業廃棄物に指定されています。3ナノグラムの基準については、廃棄物焼却炉は、先のとおりダイオキシン法省令第7条の2第1項に規定され、アルミ溶解炉や電気炉のばいじんの基準は廃棄物処理法省令第1条の2第11項なんですね。

COP：ダイオキシン法もよく読まなきゃいけないですね。

G先生：そうですね。ダイオキシン法省令の附

則規定には「省令の施行の際に設置されている廃棄物焼却炉」、いわゆる既設炉について、そのばいじんなどをセメント固化、薬剤処理、酸抽出処理している限りは3ナノグラムの処理基準は適用しませんよっていっています。

COP：既設はいいんですか。セメント固化とかしていれば。

G先生：そう。また、その既設とは、ダイオキシン法施行時（平成12年1月15日）に設置されていたもの、工事着手していたものなんですね。

COP：既設も法律によりいろいろありますね。しかし、既設は3ナノグラムの適用はないけれども、測定はしなければならないんですね？

G先生：そうです。これはダイオキシン法第28条第2項でばいじんなどのダイオキシンの測定はしなきゃいけないわけです。

G先生：ちなみに、ダイオキシン法のアルミ溶解炉のばいじんや廃棄物焼却炉の汚泥などの処理基準は廃棄物処理法で規定されています。

有害な産業廃棄物や 特別管理産業廃棄物の把握

POINT

- 排出事業者は、特別管理産業廃棄物を委託しようとするときは、あらかじめその性状や取扱いについて、処理業者に文書通知をしなければならない。
- 排出事業者は、委託する産業廃棄物に係る情報を処理業者に適切に提供しなければならない。
- 排出事業者は、排出される産業廃棄物が特別管理産業廃棄物、有害な産業廃棄物などの該非や、処理業者への情報提供のために、適切な検査が求められる。

COP：先ほど、先生のいわれたダイオキシン

法の焼却炉は、ダイオキシン法第28条第2項でばいじんと燃え殻の自主検査を義務付けていますよね。これで特別管理産業廃棄物かどうかの把握を強制しているわけですが、ほかの特別管理産業廃棄物は、どうなんでしょうか。

G先生：廃棄物処理法上は、特に特管物かどうかの自主検査は義務付けしていませんが、政令第6条の6第1号で委託する場合、「事業者はあらかじめ委託しようとする特管物の性状や取扱いについて、文書通知を処理業者に行うこと」とされていますよね。だから、委託しようとする事前に、排出事業者の責任で検査する必要はありますね。また、地方分権一括法の施行で廃止になった平成4年8月31日付け衛環245号の厚生省通知にも特別管理産業廃棄物管理責任者の果たすべき役割として、「特別管理産業廃棄物の排出状況の把握」も例示として挙げられていますので、当然検査をしないと特管物かどうかだって分かりませんからね。

まぁ、特別管理産業廃棄物に限らず普通物の「産業廃棄物」だって、省令第8条の4の2第6号に「委託者の有する委託した産業廃棄物の適正な処理のための必要な事項に関する情報を委託契約の中で処理業者に提供すること」になっていますよね。

COP：そうですね。また、検査回数だって廃棄物処理法に規定がないですね。

G先生：ただし、昭和54年11月26日付け環整第128号厚生省環境整備課長通知（平成12年12月28日生衛発第1904号厚生省生活衛生局水道環境部長通知により地方分権一括法施行のため通知自体は廃止）問50に「有害な産業廃棄物に係る判定基準に適合するか否かの検定を排出事業者はいつの時点で行うべきか」とあり、その答えは「自社埋立ての場合は埋立て前に、委託の場合は委託の前に」とあります。

COP：自社埋立ての場合はいいですが、委託の場合は、自動更新があり得ますので、その場

合は初回の1回しかやらないこともありそうですね。

G先生：そうですね。本来はメッキ工程が変更になった、使用する溶剤が変わったなどの製造工程に変更が生じ、排出される産業廃棄物の性状・性質が変わるときに検査をしなければならないと思うんですよね。しかし、工程に変更がなければ何年も検査しないことになってしまう。だから、検査の実施方法や頻度などについては、廃棄物処理法上明確に規定したほうがいいと思うんですよね。

COP：なるほど。確かに委託契約でも、平成18（2006）年省令改正（平成18年環境省令第7号）で省令第8条の4の2の「委託契約に含まれるべき事項」の第7号に「委託契約の有効期間中に当該産業廃棄物に係る情報に変更があった場合の情報の伝達方法に関する事項」が入ってきましたよね。適正に処理するためには排出者が自ら排出する産業廃棄物の内容を適切に把握しなければなりませんね。

G先生：そうですね。制度化すれば何をどうすればよいか分かるので事業者も助かるんじゃないですかね。平成25（2013）年6月6日に排出事業者が処理業者へ産業廃棄物の処理を委託する際の廃棄物情報の提供の望ましいあり方をまとめた「廃棄物情報の提供に関するガイドライン（第2版）」（環境省のホームページhttps://www.env.go.jp/recycle/misc/wds/index.html）が示されていますので、これを足がかりに制度化してくれればいいなと思っています。

COP：最近、このガイドラインの重要性を認識しましたよ。それは有機フッ素化合物、いわゆるPFAS[※2]を含んだ泡消火剤の処理委託の際にも活用しました。

G先生：PFASは水道水から検出されるなど各地で問題になっていますね。廃棄物処理法では特別管理産業廃棄物や有害な産業廃棄物には指定されてないのですが、分解処理（PFOS含有廃棄物は約850℃以上、PFOA含有廃棄物は約1,000℃以上にすることが望ましいとされています（「PFOS及びPFOA含有廃棄物の処理に関する技術的留意事項」環境省 令和4（2022）年9月30日）。

COP：埋立処分すると放流水に移行して拡散されますよね。まして水道水源に影響があってはなりません。しっかり分解しなければなりませんね。

G先生：健康リスク評価が確定していないので、環境法令上も現時点では基準設定に至っていません。廃棄物処理法上の義務ではありませんが、PFAS含有廃棄物を処理する際には影響拡大を防止したいですね。

COP：この際、そのほかに先生の思いはありますか？

G先生：そうですね、「特別管理産業廃棄物」は揮発油類の廃油、強酸、強アルカリ、PCBと鉱さいを除いて、施設や業種が指定されていますよね。このため、例えば、15条施設のうち木くずや紙くずの焼却施設から発生する燃え殻はダイオキシン、ヒ素と六価クロムは基準を超えれば「特別管理産業廃棄物」になるけれども、鉛と水銀は基準がないから、高濃度でも特別管理にはならない。15条施設非該当であればダイオキシンのみ。ボイラーなどの燃え殻やばいじんは、基本的に何がどう超えても、「特別管理産業廃棄物」にはなり得ない。しかし、法の目的が「生活環境の保全」であるから、施設や業種により有害性が左右されることもないし、限定すべきでないと思う。このことが、逆に特管物を複雑にしているんじゃないかと思いますね。

COP：確かにそうかもしれませんね。

※2　PFASは有機フッ素化合物であり、PFOA、PFOSなどの種類がある。PFOA、PFOSは、残留性有機汚染物質の製造・使用の原則禁止、ストックパイルの適正な管理、廃棄物の適正な処分等を規定している「ストックホルム条約（POPs条約）」の対象となっている。

G先生：排出事業者の反発はあるかもしれませんが、ここは、廃棄物の性状に着目して「『有害な産業廃棄物』と同様に施設の指定を撤廃し、判定検査を義務付け、しっかり把握して、その上で満足に処理できる処理業者に委託する必要があるのではないか」と思いますね。いくら最終処分場の放流水で最終的なチェックして「生活環境」への影響をみるにしても、処分業者への負担が大きいと思うんですよね。

COP：なるほどね。特別管理産業廃棄物の拡大と検査の義務付けで、より適切な処理ができるように法でフォローするってことですね。

G先生：そう。処分業者だって全件検査するわけにもいかないだろうし、とんでもない有害物質を含んだ特管物が焼却されたり、管理型処分場に入ることも回避できると思う。

COP：なんだか、法令改正の提言みたいになりましたね。いやーくたびれました。廃棄物処理法の複雑さを垣間みたような気がします。ありがとうございました。

まとめノート

▶**昭和46（1971）年**　廃棄物処理法施行　処理基準に遮断型埋立てが必要な産業廃棄物として「有害な産業廃棄物」を規定

▶**平成3（1991）年**　特別管理産業廃棄物を創設

▶**平成6（1994）年**　ジクロロメタンなどを特管物に追加

▶**平成12（2000）年**　ダイオキシン法施行により規制対象の焼却炉から生じた燃え殻、ばいじん、汚泥に一定量以上のダイオキシンを含むものを特管物に追加

▶**平成14（2002）年**　ダイオキシン法の灰貯留施設から生じた汚泥、廃酸、廃アルカリに一定量以上のダイオキシンを含むものを特管物に追加

▶**平成15（2003）年**　ダイオキシン法改正による規制施設拡大により当該施設から生じる汚泥、廃酸、廃アルカリに一定以上のダイオキシンを含むものを特管物に追加

▶**平成18（2006）年**　特管物のアスベストに工作物を追加し、範囲拡大

▶**平成25（2013）年**　1,4-ジオキサンを特管物に追加

▶**平成27（2015）年**　廃水銀等を特管物に追加

第❹回

PCB廃棄物の巻

今回は、「PCB廃棄物」を取り上げてみました。教えてくれるのは、COPさんとは顔なじみで、環境計量証明事業所の廃棄物部門の責任者として、日々様々な廃棄物の分析業務に奮闘しているM部長です。

PCBは夢の物質から有害物質に

POINT

- ●耐熱性、不燃性、電気絶縁性があり、特に電気機器類の絶縁油として多く使用された。
- ●昭和43年のカネミ油症事件を契機に毒性が社会問題化
- ●行政指導で昭和47年に製造禁止

COP：M部長さん、こんにちは。

M部長：おおCOPさん、いつも廃棄物の分析依頼ありがとう。で、今日はどうしました？

COP：廃棄物管理部門に異動して初めてPCB廃棄物の存在を知って、勉強をしてたんですけど、PCBの歴史をM部長に教えてもらいたくて事務所に来ちゃいました。

M部長：PCB廃棄物ねぇ。私もこの仕事を始めてから知ったんだ。濃度分析もたくさんやったなぁ。そういえば一時期、コンデンサーの分析依頼が集中してね、すぐに結果出せないから断ったこともあったなぁ。

COP：きっとM部長のことだから、「すみません、すぐに分析できません。今、コンデンサーの分析で混んでんさー」とかいっちゃって、断ったんでしょ。

M部長：……。で、なぜ私に？

COP：上司から、「PCBのことはM部長に聞いたらいいよ。なにしろM部長の神の目で、絶縁油を見るだけでたちまちPCB濃度が分かってしまう高度のPCBの専門知識を持っているプロフェッショナルだから」と聞いたもので。

M部長：いくら何でも分析機器じゃないんだから……。まぁ、今ではコンサル事業もやっているくらい詳しくなったのは確かだけどね。じゃあ、まずはCOPさんの勉強の成果を確認してみようかな。PCBってどんな物質なのか簡単にいえるかい？

COP：えー、問題ですかー。んー、そうですねぇ、PCBとは、「ポリ塩化ビフェニルの略称で、ポリ塩化ビフェニル化合物の総称。粘り気のある常温で液体のもの。保有する塩素の数や配置によって209種類の異性体が存在する。熱で分解しにくい、不燃性、電気絶縁性が高い、水に溶けにくい、などの性質をもつ、工業的に合成された化合物」です。こんな感じですが、どうでしょう……。

M部長：スラスラいえて、しっかり勉強しているねぇ。

COP：（……質問されてもいいように暗記してきたことは内緒にしよう……）どうもです。

M部長：PCBは明治14（1881）年、シュミットとシュルツという2人のドイツ人化学者が、最初に合成に成功した。昭和4（1929）年にアメリカで工業生産が開始され、日本では昭和29（1954）年から生産が開始されたんだ。熱で分解しにくい、不燃性、電気絶縁性が高いといった優れた特性を持っていたことから、電気製品の絶縁体、熱媒体に利用されてきたんだね。

COP：油状の物質は、通常、燃えやすいですよね。それが、PCBは熱にも強く、電気も通さないし、燃えない。絶縁体や熱媒体にぴったりの夢の物質。しかし分解しにくいのは体内に入った場合も同様で、脂肪に溶けやすくて、慢性的に摂取すると体内に徐々に蓄積し、目やに、爪や口腔粘膜の色素沈着、座瘡様皮疹（塩素ニキビ）、爪の変形、まぶたや関節のはれなどの症状を引き起こすと。

M部長：その毒性が知られるようになったきっかけは、昭和43（1968）年の「カネミ油症事件」。米ぬか油の製造工程で熱媒体として使用したPCBが、米ぬか油に混入して、その油を摂取した人に症状が現れた、西日本一帯の食中毒事件。実際には、PCBが熱によりダイオキシン類に変化して、顔面などへの色素沈着、手足のしびれ、肝機能障害などを引き起こした複合的な要因があったようだよ。

COP：へえー。で、この事件後に規制が始まったのですか？

M部長：そうなんだ。昭和47（1972）年に行政指導でPCB使用製品の製造中止と回収が指示され、化学物質の審査及び製造等の規制に関する法律で昭和50（1975）年に製造禁止となった。廃棄物処理法では昭和50年の政令改正から明示されたんだよ。

COP：これ以降、PCB使用製品の「保管」が

始まったのか。あれ、そういえば、一般家庭のPCB使用製品って聞かないけど、これはどうしてですか？

M部長：一般家庭のテレビ、電子レンジなどにもPCBは使われていたけど、そのPCB使用部品は、メーカーが回収して保管することになったんだ。廃棄物処理法の政令で特別管理一般廃棄物としてPCBが使用されたテレビなどが規定されているけど、こういった経過があって、今は一般家庭で保管することはない。

COP：なるほど。でもこのとき、一般家庭だけでなく事業者の製品も、同じようにメーカーや国で回収して処分するとなっていたら、今の、事業者としての負担も苦労もなかったかも。

M部長：そうかもしれないけど、廃棄物処理法の処理原則は、排出事業者責任だからね。

PCB特措法が制定される

POINT

- 平成13年にPCB特措法が制定
- 譲渡し・譲受けは原則禁止
- 法律施行当初の処理期限は平成28（2016）年7月15日

COP：PCBの法律には、平成13（2001）年に制定された「PCB特措法」がありますよね。製造禁止からずいぶんタイムラグがありますが、何かきっかけがあったんですか？

M部長：製造禁止後の最大の問題は、一部[1]を除いて施設がなく処分できなかったことだ。電気機器メーカーなどが設立した「(財)電機ピーシービー処理協会（その後、(財)電気絶縁物処理協会に改称）[2]」が、高温での焼却処分を行おうと全国各地39か所で処理施設の立地を試み

※1　昭和62年～平成元年にかけて、鐘淵化学工業㈱高砂事業所で液状PCB廃棄物5,500tの高温熱分解を行った。
※2　昭和48年8月設立。平成13年11月解散。残余財産はPCB廃棄物処理基金に出えんされ、PCB廃棄物処理に関する研修や研究費用に充てられた。

たんだ。だけど自治体や地域住民の理解が得られず、失敗したんだ。39戦39敗などと呼ばれた。

COP：必要性は分かっていても近くには来てほしくない。気持ちは分かります。それで、処分できないまま約30年が経過したわけですね。

M部長：保管が長期化して、平成10（1998）年の厚生省の調査では1.1万台が紛失や不明となった。このままでは紛失や漏えいで環境汚染が進んでしまう。さらに平成12（2000）年には、東京都内の小学校で蛍光灯のPCB使用安定器が破裂してPCBを含んだ絶縁油が小学生の身体に付着するということが起きてしまった。

COP：それは大変だぁ。

M部長：PCBによる環境汚染は国際的な問題でもあって、平成13年5月に、POPs条約※3が採択され、2025年までの使用の全廃、2028年までの適正な処分が求められた。このような状況下で「ポリ塩化ビフェニル廃棄物の適正な処理の推進に関する特別措置法」、つまり「PCB特措法」ができたんだ。特措法は廃棄物処理法の特別法となるから、PCB廃棄物の処理に関することは、特措法にないものは廃棄物処理法が適用される。

COP：なるほど。だからPCB廃棄物の保管の届出制度は特措法で、特措法にない保管方法や処分方法は廃棄物処理法となるんですね。

M部長：特措法では、保管事業者に相続や合併があっても相続人や合併後の法人が保管事業者の地位を承継する制度、譲渡し・譲受けを原則禁止とする制度にして、紛失や不適正処理を防止することにしたんだ。

COP：譲渡し等の「原則」禁止ということは、認められる場合はどのようなものですか？

M部長：地方公共団体への譲渡しだね。その後、平成14（2002）年に試運転や試験研究による譲渡し、平成16（2004）年には一定の要件を満たすと都道府県知事が認めた者への譲渡し等が追加されてきた。

COP：ほかに特措法で整備された仕組みはあるんですか？

M部長：処理期限を全国一律に施行から15年後の平成28年7月15日と定めたんだ。そして、環境大臣が「PCB廃棄物処理基本計画」を策定し、国が処理体制を整備することになったんだ。でも、その後に「低濃度」の問題や施設整備上の問題があって処理期限は延長されたんだ。

COP：どういうことですか？

そもそもPCB廃棄物の種類には どんなものがある？

POINT

● PCB廃棄物は、廃PCB等、PCB汚染物、PCB処理物の3種類
● 高濃度と低濃度がある。
● 平成28年改正でPCB特措法に高濃度の定義が設けられた。
● 低濃度には「微量PCB汚染廃電気機器等」と「低濃度PCB含有廃棄物」がある。

M部長：それを説明するには、まず、PCB廃棄物の種類、高濃度と低濃度の定義を確認しておこう。

COP：よろしくお願いします。

M部長：PCB廃棄物は特別管理産業廃棄物だけど廃PCB等、PCB汚染物、PCB処理物の3種類があることは知っているよね？

※3 「残留性有機汚染物質に関するストックホルム条約」：環境中での残留性、生物蓄積性、有害性を持つ残留性有機汚染物質（POPs）の製造及び使用の制限、全廃、廃棄物の適正処理などを規定する条約

COP：はい。

M部長：ちなみに、PCBが廃棄物処理法に登場した昭和50年の改正では、「ポリ塩化ビフェニル」じゃなかったんだよ。

COP：えっ。どういうこと？

M部長：じゃ、当時の産業廃棄物の定義の一部を見てみよう。

廃棄物処理法施行令　　　＊昭和50年政令改正時

（産業廃棄物）

第1条　廃棄物の処理及び清掃に関する法律（以下「法」という。）第2条第3項の政令で定める廃棄物は、次のとおりとする。

一　紙くず（パルプ、紙又は紙加工品の製造業、新聞業（新聞巻取紙を使用して印刷発行を行うものに限る。）、出版業（印刷出版を行うものに限る。）、製本業及び印刷物加工業に係るもの並びにポリクロリネイテッドビフエニル（以下「PCB」という。）が塗布されたものに限る。）

（以下略）

COP：「ポリクロリネイテッドビフェニル」って、英語読みだったのですねぇ。面白い。いつ変わったのですか。

M部長：以前調べたことがあったけど、平成13年7月改正で「ポリ塩化ビフェニル」って変わったようだよ。

COP：へー。覚えておこうっと。ところで、M部長、PCB処理物って、よく理解できないんだけど、何ですか？

M部長：簡単にいうとPCB廃棄物を処分した後の残さ物のことだよ。廃棄物処理法の省令で濃度の基準が決まっていて、廃油だと0.5mg/

kgとなっている。これは残さ物がPCB廃棄物かそうでないかを判断する基準、要は卒業基準だね。

COP：それって、変圧器の絶縁油がPCB廃棄物かどうかを判別する基準ということ？

M部長：そだねー、といいたいところだけど違う。定義を読むと廃PCB等、PCB汚染物には濃度の基準がないよね。PCB廃棄物かどうかを決める濃度の基準、いわば入口基準は法律には規定がない。

COP：そうなんですか？　じゃ、PCBが検出されたら、それは全部PCB廃棄物になっちゃうってこと？

M部長：確かに法施行後しばらくはそのとおりだったんだけど、徐々に環境省の通知で入口基準が示されてきたんだ。

COP：というと具体的には？

M部長：まず、電気機器に封入された絶縁油に限って平成16年2月の環境省通知[4]で0.5mg/kgという基準が示された。うちの分析結果でもこの数値で判断して依頼者にPCB廃棄物かどうか示してたね。

COP：なるほど、これが絶縁油の基準として運用されてきたわけですね。でも絶縁油以外はどうしてたんです？

M部長：いい質問だねぇ。実は、一部、「課電自然循環洗浄法[5]」や「PCBを微量に含む顔料[6]」に関して運用が示されたものがあったけど、基本的に絶縁油以外の基準は示されなかったために、自治体ごとに判断がバラバラで、検出されたらすべてPCB廃棄物だというところもあれば、そうでないところもあった。しばらくそんな状態が続いていた。

COP：それでは全国展開している企業や分析会社も大変だったでしょう。

※4　「重電機器等から微量のPCBが検出された事案について」（平成16年2月17日 環廃産第040217005号）
※5　経済産業省・環境省：「微量PCB含有電気機器課電自然循環洗浄実施手順書」による洗浄後の絶縁油のPCB濃度
※6　副生するPCBが、工業技術的・経済的に低減可能なレベル（BATレベル）まで低減した有機顔料が廃棄物となったものはPCB特措法の対象としない（平成24年12月10日 環境省事務連絡）。「有機顔料中に副生するPCBの工業技術的・経済的に低減可能なレベルに関する報告書」（平成28年1月29日）

M部長：そのとおりだったね。これが適正処理の課題でもあって、環境省の検討会を経て、令和元（2019）年に「ポリ塩化ビフェニル汚染物等の該当性判断基準について」という環境省通知で絶縁油以外も入口基準が明確化されたんだ。

COP：ずいぶんと時間がかかりましたね。

M部長：そうだね。では、次に高濃度と低濃度の定義だけど、高濃度は特措法に定義された。特措法施行当初は規定がなくて、平成28年改正で設けられたものだ。見てみよう。

ポリ塩化ビフェニル廃棄物の適正な処理の推進に関する特別措置法

（定義）

第2条

2　この法律において「高濃度ポリ塩化ビフェニル廃棄物」とは、次に掲げる廃棄物をいう。

一　ポリ塩化ビフェニル原液が廃棄物となったもの

二　ポリ塩化ビフェニルを含む油が廃棄物となったもののうち、これに含まれているポリ塩化ビフェニルの割合が政令で定める基準を超えるもの

三　ポリ塩化ビフェニルが塗布され、染み込み、付着し、又は封入された物が廃棄物となったもののうち、ポリ塩化ビフェニルを含む部分に含まれているポリ塩化ビフェニルの割合が政令で定める基準を超えるもの

COP：濃度の基準はどうなっているの？

M部長：特措法の政令・省令で令和5年現在は、廃油は0.5％超、PCB汚染物は可燃物10万mg/kg超で不燃物5,000mg/kg超となっている。

COP：高濃度以外のものが低濃度と考えていいですね。

M部長：そうだね。ただ、低濃度には、「微量PCB汚染廃電気機器等」と「低濃度PCB含有廃棄物」とがある。微量PCB汚染廃電気機器等には、まれに5,000mg/kgを超えるものがあるんだ。これも低濃度として扱うことになった（図表2）。

COP：なんだか複雑ですね。何でこんなことになったの？

図表2　高濃度PCB廃棄物と低濃度PCB 廃棄物

高濃度PCB廃棄物	低濃度PCB廃棄物
①変圧器・コンデンサー類 変圧器、コンデンサー、計器用変成器、リアクトル、開閉器等	①微量PCB汚染廃電気機器等 変圧器、コンデンサー、再生油使用柱上変圧器、OFケーブル等
②安定器、汚染物等 蛍光灯安定器、水銀灯安定器等	②低濃度PCB含有廃棄物 廃油、ウエス、汚泥、橋梁塗膜等

高濃度と低濃度の違いとは

POINT

● 高濃度とは絶縁油に意図的にPCBを使用した電気機器類等が該当

● 非意図的に汚染された「微量PCB汚染廃電気機器等」は平成14年に判明

● 橋梁塗膜等が低濃度PCB廃棄物になるものもある。

M部長：いい質問だよ、COPさん。そもそも、なんで高濃度と低濃度があると思う？

COP：えっ、何で？　何でといわれてもなぁ。使用した絶縁油の種類が違うからとか。

M部長：ちょっと違うね。もともとは高濃度のPCBしかなかったんだよ。絶縁油などに意図的にPCBを使用したから、濃度は変圧器や安定器で100％、コンデンサーで60％なんだ。ところが、意図的に使用していない電気機器か

らもPCBが検出されることが分かってきた。

COP：ほー。それが低濃度ですか。

M部長：そうなんだ。最初は平成元（1989）年に、電力会社の電柱にある柱上変圧器の絶縁油に微量（50mg/kg以下）のPCBで汚染されているものがあると分かった。そして特措法制定後の平成14年には、産業用の変圧器などPCBを使用していない絶縁油からも微量のPCBが含まれていることが判明したんだ。今では微量PCB汚染廃電気機器等と呼ぶものだ。

COP：なぜ意図的に使用していないのにPCBで汚染しているの？

M部長：それは、絶縁油の製造時、電気機器類の製造時、機器使用時に混入したと考えられている。絶縁油や電気機器類の製造では、PCBの有害性が知られる以前のラインなどの設備の共有、再生利用する油のPCB含有、PCBを使用していた製造ラインや運搬するタンクローリーの洗浄不足、などがあるし、機器使用時では、PCBの有無を確認しないまま入替え時に再生油を利用、などの要因が複数に絡み合った結果として、汚染経路から対象を特定できないPCBで汚染された電気機器類、つまり微量PCB汚染廃電気機器等が生まれてしまったんだ。このように、「微量」という言葉の意味とは違って、濃度が管理されているものではない非意図的な汚染だから、まれに5,000mg/kgを超えるものもあるんだ。「非意図的PCB汚染廃電気機器等」というほうが分かりやすいかもしれない。

COP：へー、そうなんだ。単にメーカー側だけでなく、ユーザー側にも要因があるのか。どこで汚染されたか断定できないんで、低濃度は濃度を測らないといけないのかぁ。

M部長：高濃度の場合は、意図的に使用したものだから、メーカー、製造時期、製造番号など

で判別できる。一方、低濃度は汚染の可能性のあるものだけ分かる[7]。安定器は内部にあるコンデンサーの絶縁油にPCBが使用されていたんだけど、意図的に使用したものしかないから、全て高濃度。業務用・施設用として使用された高力率の安定器に使われ、これもメーカー・型式等から判断できる。

COP：そうか、だからM部長は瞬時に高濃度と判断できたわけですね。

M部長：そういう意味では、絶縁油だけでは分からないけど、COPさんがいう私が目で判断できるっていうのは、あながち間違いでもないんだけどね。

COP：やはり神の目を持つプロフェッショナルだ。

M部長：「微量PCB汚染廃電気機器等」の判明後、平成28年改正で高濃度の定義が明確化されたとき、これまでの経緯から、絶縁油が5,000mg/kgを超える電気機器類も「微量PCB汚染廃電気機器等」で扱う、となったわけなんだ。

COP：複雑な要因は経過措置みたいなものですね。

M部長：ちなみに、PCB含有塗料を使用したタンク・船舶・橋梁などもあって、これらは多くが低濃度だけど、まれに高濃度もあったようだよ。

COP：PCB含有の塗料？

M部長：塩化ゴム系の塗料に可塑剤として使用していた時期があったんだ。

COP：いろいろなところに使用され、汚染されていたんですね。定義も理解できました。

※7　製造メーカーや絶縁油入替えの有無にもよるが、変圧器の場合は平成6（1994）年まで、コンデンサーは平成3（1991）年までPCB汚染の可能性があるとされている。

PCB廃棄物の処分の歴史

POINT
- 高濃度は平成16年から順次JESCOで処分開始
- 低濃度は無害化処理認定制度を活用して平成24（2012）年から処分開始

COP：そろそろ処理期限の延長の話をしてくれませんか？　定義とどう関係があるんですか？

M部長：PCB廃棄物の処分と関係があるんだ。先ほど39戦39敗の話をしたけど、その頃は焼却施設を整備しようとしたんだ。廃棄物処理法では焼却処分以外認められていなかったけど、平成10年に化学分解による処分方法が追加されたんだ。

COP：うんうん。

M部長：そして平成13年から順次電力会社[8]が自ら施設を整備して微量のPCBに汚染した柱上変圧器の化学的な処分を始めた。

COP：最初に処分されたのは高濃度じゃないんだぁ。

M部長：高濃度は、特措法制定後に国が中心となって設立した日本環境安全事業（株）（現：中間貯蔵・環境安全事業（株））（JESCO）によって、全国5か所（室蘭、東京、豊田、大阪、北九州）に化学分解方式での処理施設の整備が進められた。

COP：これもそう簡単にはいかなかったんでしょ。

M部長：国会の議論だと全国5、6施設程度、地域ごとに整備する計画だったみたいだ。でも例えば東北など、住民の反対などで当初想定した地域に施設ができない地域があった。県知事

が受入れをお願いするなどして北海道室蘭市に整備する処理施設で受け入れることになったけど、施設を受け入れた地域には、相応の苦労があったことは忘れてはならないね。

COP：近くに処理施設があったほうが運搬費はかからないんだけど、そう考えると受け入れた地域の方には感謝しないといけないですね。

M部長：絶縁油・変圧器・コンデンサー類の処分は、平成16年の北九州事業から始まり、最後の北海道事業は平成20（2008）年からだ。

COP：それ以外の安定器の処分はどうなんですか。安定的に整備は進んだんですか。

M部長：安定じゃないんだな。平成17（2005）年に東京事業が開始して安定器やその他の汚染物の処分が始まったけど、安定器の充填材に使用されたアスファルトが破砕機に付着するなどして処分が困難になって結局断念した。整備が進まない地域もあって、最終的には、室蘭と北九州の2か所で処分することになった。

COP：そんな経緯があったんですか。

M部長：安定器といえば、PCB絶縁油があるコンデンサーを取り外して総量を減らそうとする、分解解体の行為に規制がされた。

COP：それはどういうことですか？

M部長：コンデンサーを取り外そうと外力を加えて、本体が傷ついたり形状変化したりしてPCBの漏えいや揮散のおそれがあった。だから分解解体しないよう行政指導がなされて、平成26（2014）年9月の通知[9]で一部のコンデンサー外付け型安定器を除き、分解解体は原則禁止となった。その後、平成27（2015）年11月には廃棄物処理法施行規則が改正され、法令上も明確に禁止となったんだ。

COP：ほほー。あれれ、取り外したら、コンデンサー以外の部分はPCB廃棄物じゃなくなるの？

※8　東北、東京、北陸、中部、関西、中国電力
※9　「ポリ塩化ビフェニルが使用された廃安定器の分解又は解体について」（平成26年9月16日 環廃産第14091618号）

M部長：違うね。コンデンサー以外の部分は、PCB濃度を測定して高濃度でないことが確認できたら低濃度として処分するんだ。

COP：あくまでもPCB廃棄物なんですね。じゃ、その低濃度の処分はどう進められてきたのですか？

M部長：微量PCB汚染電気機器等は量が膨大だし、コストも考えると、高濃度のような化学的な処分は難しい。そこで平成17年度から産業廃棄物処理施設での無害化実証試験が行われ、焼却処分をすることになったんだ[※10]。

COP：ふむふむ。

M部長：そして、広域的な処理を進めるために、平成21（2009）年11月に「無害化処理に係る特例の対象となる一般廃棄物及び産業廃棄物（平成18年環境省告示第98号）」を改正して、無害化処理認定制度を活用した処理体制が整備されたんだ。

COP：無害化処理認定制度って、環境大臣の審査で認定を受けると、都道府県の施設設置許可や処分業許可が不要になる制度ですね。

M部長：それまでの石綿に加えて、微量PCB汚染廃電気機器等が追加されたんだ。そして、平成24年には5,000mg/kg以下のPCB汚染物等を無害化処理認定の対象に加え、さらに令和元年には、先ほどの低濃度PCB廃棄物の範囲に対象を拡大させたんだ。

処理期限の延長へ

POINT
- 平成26年の改正で低濃度の処理期限が2027年3月に
- 高濃度は平成28年の改正でJESCO事業所ごとに処理期限が設定されるとともに規制が強化される。

COP：ん？　法律施行当初の処理期限「平成28年7月15日」を過ぎてますよ。

M部長：さすがCOPさん、気づきましたね。低濃度や処理施設の整備の遅れで、当初想定していた処理期限までに処分を終えるのが困難になり、平成26年に特措法の政令を改正して、処理期限が2027年3月に延長となったんだ。POPs条約の処理期限が2028年だから、ほぼギリギリの期限になっているんだよ。

COP：なるほど。

M部長：でも、高濃度はもっと処理期限が早く定められた。

COP：なぜです？

M部長：JESCO施設設置自治体と国との約束だよ。延長の話があったとき、今後もなし崩し的に延長されるのではとの懸念があったんだ。だから、国として再延長はないことを約束したんだ。

COP：施設のある地域住民の立場なら、当然だと思います。

M部長：平成26年改訂の国の「PCB廃棄物処理基本計画」では、地元との協議を踏まえ、JESCOの処理施設ごと、種類ごとに、処分を終える期限である「計画的処理完了期限」というものを設定したんだ。そして、その期限までに確実に処分するために平成28年に特措法を

※10　平成19年から「微量PCB混入廃重電機器の処理に関する専門委員会」で検討され、平成21年3月に「微量PCB混入廃重電機器等の処理方策について」で取りまとめられた。

改正して、保管事業者に計画的処理完了期限の1年前までにJESCOに委託を義務付けることにしたんだ。

COP：ほほう。

M部長：処理期限までに確実に処分を終えるよう、平成28年改正では特に高濃度の規制が強化された。JESCOの事業エリアを超えた移動の原則禁止、処分終了時の届出などの制度ができた。高濃度PCB使用製品も届出の対象となった。同時に特措法の対象とならない使用中のPCB汚染電気機器も規制するため、電気事業法関連省令等も改正された。ほかにも都道府県は廃棄物でないPCB使用製品を対象に立入検査や報告徴収ができるようになったし、期限までに委託しない保管事業者への改善命令や行政代執行の規定を設けるなどの規定の整備がされた。そして、自治体は掘り起こし調査※11を開始したんだ。

COP：自治体の権限も強化されたんですね。ところで、処理費用への補助があったとも聞きましたが。

M部長：中小企業のJESCO処分料には、国や都道府県が出資して造成された「PCB廃棄物処理基金」を利用した軽減制度があった。JESCOの処分開始のときから始まった制度だけど、平成26年に個人事業主などに、平成30年には会社や中小企業団体等以外のこれまで軽減措置を受けられなかった法人にも対象範囲が拡大していった。令和2（2020）年には運搬料も対象となった。

COP：そういう経緯でしたか。

M部長：そうだ、もう一つ雑学を教えよう。「変圧器」や「コンデンサー」は、平成28年の改正前は、「トランス」・「コンデンサ」と呼んでいたんだ。

COP：期限が延びただけでなく「コンデンサ」も後ろに伸びたんですか。なぜですか？

M部長：さー、どうしてかなぁ……。

COP：とぼけないで教えてくださーい。

M部長：既に電気関係の法令で使用していた「変圧器」・「コンデンサー」を、平成28年の改正で条文に明記したからさー。「PCB廃棄物処理基本計画」も平成28年改訂版から変更されたんだよ。

COP：へぇーそうなんですね。さーって、PCBの歴史も教えてもらったことだし、そろそろ帰ろうかなっと。

M部長：今日は分析の依頼はないのかい？

COP：へへへ。それはまた今度にお願いしますから。ありがとうございました。

※11　PCB廃棄物を処理期限までに全量処分するため、都道府県・政令市が、PCB廃棄物やPCB使用製品（これらを「PCB廃棄物等」という。）の全体像を把握するため、PCB廃棄物等を保有している可能性のある事業者や建物所有者等を対象にアンケート調査や訪問調査等を行うもの

まとめノート

- ▶**昭和29(1954)年** 日本でPCBの生産開始
- ▶**昭和43(1968)年** カネミ油症事件。PCBの毒性が社会問題化
- ▶**昭和47(1972)年** PCB使用製品の製造中止と回収の行政指導
- ▶**昭和48(1973)年** (財)電気絶縁物処理協会が、PCBの処理施設立地に向けた取組を開始(以後全て失敗)
- ▶**昭和50(1975)年** 「化学物質の審査及び製造等の規制に関する法律」(化審法)により製造禁止
- ▶**平成元(1989)年** 微量のPCBで汚染した柱上変圧器の存在が判明
- ▶**平成10(1998)年** 廃棄物処理法施行規則改正(処分法に化学分解を追加)
- ▶**平成13(2001)年** ストックホルム条約(POPs条約)の採択、PCB特措法の制定(保管等の届出制度開始、処理期限:平成28年7月15日)、国が環境事業団(現:中間貯蔵・環境安全事業(株)(JESCO))を活用した処理施設の整備に着手、電力会社各社が自社所有のPCB汚染柱上変圧器の処分開始
- ▶**平成14(2002)年** 微量PCB汚染廃電気機器等の存在が判明、PCB特措法施行規則の改正(処理施設の試運転等を譲渡し・譲受けの例外に追加)
- ▶**平成16(2004)年** JESCOの発足、JESCO北九州事業エリアの変圧器等の処分開始、微量PCB汚染廃電気機器等の絶縁油の濃度基準0.5mg/kgとする運用通知、PCB特措法施行規則の改正(都道府県知事が認めた場合等を譲渡し譲受けの例外に追加)
- ▶**平成21(2009)年** 無害化処理認定制度の対象に微量PCB汚染廃電気機器等を追加(告示改正)
- ▶**平成24(2012)年** 無害化処理認定制度の対象に5,000mg/kg以下の低濃度PCB含有廃棄物を追加(告示改正)
- ▶**平成26(2014)年** PCB特措法施行令の改正(処理期限を2027年3月31日に延長)
- ▶**平成27(2015)年** 廃棄物処理法施行規則改正(一部を除き安定器の分解解体の禁止)
- ▶**平成28(2016)年** PCB特措法改正(高濃度の定義、高濃度PCB廃棄物の処理期限、JESCO事業エリアを超えた移動の原則禁止、処分終了届出等の創設、高濃度PCB使用製品を規制対象に追加)、電気事業法関連省令等の改正
- ▶**令和元(2019)年** PCB特措法施行規則改正(高濃度PCB汚染物の濃度基準のうち、可燃物が5,000mg/kg超から10万mg/kg超に変更)

第❺回

産廃処理業の許可の巻

第5回は、廃棄物処理法の中でも何かと話題になる「産廃処理業の許可」を取り上げてみました。今回の担当はG先生です。では、G先生よろしくお願いします。

処理業許可のはじまり

POINT

- 委託基準に定める"事業の範囲"とは「産業廃棄物の種類」及び「収集、運搬及び処分（中間処理の種類や埋立処分（最終処分の種類））のこと。
- 水銀使用製品産業廃棄物を委託処理する場合は事業の範囲に当該廃棄物がなければならない。

COP：大変だぁー。まいったなー。

G先生：いつも冷静なCOPさん、慌ててどうしました？

COP：いやね、工場の照明をLEDに交換したんですよ。それで廃蛍光管を1万本、付き合いのある処理業者に委託しようとしたら扱えないっていわれてね。

G先生：それで慌てて処理業者を探そうと……。

COP：そうそう、ガラスくず、金属くず等の許可を持っているのになぁ。

G先生：いや、平成27（2015）年の廃棄物処理法施行令一部改正で廃蛍光管は水銀使用製品産業廃棄物に該当することになったので、ガラスくず、金属くず等に「水銀使用製品産業廃棄物を含む」って許可証に記載がない処理業者には委託できないんですよ。平成18（2006）年追加改正の「石綿含有産業廃棄物」と同じような考えです。

COP：そうでしたっけ？

G先生：排出事業者が産廃の処理を委託しようとするときは、政令第6条の2第1号の委託基準により「事業の範囲」を確認しなさいってなっています。「事業の範囲」とは運搬や中間処理などの処理方法と産廃の種類のことです。昭和52（1977）年の通知で示されています（昭和52年3月26日環計第37号厚生省課長通知）。

COP：水銀使用製品産業廃棄物はその事業の範囲の一つとなるわけですね。

G先生：まぁ、そういうことです。委託基準の違反はリスクが高いですよ。委託先の処理業者が不法投棄などすれば、委託基準違反の排出事業者に撤去に係る措置命令がかかることもありますし（法第19条の5第1項第2号）、違反そのものが直罰の対象にもなりますしね（法第25条第1項第6号。5年以下の懲役若しくは1,000万以下の罰金又はそれらの併科）。

COP：脅かされてしまった。気を付けなければ。許可内容の確認も難しい。しかし、こんな複雑な許可制度はいつからあるんですか？

G先生：産廃処理業の許可は産業廃棄物が初め

て規定された廃棄物処理法施行（昭和46（1971）年9月24日）と同時にスタートしています。当時の条文を見てみましょう。

廃棄物処理法　　　　　　　　＊昭和46年施行時

（産業廃棄物処理業）

第14条　産業廃棄物の収集、運搬又は処分を業として行おうとする者は、当該業を行おうとする区域を管轄する都道府県知事の許可を受けなければならない。（以下略）

COP：ほっほー、なんか簡単な条文ですね。

G先生：許可は収集運搬と処分と、まとめて一本でしたね。許可証や許可申請書の様式も決められていなかったんですよ。各自治体で様式を決めていたので、ばらばらでしたね。

COP：産廃の種類もまちまちだったんですか？

G先生：法施行時はそのように聞いてます。産廃の種類として「ヘドロ」「欠けた茶碗」「カス」とか。国では全国的に統一な運用が必要として、昭和50（1975）年9月12日に「産業廃棄物処理業の許可について」により許可申請書や許可証には取り扱う産業廃棄物の種類を明示するように求めました。

COP：なるほど。それでヘドロは汚泥に、欠けた茶碗は陶磁器くずに統一されたのですね。

G先生：そのとおり。

COP：「カス」は何ですか？

G先生：さて、何でしょう。まぁ、統一されて全国共通になりましたので、複数の都道府県に許可申請する場合には処理業者も行政にとってもよくなったんじゃないですか。

COP：しかし、統一されるまでは排出事業者が困ったんじゃないですか？　陶磁器メーカーが不良品のお皿を処分しようした場合、欠けてないし、茶碗じゃないし、「欠けた茶碗」の許可

があっても委託できなかったわけですよね？「不要となった皿」の許可業者を見付けなければならないわけで、排出者は委託基準に従おうとしてもなかなか大変だったと思いますね。

G先生：いや「カス」の許可があればそこに委託ができたんじゃないですか。

COP：まぁ、そうなりますか。カスねぇ……。

G先生：そりゃそうと、申請書も今ほど厚くなかったんでしょうね。

申請書も数枚の手書きと写真が貼られた書類でしたね。法施行時の許可基準は、施設と能力だけで省令第10条に規定されていました。収集運搬業の許可基準を見てみましょう。

廃棄物処理法施行規則　　　　＊昭和46年施行時

（産業廃棄物処理業の許可の基準）

第10条

　一　収集及び運搬を業として行う場合

　　イ　産業廃棄物が飛散し、流出し、及び悪臭が漏れるおそれのない運搬車、運搬船又は運搬容器

　　ロ　産業廃棄物が飛散し、流出し、地下に浸透し、及び悪臭が漏れるおそれのない保管設備又は保管容器

　　ハ　産業廃棄物の収集及び運搬を適確に遂行するに足りる能力

COP：イとロは設備、器材、ハは今でいう許可講習会の受講ですね。

G先生：当時はまだ、講習会の受講というのはなかったようですよ。講習会は昭和49（1974）年から開催されているようです。当時、ハの解釈は「善良なる管理者として義務を果たしうる能力」としています。

COP：善良なる管理者か否かの審査は難しいですね。「あなたは善良ですか？」「けんかっ早いですが、どんな産廃でも引き受けるので、魔

法の全量処理業者と喜ばれていますよ。ハハハッー」とかあったりして。

G先生：善良違いだと思いますがね。

処理業許可の基準

POINT
- 法施行時の許可基準は簡易なものであった。
- 排出事業者は自ら処理することが原則であるが、排出事業者に過大な負担を課さないために委託処理が認められていることに留意が必要である。
- 委託する処理業者の信用、信頼は排出事業者が見極める必要がある。

G先生：法施行時は、例えば不法投棄で役員が罰金刑を受け許可が取り消された処理業者は、5年間許可が取れないといった欠格要件がありませんでした。その後に追加されるのですが、欠格要件は話が長くなりますので、また別のテーマでお話しすることにしましょう。

COP：分かりました。

G先生：ところで、法施行時は産廃の運搬で通過する場合も通過する都道府県の許可が必要だったんですよ。

COP：んじゃー、岩手県から長野県に運搬する場合、例えば、岩手県、宮城県、福島県、栃木県、埼玉県、群馬県、長野県の7県の許可が必要だったわけですか？

G先生：日本海側を通れば、岩手県、宮城県、山形県、新潟県、長野県の5県で済みますが……。まぁ、その後、通過県の許可は「煩雑な手続」で改善が必要とし、省令改正（昭和52年厚生省令第7号）で通過県の許可は不要となりました。

COP：そうすると今は通過県で産廃車両のあおりを上げ、産廃を飛散させながら走行させて

も、許可取消しはできないんですね。

G先生：いや、通過県でも改善命令は出せますよね（法第19条の3）。その情報を積卸しする自治体に提供し、事実確認の上、積卸しする自治体が取消しすることになりますね。私も以前、高速道路でまさに廃石膏ボードの飛散車両を見付けて、高速道路で指導しましたからね。警察もこちらに同乗していましたので安心して指導できました。

COP：熱血ですね。

G先生：いやいや、「夏なのに雪が降っているなぁ」とおかしいなぁと思って、その先に10t産廃車両が制限速度の80km/時でもうもうと白い粉を巻き上げ走っていたんです。火事だと思いました。

COP：あおりの操作ミスだったんですか？

G先生：故意でしたね。破砕後の廃石膏ボードで運転手の話だと積んだときは20㎥、荷卸しするときは10㎥で差額をピンハネしていたと。運転手は「自然飛散型移動式中間処理だ！」と意味不明なことをいっていました。

COP：通行車両を危険にさらして、沿道住民への影響はたまったもんじゃないですね。廃棄物処理法のみならず道路交通法違反も問われそうですね。その後はどうなったんですか。

G先生：いやいや、話せば1章できちゃいますので、別の機会に。また、最近の、合理化といえば、平成22（2010）年改正で政令市も扱っていた収集運搬業の許可が積替え保管の許可を受けている政令市を除いて、都道府県に吸い上げられましたね。改正に当たり自治体の意見は賛否両論だったようです。合理化を図ることはよいことだ、との意見の一方、政令市の手数料収入が減る、といった反対意見もあったようです。

COP：処理業者にとっては負担が減るので歓迎ですよね。しかし、政令市では交付税措置があるとしても収入減は痛いですね。先生は反対

したんですか？

G先生：政令市の意欲にも関わる問題なんですよね。ちょっとコメントは控えます……。気を取り直して、許可基準の変遷を見てみましょうか。**図表1**を見てください。

COP：許可基準の変遷がよく分かります。不法投棄や野焼きのような重大な法違反では許可取消しになるんですね。許可証だけではなく確実に適正処理を行う処理業者を見極めねば。

G先生：それは極めて大事なことですね。私も不法投棄現場で、ある俳優さんが微笑んでいる販促グッズが汚泥まみれで痛々しいのを見たことがあります。

COP：俳優さんが汚泥に……。かわいそうですね。

G先生：痛々しいのは俳優さんだけではなくて、企業名が入っているじゃないですか。ブランドイメージの失墜ですよ。汚泥にまみれた食品会社の新製品の看板とか。

COP：致命的ですよね。製品もそうですし、やはり企業のイメージが……。

G先生：だからこそ、グループ企業が一体となって、適正処理を行う許可業者に委託することが重要ですね。そのような業者がいなければ、自社処理原則に戻って自ら処理することも必要かもしれません（法第3条第1項、法第11条第1項）。

COP：車両や破砕や焼却などの中間処理、最終処分場まで自前で整備することが原則ですものね。しかし、相当の経費と時間がかかりますよね。

G先生：本来は排出事業者がその手間をかけることが基本です。しかし、**図表2**のとおり排出事業者に過大な負担を課すことになるために委託処理を認めているんですよ。そこを間違えてはいけません。なので、企業に成り代わって処理してもらうわけなので、信用・信頼のおける処理業者の選定が極めて重要なんですよ。

COP：そうか。処理業者は企業の分身と考えなければいけないのですね。安価なところに委託する、といった発想ではなく。

G先生：そう。最低限の基準を満たしたものを行政が許可しているわけで、信用・信頼は企業が見極めなければいけません。

図表1　産業廃棄物処理業の許可基準の変遷（法第14条）

法施行日	S46.9.24	S52.3.15	H4.7.4	H9.12.17	H12.10.1	H15.12.1	H23.4.1	R元.12.14
許可基準	施設							
	的確な能力		経理的基礎追加					
		廃棄物処理法罰金刑以上2年経過	廃棄物処理法・環境法令・刑法・暴力行為法罰金刑以上5年経過	廃棄物処理法・環境法令・刑法・暴力行為法・暴力団対策法罰金刑以上5年経過				
		廃棄物処理法業許可取消し2年経過	廃棄物処理法・浄化槽法業許可取消し5年経過	廃棄物処理法・浄化槽法業許可取消し5年経過取消し60日以内の黒幕を含む役員の追加		廃棄物処理法・浄化槽法業許可取消し5年経過廃棄物処理法許可取消しは取消原因が悪質性が重大な場合に限定・連鎖止め		
	不正・不誠実のおそれなし							
			(準)禁治産者・破産者復権無でない	成年被後見(保佐)人に改め				心身の故障により業務を適切に行うことができない者でない
			禁錮刑以上5年経過					
				暴力団でない、暴力団員でなくなった日から5年経過、暴力団員が支配しない法人			
					聴聞通知後の廃業届出5年経過		

図表2　G先生の企業向けセミナーの資料の抜粋

「自社処理の義務を課すことは排出事業者に過大な負担を課すことになるので委託処理を認める」ことについて

〈原文抜粋〉
　廃棄物処理法施行当時から排出事業者は、自ら排出した産業廃棄物について、生活環境の保全及び公衆衛生の向上を図るとする廃棄物処理法の目的に適合する方法で適正に処理しなければならないこととされていたところである。
　ところで、排出事業者は、自ら産業廃棄物の処理を行うことなく、<u>他人に処理を委託することができる（第12条第3項）</u>が、これは、一般の社会経済活動において、排出事業者自らによる産業廃棄物の処理を強制することは、排出事業者に過大な負担を課すことになることから、産業廃棄物処理業者への委託処理という方法を認めることによって、社会全体としての産業廃棄物の適正な処理を確保するとするものである。しかしながら、排出事業者が産業廃棄物処理業者に処理を適正に委託した場合であっても、産業廃棄物処理業者にすべての処理責任が移転するものではなく、排出事業者に課された責任はなお存するものである。
（出典：廃棄物の処理及び清掃に関する法律適用上の疑義について（H15.3.7環廃産141号環境省大臣官房廃棄物・リサイクル対策部産業廃棄物対策課長通知（法第19条の6の排出事業者等への措置命令に関する疑義照会の回答））

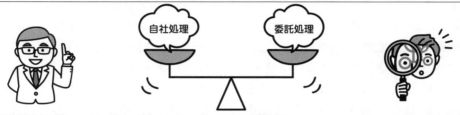

自社処理も委託処理も排出者の責任は同様。委託処理においても排出事業者に成り代わって処理しているとの認識が必要➡
自社が行うのと同等の信用・信頼のおける者への委託は必須

COP：なるほど。許可制度は進化しているけれど、基本は信用・信頼か……。

処理業許可期限と更新制度の重要性

POINT

●平成3年改正で許可期限が5年となり更新制度が導入された。
●「更新許可」も許可基準は新規と変わらない。

G先生：許可の際には、産廃処理に必要な財務状況や役員の犯歴は、市町村本籍地に照会するなど、申請の都度審査をしています。

COP：5年ごとの更新時にも許可基準は確認しているんですね。

G先生：法施行時には5年ごとの更新許可期限はありませんでした。1回許可を取れば処理業ができたのです。

COP：信じられないですね。聞くところによ

ると、悪質業者は許可更新時のたびに「産廃富士」から「産廃まんじゅう」まで保管量を減らして、違法状態を是正しているといいますね。我が社では法第12条第7項の排出事業者の注意義務を果たすために月1回は処理業者に出向いて状況を見ていますので常に適法であることを確認していますよ。

G先生：胸を張れますね。見に行くだけではなく基準適合の確認は大事なことですね。排出事業者のブランドイメージを維持するためにも。しかし、処理業者の中には排出事業者が確認に行って、根掘り葉掘り聞くと「そんなに信用できないのか！」と凄む処理業者もいるそうです。そんな業者とは契約解除したほうがいいですね。

COP：そんな処理業者もいるんですか。排出事業者の立場に立ってほしいですよね。

G先生：それはそうと、許可期限については、昭和50年の生活環境審議会において「現行の産業廃棄物処理業者の許可制度においては、設備と能力を定めているにとどまり、欠格条件や

許可の有効期間等について定めがないのは不備があることは否定できない」という趣旨の答申がなされているんです。

COP：そうでしょうね。許可受けっぱなしだと10年前に受けた汚泥運搬トラックが実はボロボロになって、穴のあいたタンクから汚泥が漏れるといった許可基準に合わないこともありますよね。この前ドライブをしていたら、汚泥を運んでいるどこぞのトラックからポタポタと茶色いものが……。

G先生：先ほどの廃石膏ボードと同じで、産業廃棄物処理基準の飛散流出違反を引き起こしたということですね（政令第6条柱書き）。まぁ、その答申を受け、昭和51（1976）年法改正（昭和51年法律第68号）により、できる規定として法第14条第3項に「許可には、期限を付し、又は生活環境の保全上必要な条件を付すことができる」としました。

COP：とういうことは都道府県によって、許可期限があったり、なかったり。

G先生：そう。しかし、その後全国統一的に処理業の許可事務を行わなければいけないということで、昭和61年5月10日衛生第15号の「産業廃棄物処理業の許可事務遂行上の留意事項について」の通知が出されました。この通知には、

① 許可に当たっては、収運業については使用車両の耐用年数等、中間処理業については処理施設等の耐用年数等、最終処分業は処分場の容量等を考慮して適切な期限を付すこと。

② 既存の許可であって期限を付していないものについても、見直しを行い、当該許可を受けている産業廃棄物処理業の申出に基づき期限を付した許可に切り換えること。この場合の申出は変更許可があればその際に、または、業者の同意のもと一旦廃止届出を出させ、新規許可申請をさせて、許可期限を付すこと。

③ 行政から一方的に期限を付すことはできないこと。

とあります。

COP：しかし、耐用年数での期限は難しいですよね。20年落ちの中古トラックで収集運搬業をやろうとすれば、何年の許可期限だったんですかね？　それに、処理業者が「許可期限を付けてください！」って窓口に持ってきますかねぇ。性善説ですね。G先生だって窓口には行きませんよね。

G先生：いや一行政との関係も大事だからね。もみ手しながら窓口に行くかもねぇ。そんなこともあったのか、昭和63年5月30日衛生第37号の「廃棄物の処理・再利用に関する行政監察結果に基づく勧告について」では、「産業廃棄物処理業の許可については、許可に期限を付し、許可要件の充足状況の定期的な点検を励行すること」とされています。

COP：それで事実上この行政監察の結果により、許可期限が付されてきたと。

G先生：そうです。例えば処分業は3年とか収集運搬業は5年とか。中には許可条件に「許可日から3年経過した日において、施設の能力が業務遂行上十分であると認められないときは、当該日をもって許可期限とする」というのもあったようです。それで、許可期限を迎え、立入検査をして、例えば施設が処理基準に合わないほど老朽化しているような場合は許可を受けられませんでした。

COP：慌てて穴があいた焼却炉にガムテープを貼ったりしたのかもしれませんね。

G先生：焼却炉の穴をガムテープですか？　まぁ、許可基準に適合し、引き続き業を行おうとする場合は「再許可申請」で再度許可を受けることになっていました。

COP：再許可？　えっ？　そんな条文ありましたっけ？

G先生：いやいや条文上は新規許可も再許可も同じでした。それは、今でも収集運搬業の申請は新規も更新も法第14条第1項ですよね。こ

れと同じです。

COP：だけど、現行法では法第14条第2項から第4項に「更新」って文言が出てきますよね。

G先生：再許可の概念は、先の昭和61（1986）年の「許可期限を付しなさい」の通知を受けて、昭和63年1月14日衛生第6号の「産業廃棄物処理業者に関する講習会の実施について」の通知に「期限経過後の許可（以下「再許可」）の際には、再許可を……」とあります。

COP：つまり、今でいう「更新許可」ですね？

G先生：そうですね。当時は条文にない「再許可」という形で「更新許可」していたといえますね。そして、平成3（1991）年法改正（平成3年法律第95号）により許可の有効期間が5年間と規定され、全国一律に更新制度が導入されたんですね。なお、平成22年改正で優良認定処理業者は7年になりましたね。

COP：2年の差は大きいですね。排出事業者も安心して委託できますね。7年もあれば。そうそう。平成の初頭といえば、全国的に大規模な木くずの野焼きや安定型最終処分場からの汚水の発生などの紛争が多かったときですね。

G先生：豊島の業者が摘発されたのもこの頃ですね。バブリーな時代で産廃も大量に排出されましたからね。そして最終処分場などの施設不足のため処理費が上昇する中で、安価でお客を呼び込み、何でも処理できると不適正処理をする処理業者が依然多かったんですね。そのため、許可制度を強化して、優良な業者の育成を図り、悪質な業者や実態のない業者の排除が目的ですね。

COP：更新許可といえども許可基準は、新規と同じですね。

G先生：平成3年改正通知（平成4年8月13日衛環第233号）では「新たに制度化した許可

の更新に当たっての審査の内容及び適用する基準は、原則として新たに処理業の許可を取得しようとする者に対するものと同様（以下略）」ですので、更新に当たっても、当然、一定の能力や技術水準を維持する必要があるわけですね。

COP：先ほど話のあった財務諸表や犯歴の審査ですね。その審査結果で欠格該当の悪質な処理業者は市場から退場させたわけですね。

許可証様式・記載内容の変遷

POINT
- 平成4年にB4サイズの許可証様式が統一されたが、施設に関する情報がなかった。
- 平成7年改正でA4サイズに、平成10年改正で施設に関する情報が盛り込まれた。
- 許可証は分かりやすさが生命線

G先生：ちょうどこのときに許可証様式が統一されました。平成4（1992）年の省令改正（平成4年厚生省令第46号）からですね。

COP：それまで様式はなかったんですか？

G先生：そうなんですよ。まず、最初に許可証について法令で規定されたのは、昭和52年の省令改正（昭和52年厚生省令第7号）からです。

廃棄物処理法施行規則　　　　＊昭和52年改正

（産業廃棄物処理業の許可証）

第10条の2　都道府県知事は、産業廃棄物処理業の許可をしたときは、次の事項を記載した許可証を交付しなければならない。

　一　許可の年月日及び許可番号

　二　氏名又は名称及び住所並びに法人にあつては、その代表者の氏名

　三　事業の範囲

　四　許可の期限又は条件

COP：確かに許可証に記載すべき事項のみで、様式は規定されていないですね。

G先生：だから、全国広し、いろいろな様式があったんですね。で、それじゃ全国統一的な様式にしましょうと、先の平成4年省令改正で収集運搬と処分業の様式がそれぞれ規定されたんですね。収集運搬業の条文を見てみましょう。

廃棄物処理法施行規則　　　　　＊平成4年改正

（産業廃棄物収集運搬業の許可証）

第10条の2　都道府県知事は、法第14条第1項の規定により産業廃棄物収集運搬業の許可をしたとき、又は法第14条の2第1項の規定により当該事業の範囲の変更の許可をしたときは、様式第13号による許可証を交付しなければならない。

COP：この平成4年改正で初めて様式が示されたんですね。めでたしめでたし。

G先生：そうでもないんですよ。まぁ、この当時の処分業の様式第15号っていうのを見てみましょうか。

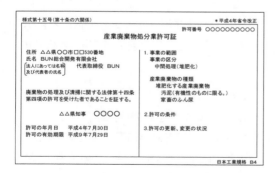

COP：あれ？　今の許可証とだいぶ違いますねぇ。

G先生：そうですね。B4で施設に関する情報がないですよね。これは収集運搬業も同じく積替え保管施設に関する情報が許可証にありませんでした。このように情報不足の点と、事業範

囲の産廃の種類の記載ぶりも自治体によってばらつきがあったんですね。昭和50年頃ほどではないにしろ。

COP：そうそう。例えば下水道汚泥に限定する場合でも、「有機性下水汚泥」とか「汚泥（有機性のものに限る）」「汚泥（有機性のもので下水道汚泥に限る）」や、中には「指定下水汚泥（無害なものに限る）」と書いた許可証があったと聞いたことがありますね。

G先生：指定下水道汚泥は政令第2条の4第5号ホに規定されていますが、そもそもまだ、指定がされていませんね。許可することがナンセンスです。今後、指定下水汚泥が指定されたとしても、これは特別管理産業廃棄物ですよね。

COP：特別管理産業廃棄物で無害なものに限るってのは？

G先生：まぁ、先ほどの「カス」ほどではないにしろ、更に全国統一の必要性から、平成5年2月25日衛産第20号で「産業廃棄物処理業及び特別管理産業廃棄物処理業の許可事務取扱要領について」の中で許可証に記載する産廃の具体的記載についての例示がなされたわけです。

COP：産廃については全国統一でないと困りますよね。この取扱要領は「産業廃棄物処理業及び特別管理産業廃棄物処理業並びに産業廃棄物処理施設の許可事務等の取扱いについて」（令和2年3月30日環循規発第2003301号環境省環境再生・資源循環局廃棄物規制課長通知）の前身ですね？

G先生：そういうことになります。この通知では、COPさんが騒いだ水銀使用製品産業廃棄物についてはその旨を明記しなさい、とされています。また、この通知の例示として有害でない「含水率85％以下の汚泥」の場合は、「汚泥（含水率85％以下のものに限り、判定基準に適合しないもの及び特別管理産業廃棄物であるものを除く。）」とあります。

COP：ここでいう「判定基準」とは「金属等

を含む産業廃棄物に係る判定基準を定める省令（昭和48年総理府令第5号）」のことですね。

G先生：そうです。なので、この通知が出るまでは「無害な脱水汚でい」とか「汚泥（含水率85％以下のもので金属等を含む産業廃棄物に係る判定基準を定める省令（昭和48年総理府令第5号）別表第1の2の項……に掲げる物質で基準に適合しないもの及び特別管理産業廃棄物であるものを除く。)」なんていうのもあったかな。

COP：先生、それ本当ですか？

G先生：いや、そういう許可証もありますよ。一つの汚泥だけで3行くらい使っていましたよ。

COP：じゅげむじゅげむごこうのすりきれ、なんとやらですね。きっと、几帳面な担当者だったんですね。しかし、排出事業者の立場だと委託基準である事業の範囲を確認する上でも分かりにくい。

G先生：そうですね。許可証は公証力のあるものなので正確で分かりやすさが生命線です。COPさんを悩ます水銀使用製品産業廃棄物や石綿含有産業廃棄物は産業廃棄物を決めている政令第2条にはありません。これら産業廃棄物は、この廃棄物に特化した処理方法が政令第6条に決められています。これら産業廃棄物は許可証様式の「事業の範囲」に「取り扱う産業廃棄物の種類」があり、ここに括弧書で「（当該産業廃棄物に石綿含有産業廃棄物、水銀使用製品産業廃棄物又は水銀含有ばいじん等が含まれる場合は、その旨）」とあるので必ずこれらは記載されています。

COP：なるほど。いくら政令第2条の「産業廃棄物」を見ても水銀使用製品産業廃棄物が出てこないわけですね。だけれども事業の範囲だと。なんか強引だとも思いますが。

G先生：うーん。

COP：まぁ、あんまり先生をいじめてもいけないので、そのほかはどうですか？

G先生：様式のサイズは平成7（1995）年省令改正（平成7年厚生省令第10号）でB4からA4に、平成10（1998）年省令改正（平成10年厚生省令第31号）で収集運搬業許可証には「積替え保管施設」が、処分業許可証には「事業の用に供する施設」に関する情報が入ることになりました。

COP：そのうち、許可証がA1になったりして。ところで、許可の審査も厳格になり、法人、役員、5％以上株主、政令で定める使用人の犯歴など全て調査するんですよね。そうすると許可手続の標準処理期間を超過することもありますよね。

G先生：そうですね。かといって、行政が許可期限までに間に合わせようと慌てて調査して、漏れがあってもいけない。

COP：でも、処理業者にとっては許可期限を過ぎても許可がでなければ、業ができない。じっと、許可が出るまで待っていなければいけなかったわけですね。

G先生：行政の審査が終わるまで業ができない。その間に他者に仕事を奪われたとの話もあるようでした。そのため、当時は行政に「はよ許可せんか、このボケ」「いや、欠格審査があるので」「俺の顔を見てみい。欠格の顔しとるか」「いや、そんなことはないですが」「だったら、はよ許可せい」といったやり取りもあったようです。

COP：顔で欠格要件の該非って分かる気もしますね。それはG先生が経験したんですか？

G先生：まぁ、想像に任せます。更新といえども許可は許可、欠格要件をしっかり審査して、悪質な業者を排除するという趣旨ですから、行政庁の審査を慌てさせてもいけません。そのため、平成15（2003）年法改正（平成15年法律第93号）で「許可期限が切れても許可、不許可処分がなされる間の期間は引き続き業ができる」として、次の条項が追加されました。

廃棄物処理法　　　　　　　　　＊平成15年改正

（産業廃棄物処理業）
第14条
8　前項の更新の申請があった場合において、同項の期間（「許可の有効期間」という。）の満了の日までにその申請に対する処分がされないときは、従前の許可は、許可の有効期間の満了後もその処分がされるまでの間は、なおその効力を有する。

COP：しかし、排出事業者にとっては有効期限が切れて更新許可がなされない間、委託するのは不安ですよね。万が一、その処理業者が不許可処分、許可取消しになったらどうしようと。排出事業者とすれば委託も控えますね。

G先生：そうですね。許可申請に対する不許可処分だけでなく、許可期限到来後の許可の効力は継続しているので、その効力を消滅させるために、許可更新前の許可を取り消さなければいけないです。これは「行政処分の指針について」（令和3年4月14日環循規発第2104141号環境省環境再生・資源循環局廃棄物規制課長通知）にも記述があります。まぁ、廃棄物処理法関係の違反であれば、排出事業者が最終処分（再生）までの注意義務（法第12条第7項）を果たすために、現場確認として処理場に行けば場内の雰囲気や報道から事前に察知できますね。しかし、役員の私的な傷害事件、飲酒運転で禁錮刑に処せられたかどうかは排出者の立場では分かりませんからね。

COP：確かに取引している処理業者が突然取消しになるリスクがありますね。排出事業者として回避策はありますか？

G先生：四つあります。先の注意義務を果たすための現場確認が一つ、二つ目は、処理業者の中には役員が逮捕された場合には代表者に申告するよう念書を取っているところもあるようです。刑確定前に役員を退任することは正当な行為ですが、このような取組は第三者には分からないことですよね。このような取組の有無を排出事業者が契約の際に処理業者に確認できれば安心ですね。なかなか難しいとは思いますが。

　三つ目は、複数の処理業者に分散して委託することです。大手企業ではこのような取組をしているところが多数あります。この分散委託は企業として安定した委託処理を維持するために重要です。

COP：四つ目は？

G先生：優良基準に適合した優良産廃業者を選ぶことですね。この制度も許可制度の進化といえますが、遵法性や事業の透明性、環境配慮や財務の健全性など省令第9条の3の基準に適合している者を優良産廃業者と認定し、許可証には"優良"と記載され、政令第6条の9により許可の有効期間を7年としています。一定の水準以上の処理業者といえます。しかし、欠格要件の適用は通常の産廃業者と同様ですから絶対的な安心はありません。

COP：やはり、しっかり自らの目で信用、信頼を見極めるしかないですね。しかし、許可証に"優良"はあっても"悪質"はないですね。

G先生：悪質業者はそもそも許可されませんね。悪質と暗に記載したい処理業者もいますが……。

COP：委託基準以外にもよく考えなければならないことがありますね。リスク管理のためにも。廃蛍光管の委託も許可証に「水銀使用製品産業廃棄物を含む」と記載された優良認定の処理業者を何社か当たってみます。1万本を数千本ずつに分割して複数の処理業者に委託することを役員と相談してみます。

　進化する許可制度から、今回も、廃棄物処理法の複雑さの歴史を垣間見た感じがします。では、また。

まとめノート

▶**昭和46（1971）年**　廃棄物処理法施行　産業廃棄物処理業許可制度スタート

▶**昭和51（1976）年**　廃棄物処理法改正　許可基準に欠格要件、「できる規定」として許可期限を導入

▶**昭和61（1986）年**　許可期限通知

▶**平成3（1991）年**　廃棄物処理法改正　許可有効期間一律5年

▶**平成4（1992）年**　廃棄物処理法省令改正　許可証様式統一

▶**平成13（2001）年**　廃棄物処理法省令改正　先行許可証制度を導入

▶**平成15（2003）年**　廃棄物処理法改正　許可有効期限の適正化

▶**平成22（2010）年**　廃棄物処理法改正　産業廃棄物処理業者優良認定制度創設　優良業者の許可有効期間7年　産業廃棄物収集運搬業の許可の合理化

第6回

欠格要件の巻

第6回は、「欠格要件」について取り上げます。今回の担当は、某自治体で環境行政の中核を担うY先生です。

処理業許可の欠格要件

POINT

- 法施行時の許可基準は簡易なもので、欠格要件の規定もなかった。
- 廃棄物処理法で重大な違反を引き起こした処理業者は許可取消しになる。

COP：今は、例えば不法投棄で役員が罰金刑を受けて許可が取り消されると処理業者は欠格要件に該当し、5年間は許可を受けられなくなるのですが、昔は欠格要件がなかったというのは本当ですか。

Y先生：本当ですよ。「第5回　産廃処理業の許可の巻」で少し触れたように、処理業の許可制度は廃棄物処理法の施行時からスタートしているのですが、欠格要件については、法施行時にはまだなかったです。

COP：正に、いつできた？　この制度（欠格要件）ですね。

Y先生：昭和51（1976）年の法改正（昭和51年法律第68号）で、次の要件が規定されました。

①廃棄物処理法違反で罰金以上の刑に処せられ、その刑の執行を終えてから2年を経過し

ない者

②廃棄物処理業の許可を取り消され、その取消しの日から2年を経過しない者

③業務に関し不正・不誠実な行為をするおそれがあると認めるに足りる相当の理由がある者

COP：それまでは、不法投棄をして捕まり、起訴され罰金刑を受けても、申請すれば許可が受けられたと。あるいは、無許可営業の罪で逮捕・起訴され、執行猶予の期間中であっても処理業の許可を受けることが可能だったわけですね。欠格要件の創設理由は、やはり悪質な処理業者の排除ですか？

Y先生：そうですね。当時の許可の基準では悪質な業者を排除することが困難であり、深刻な状況にあったようです。許可制度は、法令を遵守し、適正処理能力を備える者で処理業の運営を図ることにより、法の目的を達成しようとする政策上の判断ですね。当時厚生省の諮問機関である生活環境審議会では、昭和50（1975）年12月11日に「産廃問題は国民的課題として総力をあげてその解決にあたらなければならない」と答申しており、その課題解消の一つが欠格要件になります。

COP：「総力をあげて」というところに危機感を感じますね。

欠格要件
〜社会が求める廃棄物処理業者像〜

POINT
- 罰則と同様、廃棄物処理業者の欠格要件についても平成4年以降に強化された。
- 覊束（きそく）行為として許可が取り消されることとなった平成15年改正から平成22年改正までの間は、無限連鎖の問題があった。

Y先生：欠格要件とは、「法に従った適正な業の遂行を期待し得ない者を類型化して排除することを趣旨とするもの[※1]」とされています。COPさんの復習も兼ねて一般廃棄物処理業と産業廃棄物処理業の欠格要件（**図表1**）を見てみましょうか。

COP：なるほど改めて欠格要件を整理してみると、ずいぶん変わったというかいろいろな要件が追加されていますね。悪質な処理業者を排除するため、どんどん強化されたわけですね。それに、一般廃棄物処理業と産業廃棄物処理業とで微妙に違っているところも面白いです。

Y先生：昭和52（1977）年に導入された欠格要件ですが、昭和60（1985）年の改正は浄化槽法の施行に伴うものなので、実質的には平成4（1992）年以降に強化されています。

COP：昭和60年は、それまで廃棄物処理法に浄化槽関連の規定があったところ、独立した浄化槽法になったので、浄化槽法の罰金刑も欠格要件としたわけですね。

Y先生：欠格要件で最も強化が図られたのが暴力団関係です。

COP：ほかに、あらゆる法令で禁錮以上の刑に処せられて5年を経過しない者など廃棄物処理法と直接関係なさそうな要件も入って強化さ

図表1　一般廃棄物処理業と産業廃棄物処理業に係る欠格要件の変遷

	一般廃棄物処理業								産業廃棄物処理業			備考
	罰金刑						許可取消し関係	その他	罰金刑 許可取消し関係 その他	暴力団関係		
	廃掃	浄化	環境	刑法	暴行	暴対				団員	法人	
昭和46年9月24日	（規定なし）								（規定なし）			
昭和52年3月15日	2年	—	—	—	—		廃掃法2年		同左	—	—	
昭和60年10月1日		2年	—	—	—		廃掃法2年 浄化槽2年		（変更なし）	—	—	浄化槽法関係は一廃処理業のみ
平成4年7月4日	5年				—		廃掃法5年 浄化槽5年	不正・不誠実のおそれ / 禁治産者等	同左	—		
平成9年12月17日										—		
平成12年4月1日							廃掃法5年 浄化槽5年 60日以内役員			—		
平成12年10月1日	5年	5年	5年	5年	5年	5年		成年被後見人等 / 禁錮以上	同左		活動支配法人	
平成15年12月1日							聴聞通知後の廃業を追加			5年		覊束的取消しによる無限連鎖
平成23年4月1日												
令和元年12月14日							無限連鎖を解消	※				

※心身の故障によりその業務を適切に行うことができない者として環境省令で定めるもの
廃掃：廃棄物処理法、浄化：浄化槽法、環境：環境保全法令、刑法：刑法、暴行：暴力行為処罰法、暴対：暴力団対策法

[※1]　令和3年4月14日付け環循規発第2104141号「行政処分の指針について」

れています。今では安価で危なそうな処理業者もかなり減ったように感じます。

Y先生：そのほか、聴聞通知後の廃止届出など、既存の制度を補完するための改正もありました。処理業者に求められる社会的責任が大きくなり、問題業者の排除が強く求められた結果といえます。

COP：欠格要件については、平成22（2010）年改正以前では、許可取消しが連続する「無限連鎖」の問題もあったと聞いています。

Y先生：以前の欠格要件ですと、許可が取り消された法人Aに属する全ての役員が欠格要件に該当してしまい、その役員が別法人Bの役員を兼務していた場合、その別法人Bも許可が取り消されることになるので、その別法人Bに属する全ての役員が欠格要件に該当することになり、その役員が更に別法人Cの役員を兼務していると……。

COP：いつまで続けるんですか？

Y先生：とまぁ、これが無限連鎖といわれるものです。適正処理の体制を確保するためには、悪質な処理業者を迅速に排除する必要がありますので、累次の法改正により欠格要件を強化したわけですが、いわばその副作用のような形で「無限連鎖」の問題が浮上しました。

COP：なるほど。

Y先生：条文の構造上は、許可取消し60日前の役員が追加された平成9（1997）年から無限連鎖の可能性が考えられたわけですが、当時は「取り消すことができる」でしたので、連鎖を止めようと思えば止めることが可能でした。その後、平成15（2003）年の改正によって許可の取消処分の一部が覊束行為[※2]となり、行政庁に許可の取消処分を行うかどうかの裁量がなくなったことが大きいですね。

COP：確かに「取り消さなければならない」というのは、かなり厳しい規定ですね。

Y先生：それまで許可取消しを裁量行為（取り消すことができる）としていたところ、地方公共団体への不当な圧力等により、本来、取り消されるべき許可が取り消されないなどのおそれがあったことから、そのようなことがないように、全国一律に許可を取り消さなければならないこととして、裁量の余地を残さないことにしたものです。

COP：「不当な圧力」ですか。

Y先生：詳細は割愛しますが、いろいろありますよね。ただ、この無限連鎖により、適正処理していた別法人である処理業者の許可が取り消されるという事案が生じてしまったようです。このため、役員又は法人自身が廃棄物処理法上の悪質性が重大である行為を行った場合以外は連鎖を生じさせないこととし、連鎖が生じる場合であっても、役員が欠格要件に該当したことに伴う許可取消しは、その役員が兼務する法人まで（1次連鎖）に限定しました。このように、許可取消しとなる事由の場合分けを行うことで、連鎖がストップするよう規定を整備したのが平成22年の改正ですね。

COP：排出事業者としては、ある日突然、委託していた全ての処理業者が連鎖取消しされて、委託先が全てなくなってしまうと大変なことになりますね。先日、欠格要件の条文を調べたのですが、非常に難解ですね。全く理解できませんでした……。

Y先生：法第7条第5項第4号、第7条の4、第14条第5項第2号、第14条の3の2ですよね。私自身も難解な条文を何回も確認しますから。

COP：しゃれていますね。

Y先生：冗談はさておき、要件を一つひとつ解説するのは、また機会があればということにし

※2　覊束行為とは、裁量の余地がなく必ず行わなければならない行為。許可取消しでは、「取り消さなければならない」とされているものがこれに当たる。一方、裁量の余地がある行為は裁量行為といい、許可取消しでは、「取り消すことができる」とされている。

ますが、産業廃棄物処理業者の許可取消しについては、平成22年改正前の法第14条の3の2第1項の第1号を、改正後は同項第1号から第4号に分割し、それぞれ場合分けすることで許可取消しの連鎖が限定される仕組みになっています。まぁ、そのために条文も難解になったわけですが。

COP：ザックリと覚える方法はありませんか？（とてもじゃないけど条文を理解できそうにない……）

Y先生：法第14条の3の2第1項のうち、無限連鎖を解消した部分（第1号から第4号まで）に限定すると、それぞれの取消しによって欠格となる範囲は**図表2**のようになります。

COP：あれ？　これだけですか？

Y先生：我々は行政処分（許可取消し）を行う必要があるので、難解な条文もしっかりと理解しておく必要がありますが、COPさんは処理業者が許可取消しを受けた場合に欠格となる範囲を理解しておけば十分だと思いますよ。

COP：いざとなったら最寄りの行政機関に相談して教えてもらうことにします。

Y先生：そうですね。例えば、産業廃棄物処理業者Aの役員aが野焼き（法第16条の2違反）で罰金刑を受けたとして、Aの許可を取り消す際の条項は分かりますか？

COP：自信はありませんが……法第14条の3の2第1項第2号ですか？

Y先生：正解です。では、Aの許可が取り消されるとAに在籍する役員bも欠格要件に該当するのですが、このbが役員を兼務している産業廃棄物処理業者Bの許可を取り消す際の条項は？

COP：無限連鎖は解消されているはずなので、ほかの役員には欠格が及ばない第3号か第4号ですよね……。

Y先生：そうですね。Bの許可取消しは、法第14条の3の2第1項第3号になります。このように、どの欠格要件に該当するかによって、許可取消しの際の条項（及びそれに伴う欠格要件該当の範囲）が変わるので、無限に連鎖することはなくなりました。

COP：なるほど。

Y先生：先ほどCOPさんもいっていたように、現行法では連鎖が生じるのは、廃棄物処理法上の悪質性が重大な事由による取消しに限定されており、**図表2**では、第1号は処理業者自身（法人・自然人）が重大事由に該当した場合、第2号は処理業者の役員や使用人が該当した場合です。また、連鎖による取消しの場合は、第1号や第2号には該当しません。

COP：これくらいなら覚えられそうです。そういえば、令和元（2019）年にも改正がありましたね。

Y先生：そうです。法第7条第5項第4号イに「成年被後見人若しくは被保佐人又は破産者で

図表2　法第14条の3の2第1項（第1号〜第4号）の許可取消しで欠格となる範囲

	産廃処理業者	
		役員
第1号	×	×
第2号	×	×
第3号	×	－
第4号	－	－

（×：欠格該当　－：欠格非該当）

復権を得ない者」とあったのが、同号イについては「心身の故障によりその業務を適切に行うことができない者として環境省令で定めるもの」となり、「破産手続開始の決定を受けて復権を得ない者」は同号ロとなって、以降は一つずつずれることになりました。

COP：この改正にはどういう意味があるんですか？　わざわざ二つに分割していますが、表現が変わっただけのような……。

Y先生：この改正は、成年被後見人等の権利の制限に係る措置の適正化等を図るための関係法律の整備に関する法律（令和元年法律第37号。以下「整備法」）によるもので、表現が変わっただけと誤解している人も一定数いるようです。

COP：というと？

Y先生：この改正は「成年後見制度の利用の促進に関する法律（平成28年法律第29号）に基づく措置として、成年被後見人及び被保佐人（以下「成年被後見人等」）の人権が尊重され、成年被後見人等であることを理由に不当に差別されることのないよう、成年被後見人等に係る欠格条項その他の権利の制限に係る措置の適正

化を図ったもの※3」になります。

COP：具体的にどう変わったのですか？

Y先生：整備法による改正前は、成年被後見人等を欠格要件として規定していましたが、成年被後見人等を一律に欠格と扱うのではなく、廃棄物処理の業務を適切に行うに当たって必要な認知、判断及び意思疎通を適切に行うことができるかどうかを個別に判断することになりました。イメージしにくいと思いますので、**図表3**で説明しましょう。

COP：ありがとうございます。

Y先生：そもそもの前提として、成年後見制度は財産管理能力に着目した制度であり、廃棄物処理法で求められる能力と完全には一致しないと考えられます。また、全ての成年後見制度の対象者がこの制度を利用しているわけではありませんので、同程度の判断能力であっても、成年被後見人等だけが一律に排除されてしまうなどの課題があったわけです。

COP：なるほど、成年被後見人等の中には廃棄物処理法で求められる能力を有している方（①の領域）がいるかもしれないのに、成年後見

図表3　成年被後見人等の権利の制限の適正化のイメージ

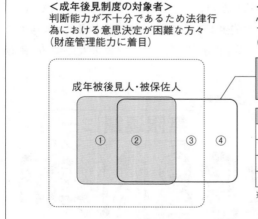

	整備法※による改正前	整備法による改正後
①	欠格要件に該当	欠格要件に非該当
②	欠格要件に該当	欠格要件に該当
③	欠格要件に非該当	欠格要件に該当
④	欠格要件に非該当	欠格要件に該当

※成年被後見人等の権利の制限に係る措置の適正化等を図るための関係法律の整備に関する法律（令和元年法律第37号）

※3　令和元年11月21日付け環循適発第1911211号・環循規発第1911212号「成年被後見人等の権利の制限に係る措置の適正化を図るための関係法律の整備に関する法律等の施行について」

制度を利用したことによって欠格となるのは問題だと分かります。

Y先生：同様に、成年後見制度の対象ではあるものの、制度の利用を躊躇しているなど何らかの理由で成年被後見人等になっていない方であっても、廃棄物処理法で求められる能力を有していない場合（③の領域）は欠格とすべきですし、さらに、財産管理能力には問題がなく成年後見制度の対象とはならない方でも、廃棄物処理法で求められる能力を有していない場合（④の領域）は欠格とすべきです。

COP：表現が変わっただけではなく、欠格の範囲も変わったというのがよく分かりました。

Y先生：成年被後見人等であることを理由に一律に排除する仕組みを改め、必要な能力を有しているかどうかについて個別に審査を行うよう適正化が図られたということですね。

欠格要件との付き合い方

POINT

●株主の役員該当性など、欠格要件の運用に当たっては様々な議論・運用が必要

●法令違反がなければ、欠格要件・許可取消しと無縁でいられるので、排出事業者としては適正処理の徹底を心掛けることが肝心

Y先生：欠格要件については、欠格該当による許可取消しの条文を理解することも重要ですが、株主の役員（黒幕）該当性など、その運用に当たって様々な議論・検討が必要であるという点も押さえておく必要があります。

COP：許可申請の際には、発行済株式総数の100分の5以上の株式を有する株主又は出資額の100分の5以上の額に相当する出資をしている者の氏名又は名称等を記載することになっています。

Y先生：「行政処分の指針[※1]」では、これらの者は法第7条第5項第4号ホの役員（業務を執行する社員、取締役、執行役又はこれらに準ずる者をいい、相談役、顧問その他いかなる名称を有する者であるかを問わず、法人に対し業務を執行する社員、取締役、執行役又はこれらに準ずる者と同等以上の支配力を有するものと認められる者を含む。）に該当する蓋然性が高いと解される旨が示されていますが、実務においては株式や出資額の比率だけで機械的に判断するのではなく、支配力の有無について丁寧に事実認定を行う必要があります。

COP：欠格要件だけ取り上げても、一筋縄ではいかない内容ばかりですね。

Y先生：欠格要件や許可取消しに関する条項の詳細、株主の役員該当性に関する裁判例等について廃棄物処理法を担当する行政機関の方々は知っておくべきですが、排出事業者としてはどうでしょう。興味がある方は知っておいてもよいかもしれませんが、どちらかといえば、日頃から委託先をしっかりと見極めて優良な処理業者に委託を行うなど、適正処理の徹底を心掛けることのほうが大切だと思います。同様に、処理業者としては、許可取消しとなることがないよう、処理基準を遵守しながら適正処理を行うこと（本来業務）に注力することが重要です。もちろん、役員の方は日常生活にも気を付けなければなりません。

COP：そもそも法令違反等がなければ、欠格要件・許可取消しについて心配する必要はありませんからね。今回は欠格要件についてお届けしました。

まとめノート

▶**昭和46（1971）年**　廃棄物処理法施行に合わせて、廃棄物処理業許可制度スタート（欠格要件なし）

▶**昭和52（1977）年**　許可基準に欠格要件が追加（廃棄物処理法罰金刑、廃棄物処理法許可取消し、不正・不誠実のおそれ）

▶**昭和60（1985）年**　浄化槽法の施行に合わせて、浄化槽法の罰金刑が一般廃棄物処理業の欠格要件に追加

▶**平成4（1992）年**　環境保全法令・刑法（傷害等）の罰金刑、あらゆる法令の禁錮以上の刑、禁治産者等が欠格要件に追加され、期間も2年から5年に延長、産業廃棄物処理業の欠格要件にも浄化槽法の罰金刑が追加

▶**平成9（1997）年**　暴力団対策法の罰金刑、許可取消し前60日の役員が追加

▶**平成12（2000）年**　暴力団員等、暴力団員等が活動を支配する者が産業廃棄物処理業の欠格要件に追加

▶**平成15（2003）年**　聴聞通知後の廃業を追加、許可取消しの一部を羈束行為化

▶**平成22（2010）年**　欠格要件の見直し（無限連鎖の解消）

▶**令和元（2019）年**　欠格要件の見直し（成年被後見人等の権利の制限の適正化）

排出事業者の処理責任の巻

第7回は、「排出事業者の処理責任」を取り上げます。今回の担当は廃棄物処理法と天気予報をこよなく愛するM先生です。

「自分のごみは自分で片付ける」
～排出事業者責任は昔から変わらない～

POINT
- 事業者は自らの廃棄物を自らの責任で適正に処理する責務「排出事業者責任」がある。
- 産業廃棄物は、自ら処理が基本原則
- 排出事業者責任の考え方は法施行当初から変わっていない。

M先生：問題です。「排出事業者責任」って何か、端的に答えてください、COPさん。

COP：（ドキッ……クイズ。そうきますか……）えーっと、「自分で出した廃棄物は責任を持って処理しなさい」でしょうか。

M先生：そうだね。「排出事業者責任」は、廃棄物の処理の根幹をなすもの。廃棄物処理法の様々な制度の基本的な考え方だね。

COP：はい。ということでM先生、排出事業者としての回答責任は果たしたので、今日はこれでさようならっと。

M先生：おいおい、さては早く話を終わらせようとしているな？

COP：（ドキッ……）いやいやそんなことはないです（汗）。

M先生：じゃ、「排出事業者の処理責任」の成り立ちを見るに、まずは令和5（2023）年時点の廃棄物処理法の規定をおさらいしよう。

COP：はい。

M先生：最初は第3条「事業者の責務」。

（事業者の責務）
第3条　事業者は、その事業活動に伴つて生じた廃棄物を自らの責任において適正に処理しなければならない。

COP：排出する事業者は自ら廃棄物を処理する責務がある、という規定ですね。

M先生：これは一般廃棄物や産業廃棄物に関係なく全ての廃棄物に共通するもの。産業廃棄物については、さらに第11条に「事業者の処理」がある。

（事業者及び地方公共団体の処理）
第11条　事業者は、その産業廃棄物を自ら処理しなければならない。

M先生：この規定の後、第12条以降に、排出事業者が産業廃棄物を保管、収集運搬、処分す

る際の基準、処理を委託する際の基準など、排出事業者の産業廃棄物の処理に関する規定、第12条の2以降に特別管理産業廃棄物の処理に関する規定と続く。

COP：おさらいになりました。

M先生：では、「排出事業者責任」について、COPさんの理解度合いを試す問題を出しますね。COPさん、廃棄物処理法では、「排出事業者責任」って、いつからあったと思いますか？

COP：（ん？　やっぱりクイズだ……）えっーと、いつだっけかな……。えっと……、あっ、そうだ、「最初からあった」んじゃ、なかったかな。

M先生：ピンポーン、正解〜。実は廃棄物処理法がスタートしたときからあるんだ。

COP：（ふぅ、ほっとした……）

M先生：廃棄物処理法ができた昭和46（1971）年当時の第3条を見てみよう。

＊昭和46年当時の規定

（事業者の責務）

第3条　事業者は、その事業活動に伴つて生じた廃棄物を自らの責任において適正に処理しなければならない。

COP：あれれ？　これって、同じですよね。

M先生：気付きましたね。当初から「排出事業者責任」という考え方が採用されているんだ。

COP：そうなんですね。

M先生：そもそも、この責務の考え方には、環境政策の基本的な考え方、汚染者負担の原則（PPP；polluter-pays principle）がある。簡単にいうと「汚染者に費用を負担させましょう」ということ。汚染する側が責任を持ちましょうという考え方であり、これを廃棄物処理法に当てはめて、「自分で出したごみは自分で責任を持って片付ける」ということを事業者の責務としたわけだね。

COP：なるほど。

M先生：また、先ほど確認した産業廃棄物に関する現在の第11条の規定、これも、当初は第10条にあった規定で、内容自体は今も変わらず、全く同じなんだ。

COP：最近の改正で「排出事業者責任」の強化ってよく聞く印象があるけれど、基本原則は変わっていないんですね。

産業廃棄物処理責任者

POINT

●産業廃棄物処理施設で自ら処理する事業場を有する場合は、事業場ごとに産業廃棄物処理責任者を置く必要がある。

M先生：排出事業者責任の強化を目的にした改正は、何も最近に限らず、これまでも度々行われてきたんだよ。

COP：そうなんですか。でもまぁ、数年前に廃棄物の管理を担当するようになったから、そのワードを意識するようになったのかもしれないな。じゃあ、例えばどんな改正があるんですか？

M先生：そうだねぇ。COPさんは、「産業廃棄物処理責任者」っていうものは知ってるかな？

COP：ん？　それは……産業廃棄物をきちんと処理するための責任者、ってことでしょ。

M先生：意味はそうなんだけど、これも廃棄物処理法で規定されている言葉なんだ。現在は第12条第8項だね。

＊令和5年時点の規定

（事業者の処理）

第12条

8　その事業活動に伴つて生ずる産業廃棄物

を処理するために第15条第１項に規定する産業廃棄物処理施設が設置されている事業場を設置している事業者は、当該事業場ごとに、当該事業場に係る産業廃棄物の処理に関する業務を適切に行わせるため、産業廃棄物処理責任者を置かなければならない。ただし、自ら産業廃棄物処理責任者となる事業場については、この限りでない。

COP：そうなんですね。知りませんでした。

M先生：産業廃棄物を自ら処理するため許可施設を設置している事業者に「産業廃棄物処理責任者」の設置を義務とする規定で、昭和51（1976）年の改正でできたものなんだ。

＊昭和51年改正当時の規定

（事業者の処理）

第12条

5 次の各号のいずれかに該当する事業場を設置している事業者は、事業場ごとに、当該事業場に係る産業廃棄物の処理に関する業務を適切に行わせるため、産業廃棄物処理責任者を置かなければならない。ただし、自ら産業廃棄物処理責任者となる事業場については、この限りでない。

一　カドミウムその他の人の健康に係る被害を生ずるおそれがある物質として政令で定める物質を含む政令で定める産業廃棄物を生ずる施設で政令で定めるものが設置されている事業場

二　その事業活動に伴つて生ずる産業廃棄物を処理するために産業廃棄物処理施設（廃プラスチック類処理施設、産業廃棄物の最終処分場その他の産業廃棄物の処理施設で政令で定めるものをいう。以下同じ。）が設置されている事業場

COP：ほほー。廃棄物処理法がスタートして５年後に、既に排出事業者責任を強化する改正があったのかぁ。当時は、有害物質を出すような事業場や一部の産業廃棄物処理施設を設置している事業場が対象だったようですねぇ。

M先生：そうです。基本原則である、自らの産業廃棄物を自ら処理する場合、その責任者を明確にするよう求めたというわけだね。このうち第１号は、平成３（1991）年の改正でできた特別管理産業廃棄物管理責任者に移行して、第２号が内容を変えて現在まで続いている。

COP：具体的にどんなことをすればいいの？

M先生：難しく考えることはないよ。産業廃棄物の処理を統括する立場の者を「産業廃棄物処理責任者」として任命して、生活環境に影響がでないよう廃棄物処理法の規定に従って、自らの産業廃棄物が最後まで適正に処理されることを確認する、といったことを行えば十分。

COP：もし自社処理する処理施設を導入することになればそうします。あっ、そうだ、「産業廃棄物処理責任者」って、何か特別な資格って必要なんですか？

M先生：廃棄物処理法では、設置許可が必要な廃棄物処理施設や特別管理産業廃棄物管理責任者などのように資格が必要っていう制度が多いけど、「産業廃棄物処理責任者」の場合は、特に資格は必要ない。

COP：そうなんですね。

M先生：ちなみに、当時は、「産業廃棄物処理責任者」を新たに置いたり変更したりしたときには、行政に届出する制度があったんだ。

COP：当時は、ってことは、今はないってことですね？

M先生：はい。行政改革の一環、つまり規制緩和として、平成６（1994）年の改正で届出しなくてもよくなり、現在は、社内で任命しておいて、行政から立入検査や報告徴収があった際に説明できるようにしておけば大丈夫だね。

平成12年改正
～最終処分までの排出事業者責任を明確化～

POINT

●平成12年の改正で、排出事業者は最終的な処分が終わるまで処理責任があることを明確化した。

●委託した業者が不適正な処理を行った場合、排出事業者責任を全うしていないと排出事業者も措置命令の対象となり、命令違反には罰則規定もある。

COP： では、このほかに排出事業者責任の強化に関する改正といえばなんでしょう？

M先生： んー、やはり平成12（2000）年の改正かなぁ。

COP： やはりというと、大規模なものだったんですか？

M先生： そりゃあもう。当時発生していた不適正な処理の要因の一つとして、排出事業者責任が徹底されていないという点が挙げられ、排出事業者責任を「さらに」明確化する改正だった。

COP： 「さらに」とは、具体的にはどのように？

M先生： 産業廃棄物の場合で、現在は、第12条第7項の規定で、排出事業者に最終処分が終了するまでの一連の工程で適正に処理されるよう必要な措置を講じる努力義務を負わせることにしたんだ。端的にいえば「注意義務の規定の創設」だね。

＊平成12年改正当時の規定

（事業者の処理）

第12条

5　事業者は、前2項の規定によりその産業廃棄物の運搬又は処分を委託する場合に

は、当該産業廃棄物について発生から最終処分が終了するまでの一連の処理の行程における処理が適正に行われるために必要な措置を講ずるように努めなければならない。

COP： 最終処分が終わるまでの確認義務って、それまではなかったと？

M先生： そうなんですよ。COPさんが廃プラスチック類の処理委託をしたとして、最終処分まで終了したことを確認するでしょ。でも法律的にはこのときまで明確ではなかったんですよ。

COP： へぇー。じゃあ、最終処分が行われたことって誰も確認しなくてよかったの？

M先生： いや。当時は、中間処理を行った処分業者が出した廃棄物ってことで、その処分業者が最終処分を確認してました。

COP： うーん???　もうちょっと具体的に教えてください。

M先生： 分かりにくくなってしまったかな。では、COPさんは、中間処理って、焼却や脱水といった、最終的な処分である埋立処分や海洋投入処分以外のことを指す言葉だってことは知ってるよね？

COP： ええ。もちろん。

M先生： その中間処理に伴って生じた産業廃棄物のことを「中間処理産業廃棄物」といっています。

COP： それは、廃プラスチック類を焼却した後の燃え殻とか、汚泥を脱水した後の脱水汚泥といったもののこと？

M先生： そのとおり。この中間処理を行う業者、つまりは「中間処理業者」の立場でみてみると、COPさんのところのような排出事業者から産業廃棄物を受け入れて中間処理するのだから、中間処理を行うことそのものが業務＝事業活動である、ということになる。

COP： ん？

M先生：例えば、ある事業者が、産業廃棄物である廃プラスチック類の焼却処分を委託したとしよう。すると、その焼却処分で発生した「燃え殻」は、焼却処分を行った者（＝中間処理業者）が「焼却という事業活動」に伴って生じた産業廃棄物だ、ともいえる。

COP：ほー。確かに、事業活動に伴って燃え殻という中間処理産業廃棄物を発生させたのだから、中間処理業者がその処理責任を持っている、と解釈できますよ。

M先生：実際に平成12年改正まではそのような考え方で運用してきたんです。でも、「排出事業者責任」や「産業廃棄物の自ら処理の基本原則」というルールがある中で、中間処理業者が適正に処理せずに燃え殻を不法投棄したけど中間処理業者が倒産したり逃亡したりしていなくなったとしたら、中間処理業者に委託したもともとの廃プラスチック類の排出事業者には、全く責任がない、無罪放免って言い切れますかねぇ？

COP：うーん。そういわれると、確かに、本来、廃棄物は自ら処理するという原則があり、でも自らは処理施設がなくてできないから処理を委託するっていうことだから、全く責任がないっていうのは、おかしいのかもしれないな。

M先生：排出事業者自らが焼却をして、その燃え殻を埋立てまでするのであれば、その最終処分である埋立てまで責任を持つ、と考えるのは当然でしょう。だけど、COPさんの会社がそうであるように、自ら最終処分まで行うって会社はほとんどない。日本には約360万の企業※1があるけど、廃棄物を出さない企業はないし、でも自ら全量処理できないから、処理業者に処分を委託するのが一般的。

COP：ええ。

M先生：そうすると、先の例のような中間処理に伴って生じる燃え殻や脱水汚泥は、中間処理を行う前の産業廃棄物を中間処理を行ったことにより生じたのだから、もともとの産業廃棄物を排出した事業者にもその処理責任がある、ということになる。

COP：確かに。

M先生：自ら処理する場合であろうと委託して処理する場合であろうと、中間処理を行って出た産業廃棄物の排出事業者は中間処理する前の排出事業者とする。言い換えると、「中間処理産業廃棄物の排出事業者はもともとの排出事業者である」ということなる。この考え方に従って、排出事業者責任というのは最終的な処分が終わるまであるからきちんと管理しなさい、ということを条文上明確にしたのが、先ほどの平成12年の改正なんですね。

COP：なるほど。このときに最終的な処分が終了するまでの排出事業者責任が法令上で明確にされた。よく分かりました。でも、中間処理業者に処分を委託した場合には、最終処分業者と排出事業者の間では委託契約って締結していないですよね。

M先生：中間処理産業廃棄物の運搬や処分の委託は、中間処理業者が委託契約を締結していますね。

COP：これってもともとの排出事業者が締結しなくてもよいって、条文上も明確になっているのですか？

M先生：いいところに気付いたねぇ。

COP：どういうことですか？

M先生：この改正で用語の見直しが行われたんだ。具体的には、「中間処理業者」や「中間処理産業廃棄物」という用語を追加して、廃棄物処理法の各条項で、「中間処理業者」や「中間処理産業廃棄物」を含む規制なのか含まない規制なのかを区分したんです。これによって中間処理産業廃棄物は、中間処理業者にその処理委託についてのマニフェストの交付や委託契約書の締

※1 令和3年経済センサス−活動調査

結といった基準を適用させているんです。条文を読んでみると、その用語が出てくるので違いが分かると思いますよ。

COP：へぇー、それはじっくり読まないとなかなか気付きません。

M先生：それと、注意義務の規定の創設とともに、措置命令の対象者の拡大も行われたんだ。

COP：というと？

M先生：処理業者が不法投棄などの不適正な処理をした場合、排出事業者が例えば著しく安価な価格で処理を委託していた、適正な処理が行われていないことを知っていたのに何も対策を講じなかった、といったように、注意義務の趣旨に反するような行為をとっていたときには、処理業者だけでなく、排出事業者も産業廃棄物を撤去せよ、というような措置命令の対象とするように改正されて、この命令違反には罰則規定も設けられた。

COP：注意義務を怠り排出事業者責任を全うしていないと、とんでもないことになりますね。気を付けなければ。

排出事業者責任を全うさせるための改正 ～実地確認の努力義務～

POINT

● 排出事業者責任を全うするため、委託先の実地確認は有効

M先生：さて、この注意義務の規定は、平成22（2010）年の改正で「当該産業廃棄物の処理の状況に関する確認を行い」という文言が追加されたんだよ。

＊令和5年時点の規定

（事業者の処理）

第12条

7　事業者は、前2項の規定によりその産業廃棄物の運搬又は処分を委託する場合には、当該産業廃棄物の処理の状況に関する確認を行い、当該産業廃棄物について発生から最終処分が終了するまでの一連の処理の行程における処理が適正に行われるために必要な措置を講ずるように努めなければならない。

COP：どのような意図があるんですか？

M先生：具体的には、委託先の処理施設の実地確認や、処理業者の公表情報を確認して、最終処分が終了するまでの一連の処理行程における適正処理を更に確保しようという狙いがあった。当時は委託先の実地確認を義務にしようとする動きもあったようだけど、1回限りの場合はどうするのかといった課題もあり、努力義務の規定になった。まぁ、都道府県によっては条例で義務化しているところもあるけどね。

COP：最近は、オンライン通信の発達や、インターネットで業務内容や維持管理を情報公開している処理業者も増えて、実地でなくとも確認できる手段は増えましたね。

M先生：確かに便利ではあるけれど、中にはホームページの見かけだけよく整えて、実際は「とんでもない」業者もいるので注意したほうがいいかもしれないな。

COP：例えばどんなふうに？

M先生：場内が汚いとか隅々まで管理が行き届いていないとか、実は場内に廃棄物がすごく滞留している、など、実地で確認しなければ分からないこともある。このときの第一印象とは重要な指標で、何かおかしいと思ったときには、大概、適正な処理が行われていない可能性が高いね。

COP：M先生の経験談ですか？

M先生：さあね、秘密。でも、もしCOPさんが実地確認をしたとき、稼働していない壊れた処理施設があって、大量の未処理廃棄物が保管されていた状態を見付けたら、どうする？

COP：委託した廃棄物が残置される可能性が高いので、そのようなリスクの高い業者へは委託しないでしょうねぇ。

M先生：そうだよねぇ。自らが主体となって処理業者を選定し、料金を支払い、実地確認し、処理業者と話のできる直接の関係性を持てるようにする。実地確認は不適正処理のリスクを回避するに有効な手段だと思うね。

COP：自らの目で実地で確かめるほうがいいんですね。

M先生：排出事業者・処理業者以外の第三者による斡旋や代理行為の危険性も指摘されていますね※2。排出事業者責任の意識の希薄化が不適正処理につながりやすくなるのは想像に難くない。直接的な関係を持つほうがそれを防げるんじゃないかな。

COP：ほかに実地確認のポイントはありますか？

M先生：そうですねぇ。一般的なチェック項目としては環境省が示した「排出事業者責任に基づく措置に係るチェックリスト※3」がある。

　ほかには、再生の処分を委託しているなら、本当に処分後に再生されているかどうかまでを確認すること。

　それと個人的には、事務所や事業場内のカレンダーに注目しますね。中小規模の処理業者に多いんだけど、それらは大概頂き物で、ほかの会社名が書かれている。処理業者がどんなところと付き合いがあるのか分かる。その関係先を調べてみて、もし、その中に、あまり評判のよくないところや、過去に不適正行為をしている会社などが分かったら注意したほうがいいで

しょう。

COP：なるほど、面白い視点ですね。

発生抑制や減量化も事業者の責務の一つ

POINT

● 平成3年改正は、廃棄物処理法の目的に「排出抑制」が追加されるとともに、事業者の責務が拡大した。

COP：ところで、第3条の事業者の責務ですが、もう二つ規定がありますよね。

M先生：おおっ、細かいところまで気付きましたね、COPさん。これらは平成3年の改正で追加されたもので、大量の廃棄物が発生して最終処分場の確保が困難になるなど、その処理が問題となった時代背景で、廃棄物処理法の目的に「排出抑制」が加えられ、減量化、再生利用の促進という視点が加わったんだ。

＊令和5年時点の規定

（事業者の責務）

第3条

2　事業者は、その事業活動に伴つて生じた廃棄物の再生利用等を行うことによりその減量に努めるとともに、物の製造、加工、販売等に際して、その製品、容器等が廃棄物となつた場合における処理の困難性についてあらかじめ自ら評価し、適正な処理が困難にならないような製品、容器等の開発を行うこと、その製品、容器等に係る廃棄物の適正な処理の方法についての情報を提供すること等により、その製品、容器等が廃棄物となつた場合においてその適正な処

※2　平成29年3月21日環廃対発第1703212号・環廃産発1703211号「廃棄物処理に関する排出事業者責任の徹底について（通知）」
※3　平成29年6月20日環廃産発第1706201号「排出事業者責任に基づく措置に係る指導について（通知）」

理が困難になることのないようにしなければならない。

3　事業者は、前2項に定めるもののほか、廃棄物の減量その他その適正な処理の確保等に関し国及び地方公共団体の施策に協力しなければならない。

COP：廃棄物だけでなく、製品についても言及していますね。

M先生：「製造事業者」に求められる責務で、製品の開発時点から不要となって廃棄物として処理するときのことも考えるように、ということだね。

COP：うちの会社でも、廃棄物をできるだけ出さない、再生利用を進めていく、といったことは、今では率先してやっていますが、当時はそのような考え方ではなかったということかな。この頃が、大量生産・大量消費・大量廃棄の時代からの転換点となった、ということでしょうか。

M先生：まさしくそのとおり。減量化・再生利用を進めるため、生産する側も廃棄物を生み出しているのだから、その責任がある。つまり「拡大生産者責任（EPR；Extended Producer Responsibility）」という考え方を採用した。現在の「資源有効利用促進法」の前身となる「再生資源の利用の促進に関する法律」ができたのもこの頃。その後制定された、平成12年の循環型社会形成推進基本法や各種リサイクル法、プラスチック資源循環法でも拡大生産者責任の考え方が基本となっている。

それと、これも平成3年の改正で創設されたものだけど、市町村で処理が困難となるような一般廃棄物は、環境大臣が指定することで、製造事業者に適正処理を補完するために必要な協力を求めることができるようにした。現在の第6条の3の規定で、その後、廃ゴムタイヤ・廃テレビ・廃冷蔵庫・廃スプリングマットレスの4品目が指定されたんだ。

COP：ところで、適正な処理が困難になることのないようにする、ということですが、有害物質が含まれているということですか？

M先生：いえ、具体的に指定された製品廃棄物は、有害性という要因ではなく、例えば製品素材そのものの使用量を少なくして廃棄物となったときの減量化につなげることや、複合素材にすると分別や再生利用が困難となるのでできるだけ単一素材にするとか、そういったことも全て含んでいる。

COP：そうなんですね。いやー、今回の「排出事業者責任」、廃棄物処理法の基本だけに奥が深いですね。ありがとうございました。

まとめノート

▶**昭和46（1971）年**　排出事業者責任を規定
▶**昭和51（1976）年**　産業廃棄物処理責任者創設
▶**平成3（1991）年**　法の目的に「排出抑制」が追加。事業者の責務に減量化等が追加

▶**平成12（2000）年**　最終処分までの排出事業者責任の明確化（注意義務の規定の創設）
▶**平成15（2003）年**　広域処理認定制度の創設
▶**平成22（2010）年**　処理状況確認の努力義務追加

産業廃棄物の処理委託の巻

第8回は、「産業廃棄物の処理委託」を取り上げます。今回は前回に引き続きM先生です。

産業廃棄物処理委託制度の全体像

POINT

●処理委託の基準は、排出事業者責任を全う
させるためのもの

M先生：今回は「処理委託」のお話をしましょ
う。

COP：（あっ、また きっと問題出されるんだ。でも準
備してなかった……逃げよう……）ううっ、なんだが
お腹が痛くなってきた。ちょっとお手洗いに
行ってこようっと。

M先生：COPさん、委託の話で痛くなったっ
て、またお得意のダジャレ……。さては、この
場に居たくないと思ってますね。

COP：（ドキッ……）いや、そんなことはないで
すよ（汗）。でも先生もダジャレを……。

M先生：ん？

COP：いや、何でもありません。

M先生：じゃ、始めよう。まずは委託基準を確
認しましょう。委託基準は、産業廃棄物と一般
廃棄物で異なるけど（**図表1、図表2**）、今回
は、産業廃棄物のみに着目します。細かいとこ
ろを抜いて「要点」のみにします。

①法令で定められた者（委託できる者）に委託

すること。

②排出事業者と処理受託者が直接契約すること
（第三者経由禁止、処理業者の再委託は原則
禁止）。

③委託契約は書面で行い、必要な事項（法定記
載事項は14項目）を盛り込むこと。

④委託契約書には許可証の写し等の必要書類を
添付して5年間保存すること。

COP：委託契約書に書かなくちゃいけない法
定記載事項がたくさんあった印象ですが、14
項目もあるんですね。このような委託基準、委
託の制度全般の根底には、排出事業者責任が関
係してるわけですね？

M先生：そのとおり。COPさんのように廃棄
物処理法を勉強した人なら、「排出事業者責任」
は知っていて当然。でも一般的には、その認識
に乏しい人が多く、処理を委託したら後は任せ
れば大丈夫と考えてしまいがちで、その結果、
不適正な処理につながり、生活環境に悪影響を
及ぼすという事例が後を絶ちませんでした。

　現在の委託の制度には、「排出事業者責任」
を全うさせるために対応してきた歴史が詰まっ
ているんです。その歴史を紐解けば、何でこん
なことが必要なのか、委託する際に注意すべき
点とは何か、よく理解できるでしょう。

図表1　（特別管理）産業廃棄物の委託の基準

		内容
1		運搬については（特別管理）産業廃棄物収集運搬業者その他環境省令で定める者に、処分については（特別管理）産業廃棄物処分業者その他環境省令で定める者にそれぞれ委託しなければならない
2		（特別管理）産業廃棄物の運搬にあっては、他人の（特別管理）産業廃棄物の運搬を業として行うことができる者であって、委託しようとする（特別管理）産業廃棄物の運搬がその事業の範囲に含まれるものに委託すること
3		（特別管理）産業廃棄物の処分又は再生にあっては、他人の（特別管理）産業廃棄物の処分又は再生を業として行うことができる者であって、委託しようとする（特別管理）産業廃棄物の処分又は再生がその事業の範囲に含まれるものに委託すること
4		輸入された廃棄物（輸入した者が自らその処分又は再生を行うもの当該廃棄物を輸入した者が自らその処分又は再生を行うものとして環境大臣の許可を受けたものに限る。）の処分又は再生を委託しないこと ※災害その他の特別な事情があり当該廃棄物の適正な処分又は再生が困難であることについて環境大臣の確認を受けたときは、この限りでない
5		書面により委託契約を行うこと。委託契約書には、次の項目を記載し、かつ、書面を添付すること
	記載項目 ◎全て共通するもの・○運搬の場合に限る・●処分又は再生の場合に限る	◎（特別管理）産業廃棄物の種類・数量
		◎委託契約の有効期間
		◎委託者が受託者に支払う料金
		◎許可業者の場合は事業の範囲
		◎委託した（特別管理）産業廃棄物の適正な処理のために必要な次に掲げる事項に関する情報 ・（特別管理）産業廃棄物の性状及び荷姿に関する事項 ・通常の保管状況の下での腐敗、揮発等当該（特別管理）産業廃棄物の性状の変化に関する事項 ・他の廃棄物との混合等により生ずる支障に関する事項 ・当該（特別管理）産業廃棄物が、廃パソコン、廃ユニット型エアコン、廃テレビ、廃電子レンジ、廃衣類乾燥機、廃電気冷蔵庫、廃電気洗濯機の場合であって、JISC0950号に規定する含有マークが付されたものである場合には、当該含有マークの表示に関する事項 ・委託する産業廃棄物に石綿含有産業廃棄物、水銀使用製品産業廃棄物又は水銀含有ばいじん等が含まれる場合は、その旨 ・その他当該（特別管理）産業廃棄物を取り扱う際に注意すべき事項
		◎委託契約の有効期間中に上記の情報に変更があった場合の当該情報の伝達方法に関する事項
		◎受託業務終了時の受託者の委託者への報告に関する事項
		◎委託契約を解除した場合の処理されない産業廃棄物の取扱いに関する事項
		○運搬の最終目的地の所在地
		○積替え保管を行う場合は、当該積替え保管を行う場所の所在地並びに当該場所において保管できる（特別管理）産業廃棄物の種類及び当該場所に係る積替えのための保管上限
		○安定型産業廃棄物の場合は、積替え保管を行う場所において他の廃棄物と混合することの許否等に関する事項
		●処分又は再生の場所の所在地、処分又は再生の方法及び処分又は再生に係る施設の処理能力
		●環境大臣の許可を受けて輸入された（特別管理）産業廃棄物であるときは、その旨
		●最終処分以外の処分を委託するときは、当該（特別管理）産業廃棄物に係る最終処分の場所の所在地、最終処分の方法及び最終処分に係る施設の処理能力
	添付する書面	○（特別管理）産業廃棄物収集運搬許可証、再生利用に係る認定証、広域的処理に係る認定証、無害化処理に係る認定証その他の受託者が他人の（特別管理）産業廃棄物の運搬を業として行うことができる者であつて委託しようとする（特別管理）産業廃棄物の運搬がその事業の範囲に含まれるものであることを証する書面
		●（特別管理）産業廃棄物処分業許可証、再生利用に係る認定証、広域的処理に係る認定証、無害化処理に係る認定証その他の受託者が他人の（特別管理）産業廃棄物の処分又は再生を業として行うことができる者であつて委託しようとする（特別管理）産業廃棄物の処分又は再生がその事業の範囲に含まれるものであることを証する書面
6		前号に規定する委託契約書及び書面をその契約の終了の日から5年間保存すること
7		廃棄物処理法の再委託に係る承諾又は小型家電リサイクル法に基づく認定事業者が当該認定の再資源化行為を他者に委託する場合に係る承諾をしたときは、当該承諾の書面をその承諾をした日から5年間保存すること
8		特別管理産業廃棄物の場合は、特別管理産業廃棄物の運搬又は処分若しくは再生を委託しようとする者に対し、あらかじめ、当該委託しようとする特別管理産業廃棄物の種類、数量、性状、荷姿及び取り扱う際に注意すべき事項を文書で通知すること

図表2　一般廃棄物の委託の基準

	内容
1	運搬については一般廃棄物収集運搬業者その他環境省令で定める者に、処分については一般廃棄物処分業者その他環境省令で定める者にそれぞれ委託しなければならない
2	他人の一般廃棄物の運搬又は処分若しくは再生を業として行うことができる者であって、委託しようとする一般廃棄物の運搬又は処分若しくは再生がその事業の範囲に含まれるものに委託すること
3	特別管理一般廃棄物の運搬又は処分若しくは再生にあっては、特別管理一般廃棄物の運搬又は処分若しくは再生を委託しようとする者に対し、あらかじめ、当該委託しようとする特別管理一般廃棄物の種類、数量、性状、荷姿及び取り扱う際に注意すべき事項を文書で通知すること

昭和51年
～受託側だけが罰則適用という不十分な制度の改善

POINT
●昭和51年の改正までは、無許可業者への委託に罰則規定がなく、具体的な委託の基準もなかった。

M先生： では、廃棄物処理法のできた当初の制度から見ていこう。当時は、排出事業者が委託する場合は「業として行うことのできる者にさせなければならない」旨を規定していたけど、罰則の規定はなかった。しかし、当初から処理業は許可制度だったので、無許可業者には罰則の規定があった。つまり無許可業者は罰せられるけど、無許可業者に委託する排出事業者側には直接それを罰する規定はなかったんだ。

COP： うーん。排出事業者の責務として自ら適正に処理することを求めていたにもかかわらず、排出事業者側は罰せられないのは、排出事業者責任という観点から見ると、不十分な制度ですよね。

M先生： 昭和51（1976）年の改正により、排出事業者が無許可業者に委託する行為を、罰則の対象とした。そして、委託する際の基準が決められたんだ。排出事業者が無許可業者に処理委託し、環境汚染が頻発するなどかなり深刻な社会状況だったようだ。厚生省の通知である「産業廃棄物の処理対策の推進について」（昭和50年9月12日環整第75号厚生省環境衛生局水道環境部長通知）からも読み取れる。

COP： そーなんですね。

M先生： このとき、「委託契約書」とまではいかないものの、産業廃棄物については、いわゆる有害物等を委託する場合は、「必要な事項を記載した文書」を交付することが義務付けられた。

COP： もしかして、それは、今でも特別管理産業廃棄物を委託する場合の基準として決められている文書交付の規定のことですか？

M先生： そのとおり。特別管理産業廃棄物が創設された平成3（1991）年に、特別管理産業廃棄物の委託基準として組み込まれて現在に至ってる。

COP： ほほー。先日も同僚と話したんですけど、委託契約書を締結して、産業廃棄物を出す都度にマニフェストを交付するのになぜ文書を交付しなくてはならないのかと、ずーっと疑問に思っていたんですが、そもそもこの文書のほうが歴史が古いんですねぇ。

M先生： 有害物は環境汚染を生じるおそれが高く取扱いに注意を要するので、あらかじめ文書を交付することによって、処理業者がその性状を把握し、適正に処理されることを確保するための制度。だから、処理委託の証明となる委託契約書や、個々に適正処理を確認する書類のマニフェストとは、そもそも目的が異なるんだよ。

COP： なるほど、分かりました。長い間感じていた疑問が解決できて、スッキリ～～しました。

昭和51年　～再委託の原則禁止

POINT
●昭和51年の改正で、産業廃棄物処理業者による再委託が原則禁止となった。

COP： じゃあ話を戻して、委託に関して最初の転換期は昭和51年ですね。このとき、ほかの改正もあったんですか？

M先生： もちろん。先ほども話したとおり、廃棄物処理法では、排出事業者責任とはいうものの、現実的には、皆が全員廃棄物処理法に精通しているわけではない。

COP：私は廃棄物の管理を担当するようになってから、生計を立て、生きていくのに必要に迫られて勉強したので多少は知っていますが、そうでもなければ廃棄物処理法を見ることすらなかったかも。廃棄物処理法を詳しく知らない「素人」の排出事業者からみれば、専門的に業務をしている処理業者はその道の「プロ、玄人」ですよ。

M先生：COPさんがいうような「素人」だけでなく、「プロ」側、つまり処理業者側の改正も行われたんだ。いわゆる「再委託の禁止」と呼ばれる、現在は法第14条第16項に規定しているものだよ。

---

*昭和51年改正当時の規定

（産業廃棄物処理業）

第14条

7　第1項の許可を受けた者は、産業廃棄物の収集、運搬又は処分を他人に委託してはならない。ただし、事業者から委託を受けた産業廃棄物の運搬を政令で定める基準に従つて委託する場合その他厚生省令で定める場合は、この限りでない。

*令和5年時点の規定

（産業廃棄物処理業）

第14条

16　産業廃棄物収集運搬業者は、産業廃棄物の収集若しくは運搬又は処分を、産業廃棄物処分業者は、産業廃棄物の処分を、それぞれ他人に委託してはならない。ただし、事業者から委託を受けた産業廃棄物の収集若しくは運搬又は処分を政令で定める基準に従つて委託する場合その他環境省令で定める場合は、この限りでない。

COP：再委託とは、いわゆる「下請け」のことですよね。このときから再委託が禁止された

んですね。

M先生：そうなんだ。繰り返すけど、排出事業者は産業廃棄物を自分で処理する責任がある。自ら処理できないときは、環境省令で決められている委託できる者に委託する必要がある。委託を受けた者、つまり受託者が更に別の業者に産業廃棄物を委託する行為が再委託。更にその再々委託、というように、「下請け」「孫請け」となると段々責任所在が曖昧になり、また、中間搾取も多くなり、適正料金を確保できない、という要因も出てくる。

COP：はい。

M先生：このようなことがないよう、再委託を禁止としたんだ。でも、例えば、収集運搬車両が故障したとか、従業員がけがをしたとか、処理施設がトラブルを起こして停止した、といった処理業者側の不可抗力的なケース等も発生することがあり得るよね。このようなケースでは、未処理のまま産業廃棄物を放置すると、かえって生活環境に支障を与えてしまう可能性もある。このため、現在は、どうしても再委託をしなければならない事態が発生した際には、一定の手続を経れば1回限りの再委託ができるようにしてあるんだ。

COP：原則禁止、と理解すればいいですね。ところで、今回は排出者側の処理委託に関するテーマですけど、処理業者に関する規定も関係するんですねぇ。

M先生：もちろん。この「再委託」は「許可業者が委託する行為」となるものだから、排出事業者の責務を定めている第12条ではなく、許可業者の責務を規定している第14条で規定している。委託に関する規定を調べる際には、排出事業者と許可業者は出す側と受ける側という関係にあるので、排出事業者側の規定である第12条とともに、受託者側の規定である第14条の規定にも注意しなくてはならない。この後の改正でも両者が関係してくるので、しっかり

と押さえておこうね。

COP：はい。第12条と第14条、両方確認すべきなんですね。

M先生：例えば、第12条の委託の基準の一つである「委託できる者」には「許可不要制度」、すなわち「第14条の事業許可がなくとも産廃処理業が特例的にできる」という第14条の規定も関係しているので、これに関する委託基準の改正も何回かあるんだ。

平成3年　～委託契約は書面で

POINT

● 平成3年の改正で、産業廃棄物の処理委託の基準として、書面による委託契約の締結を義務付けた。

COP：昭和51年以降の次の大きな改正は、いつですか？

M先生：平成3年の「委託契約は書面で」という規定ができたときだね。

COP：これはどういう意味があるの？

M先生：一般的に、「契約」というのは、口頭でも成立する。例えば、鉛筆1本買うときに、「ちょうだいな」「はい、どうぞ。100円です」と物と金を甲乙でやり取りして契約成立。でも産業廃棄物の委託契約に関しては、いくら量が少なくとも、また、回数もその時1回限りでも、文書で委託契約書を取り交わすことがこのときから規定され、罰則も非常に厳しいものになっていった。

COP：契約を書面ですることを義務付けている法律って珍しいんじゃないですか？

M先生：私も興味を持って調べてみたことがあって、建設工事請負契約（建設業）など、いくつかあるようだよ。それぞれ口約束だけでは済まされない、書面作成を必要とするだけの目

的・理由があるということだよ。

COP：廃棄物処理法に関して、書面とする必要性は、やはり不法投棄、不適正処理が全国的に問題となったから？

M先生：ピンポーン、そのとおり。排出事業者がしっかり責任を持ち管理すれば、不法投棄などは起きない、という原理原則に基づく考え方によるものといっていいね。

COP：最初の委託契約書への記載事項は、どのようなものがあるんでしょうか？

M先生：産業廃棄物の種類、数量、運搬の目的地などの政令3項目、省令5項目でした。

COP：当初は8項目でスタートですかぁ。ほかには？

M先生：再委託に関する規定の改正があった。平成3年は、再委託の基準である、当時の政令第6条の8に「再受託者」という文言を盛り込み、排出事業者から最初に委託を受けた者（受託者）が別の者（再受託者）に再委託をするときは、再受託者に文書を交付することが規定されたんだ。

COP：これで委託基準の創設、委託契約書の義務化、再委託の基準の制定と、一通り出来上がりましたね。

M先生：しかし、これではまだ対応できない問題点が見付かったことで、またまた改正が行われます。

COP：それは何ですか？

平成9年　～ブローカー行為の規制

POINT

● 平成9年の改正で、無許可業者の受託禁止規定でブローカー行為を規制した。

M先生：法律の網の目を逃れるような悪徳業者が出現した。「ブローカー」と呼ばれる輩が問題

となったんだ。

COP： ブローカーって、「許可は持っていないけど、排出事業者からの処理の依頼を引き受けて、そして、実際の『物』は、別の許可を持っている許可業者にその処理を委託する」ような仲介行為ですよね。それが、委託制度とどう関係するんですか？

M先生： 平成9（1997）年の改正で、次の条文が法律に追加された。

＊平成9年改正当時の規定

（産業廃棄物処理業）

第14条

9　産業廃棄物収集運搬業者、産業廃棄物処分業者その他厚生省令で定める者以外の者は、産業廃棄物の収集若しくは運搬又は処分を受託してはならない。

COP： ん???　これは当たり前のことでしょ。法律制定当時から「産業廃棄物を扱う者は許可が必要」って規定していたわけでしょう。当然、「許可業者でなければ受託してはならない」ってことになるのでは？

M先生： 一般国民の常識ではそのとおり。でもねぇ、法律の網の目をかいくぐった者がいたんですよ。先ほどのブローカー行為について、「再委託」を規制する条文と照らし合わせて検討してみたら、条文上の網の目が見付かり、どれにも引っかからないって事態があぶりだされてきたんだよ。

COP： よく分かりません。具体的に教えてください。

M先生： 例えば、産業廃棄物処理業の許可を持っていないCOPさんが、ある会社Aから産業廃棄物の処理を受託したとしよう。しかし、COPさんは、昔からの悪友である産業廃棄物処理業の許可を持つCに話をつけて、実際の「産業廃棄物」の処理をCにさせることにした。COPさんは「物」には手を付けていない。そしてCOPさんはAから100万円の処理費用をもらい、Cには10万円のみを渡して、90万円を懐に入れて夜の街に消えちゃいました。結局、Cはお金がなくて処理できず、近隣の山に不法投棄をするしかなくなってしまった。

COP： うーん。夜の街のその後も気になるところだけど、それはおいといて、続きをお願いします。

M先生： そもそも「再委託」するって行為は、実際には、自分では「物」には手を掛けない状態のこと。この例えのCOPさんのように、実行行為を伴わないが誰が見ても明らかに悪徳な

A　B

処分はお任せください

（実は下請けに……）

平成9年までは
AとCは罪に問われても
仲介のみのBは罪にならなかったんだ……

行為者、つまり許可を持たずに「再委託」だけを専門にやる者は法令に引っかからず、無許可業者に委託したAと不法投棄をしたCだけが法令違反となり罰則が適用されていたんだ。

COP：えーっ!!それはどう考えてもおかしいですよ。それでわざわざ、こんなだめ押しのような条文ができたんですか。

M先生：そのとおり。もしこのようなブローカー行為が複数重なったとしたら、さらに中抜き（手数料などと称して金を抜いていく）が多くなり、実際に処理するCのような人が受け取るお金はどんどん少なくなり、もはやCは適正に処理する余裕などなくなってしまう。こうして不適正処理を行うという事案が頻発したというわけなんだ。まさに、法令と悪徳業者のイタチごっこの結果といってもいい条文だね。

COP：「受託禁止」のほかにも改正はあったんですか？

M先生：同じ事態が生じないよう、排出事業者に適正な処理費用を負担させることを明確にするため、委託契約書の記載事項として「処理料金」が追加された。さらに、委託契約の有効期間や、処分を委託する際の施設の処理能力といった事項も追加された。また、再委託は、受託者から再受託者への文書だけでなく、排出事業者からあらかじめ書面により承諾を受けていることが要件として追加された。

COP：処理業者が適正に処理できる料金を支払う。排出事業者が適正な価格を負担することは、PPP（汚染者負担の原則）にも沿ったものですね。

平成12年・平成14年 〜 委託契約書の記載事項の追加と保存義務

POINT

● 平成12年の改正で、委託契約書締結の段階で最終処分までの工程を確認することになった。

● 平成14年の改正で、委託契約書を5年間保存することになった。

M先生：平成12（2000）年は、「中間処理産業廃棄物の排出事業者はもともとの排出事業者である」という考え方に基づいて、排出事業者に、あらかじめ最終処分が終了するまでの一連の工程で適正に処理されることを確認させるため、処分の委託契約書の記載事項に「中間処理を委託するときは、委託契約書に最終処分の場所の所在地、最終処分の方法及び最終処分に係る施設の処理能力」が追加された。

COP：ここでいう最終処分とは、埋立処分のことですか？

M先生：埋立処分だけでなく、海洋投入処分や、再生を含むんだ。再生とは、破砕といった何らかの処分をして、廃棄物が有価物に変わる。いわゆるリサイクルだね。すると、リサイクルされた分、廃棄物は存在しなくなる。その意味で最終処分になるね。再生までの途中の処分は「中間処理」となる。ちなみに、有価物にならずにそのまま廃棄物の物は「中間処理残さ物」となり引き続き廃棄物のままだね。

COP：なるほど。これで、実際の「産業廃棄物」を引き渡す前に、再生も含めた最終処分までの処理工程が明らかになっていないと委託してはいけない、ということになるわけですね。

M先生：そして、平成14（2002）年には、委託契約書は、添付書面とともに、契約の終了日から5年間保存することが義務となった。これ

によって、マニフェストと同様の保存期間となった。産業廃棄物の委託契約は今や甲乙当事者同士だけの関係にとどまらず、万一、不法投棄などがなされた場合の事実関係の追求にも主眼をおいた規定であるといえるね。

平成17年　〜再委託の規定の明確化

POINT

● 平成17年の改正で、収集運搬業者による処分の再委託が禁止であることを明確化した。
● 中間処理業者から委託を受けた中間処理産業廃棄物を、中間処理業者が再委託できるよう省令を改正した。

COP：もうこれで十分ですか？
M先生：いえいえ。実は、再委託の条文に、ちょっとした問題が出てきたんだ。平成3年に、それまで一つだった処理業許可が「収集運搬」と「処分」の別許可に分かれたことを受け、次のように改正された。

＊平成3年改正当時の規定

（産業廃棄物処理業）
第14条
10　産業廃棄物収集運搬業者又は産業廃棄物処分業者は、産業廃棄物の収集若しくは運搬又は処分を他人に委託してはならない。ただし、事業者から委託を受けた産業廃棄物の収集若しくは運搬又は処分を政令で定める基準に従つて委託する場合その他厚生省令で定める場合は、この限りでない。

COP：どこに問題があったの？
M先生：「①収集運搬業者による処分の再委託」と、「②中間処理業者による再委託」の二つの問

題点が見付かった。
COP：では、それぞれ具体的に教えてください。
M先生：まず、「①収集運搬業者による処分の再委託」。また例え話をしよう。排出事業者Xは、収集運搬業の許可を持つCOPさんに対して、「中間処理業者Yへ運ぶように」という内容で運搬を依頼して契約を締結しました。そして、処分費も含めた料金を一括で手渡しました。ところが、悪巧みを考えるのがとても得意なCOPさんは、Xの承諾を得ずに勝手に、Yより安く処分できる別の中間処理業者Zに搬入してしまいました。こうして差額の収入を得たCOPさんは遠く海外へと旅立ちました。
COP：先ほどの夜の街に消えたCOPさんといい、今回のCOPさんといい、ひどいなぁ。
M先生：あくまでも分かりやすくするための例え話ですから、気にせずに！
COP：はい、続けましょう。
M先生：これは、本来X→COP→Yとなるべきところが、X→COP→Zになってしまったというもの。Xは本当にZに搬入されたことを知らされずにいたとしたら、COPさんが勝手にZに運んだ、つまり「収集運搬業者COPさんが処分業者Zに再委託した」となるわけだね。
COP：はぁ。でもこんなことってあるの？
M先生：普通の商取引では考えにくいことかもしれないけれど、このようにXがCOPさんに任せっきりにしていると、本来Xが委託したYよりも安く請け負ってくれたり、受入基準が甘かったり、COPさんにキックバックしてくれるZにCOPさんが勝手に変更していた、などということがあり得るよ。まぁ、本来は排出事業者であるXがマニフェストなどで毎回確認していたり、直接Yに支払ったりしていれば、そう起こることではないけど、契約は別々にしていても、支払いはCOPさんや第三者に一括して行ってしまうと起こり得ることだよ。

COP：そうなんですね。

M先生：もちろん、行政側では「収集運搬業者が処分を」委託することも「再委託禁止」として運用していた。しかし、このような場合には、当時の条文では「再委託が成立しない」とする裁判例も出てきたんだ[※1]。

COP：行政側の運用が、司法側では不明確になってしまったと。

M先生：そこで平成17（2005）年に若干条文を改正し、このような行為も禁止となるよう明確化したんだ。

COP：分かりました。じゃあもう一つの、「②中間処理業者による再委託」とは何ですか？

M先生：平成12年の改正、「中間処理産業廃棄物の排出事業者はもともとの排出事業者である」という考え方に基づき、中間処理産業廃棄物や中間処理業者という用語を追加し、廃棄物処理法の各条項で、事業者には中間処理業者を含むのか含まないのかを区分した、ということが関係するんだ。

COP：用語の整備で、どんな影響があったの？

M先生：再委託の禁止の規定そのものは改正がなかったけど、ただし書前段に記載のある事業者には中間処理業者を含まないことから、再委託できないと読み取れるケースがあったんだ。

COP：具体的にはどんなこと？

M先生：例えば次のような事例。焼却処分を行う産業廃棄物処分業者Ｅが、焼却に伴い出てきた中間処理産業廃棄物である燃え殻を、最終処分業者Ｆに埋立処分を委託して処分していました。ところが、Ｆは事故があって一時的に埋立処分ができなくなってしまいました。そこで、Ｆは、同じ埋立処分を行う最終処分業者Ｇに再委託しようとしました。

COP：はい。

M先生：これは、中間処理業者Ｅが発生させた産業廃棄物である燃え殻を、産業廃棄物処分業者（最終処分業者）Ｆが最終処分業者Ｇに再委託することだけど、事業者ではなく中間処理業者から委託を受けた産業廃棄物であるため、ただし書前段の例外規定には該当せず、再委託できないとも読めるんだ。

COP：ほほーっ。なんだか再委託のマニアックな部分に入ってきたみたいで、頭が再び痛くなってきたような……。とにもかくにも、産業廃棄物処分業者が中間処理産業廃棄物を再委託できないとも解釈できるものだったということですね。

M先生：そのとおり。こんな事象は法の意図した「再委託禁止」ではないから、平成17年に、ただし書後段部分にある「省令で定める場合」として、省令を改正して例外として再委託できるようにしたんだ。

排出事業者責任を全うさせるための改正
〜適正な性状の伝達は重要事項

POINT

●排出事業者は、適正処理のため性状を処理業者にしっかりと伝達する必要がある。

M先生：次に、平成18（2006）年には、委託契約書の記載事項に「含有マークの有無」や「情報伝達の方法」といった事項の追加などが行われた。

COP：また委託契約書の記載事項の追加ですねぇ。これなんですが、契約書を作成していると、ガラスくずのように性状がそう変わらないものまで求められていて、どうも法令で義務化するのにふさわしい項目なのかなぁと思うんで

※1　平成15年7月30日の東京高裁　「産業廃棄物収集運搬業の許可を受けている者が、収集運搬だけでなく許可を受けていない『処分』の委託を受け、その収集運搬及び処分を無許可業者に再委託した場合、『収集運搬』については再委託禁止違反の罪が成立するが、許可を受けていない『処分』については再委託禁止違反の罪は成立しない」

すよね。また、性状を伝えるとしても、どこまで伝えるべきなのか。もし全てを伝えようとしたら、生命保険の約款のように、産業廃棄物の委託契約書が何十ページにも及ぶものになることもあり得るんじゃないかと。こうなると、法令上の義務を全うするだけで実は内容は甲乙ともに理解していない、などということになりかねないですよ。

M先生：あれ、COPさん、なんだか熱くなってきましたね。実体験から、何でもかんでも委託契約書の記載義務にすればいいってもんじゃないでしょ、ってことかな。

COP：まさしくそうですっ!!

M先生：確かにそれは一理あるね。一回一回排出する廃棄物はそれぞれ状況が違う。通常、年に1回締結することが多い委託契約書の記載事項とするよりも、「含有マーク」のように一回一回の排出の際に交付するマニフェストの記載事項としたほうがむしろふさわしい場合もあるかもしれないねぇ。

COP：そうですよねぇ。委託契約書やマニフェストに記載することがふさわしい事項なのか、処理基準として規定するのがふさわしい事項なのか十分検討して法令を作っていただきたいと思います。

M先生：排出事業者が廃棄物の性状を伝えることはとても大事。現に、平成24（2012）年には、利根川水系の複数の浄水場でホルムアルデヒドが基準を超えて検出されて取水停止となり一部地域で断水するという社会問題となった事案があった。これは河川水に含まれていたヘキサメチレンテトラミン（HMT）という物質が浄水場で塩素と反応してホルムアルデヒドが生成されたんだけど、HMTはもともと廃棄物由来だった[2]。

COP：そうなんですか。

M先生：排出事業者がHMTを含む廃アルカリを処理業者に中和処理するよう委託したけど、処分業者はHMTが含まれているとはよく知らず、中和を終えてHMTは未処理のままで河川水に放流しちゃったんだ。本来であれば、焼却や活性炭吸着のようにHMTを分解ないし除去できる方法で処分する必要がある。排出事業者が性状を十分に伝えず、また処分業者も十分に把握しきれずに、許可の表面上取り扱うことができるとの理由で処理してしまうと、今後もこのようなことが起こり得るだろうね。

COP：類似の事案の発生を防止するためにも、排出事業者は性状を伝えるのは重要ですね。でも具体的にどうしたらいいの？

M先生：当然のことながら、第一には、排出する産業廃棄物の性状を自らがよく把握しておくこと。廃棄物の種類、特管物に該当するのかを判断するための物質だけでなく、特殊な化学物質を含んでないか。特に廃油や汚泥、廃酸・廃アルカリといった見た目では何が含まれているか分からないものは要注意。原料や製造過程からの検討、そして成分の分析を行って確認しておくことが必要。

　第二は、適切な処理業者を選択すること。特殊な化学物質や物理的性質を有するときには、

※2　平成24年9月11日環廃産発120911001号環境省大臣官房廃棄物・リサイクル対策部産業廃棄物課長通知「ヘキサメチレンテトラミンを含有する産業廃棄物の処理委託等に係る留意事項について（通知）」

許可証などの表面上の許可だけではなく、実際に処理できるのか科学的知識を持って判断することが必要。先ほどの例だと、単に中和では処理できないと判断できるから焼却の業者を選択する。そのためにも、処理業者にきちんと性状を伝え処理できるのかどうかを互いに確認する

ことが必要だね。

COP：性状をきちんと伝えることがいかに重要か、大変よく分かりました。「廃棄物の処理委託」は、日常の業務と関連するだけになにかと勉強になりました。これからの業務に役立てたいと思います。ありがとうございました。

まとめノート

▶**昭和51（1976）年** 産業廃棄物委託基準・委託基準違反の罰則創設、再委託原則禁止

▶**平成3（1991）年** 産業廃棄物委託契約は書面、再受託承諾文書

▶**平成9（1997）年** 産業廃棄物受託禁止事項創設、契約書記載事項追加（処理料金等）

▶**平成12（2000）年** 契約書記載事項追加（最終処分地等）

▶**平成14（2002）年** 契約書の保存義務5年

▶**平成17（2005）年** 再委託原則禁止の明確化

▶**平成18（2006）年** 契約書記載事項追加（含有マーク、石綿関連事項等）

第**9**回

マニフェストの巻

第9回は、「マニフェスト（産業廃棄物管理票）」を取り上げます。今回はマニフェスト制度に詳しいM課長です。

マニフェストは「法律に定められた用語」ではない

POINT

● 「マニフェスト」という言葉は条文には出てこない。

● 紙マニフェストと電子マニフェストは別条文で複雑怪奇！

● 法令上「マニフェスト」はたった1枚（C票）、ほかは全てその写し

COP：M課長、マニフェスト関係の条文を読んだのですが、複雑怪奇です。マニフェストには紙マニフェストと電子マニフェストがありますが、そもそも条文には「マニフェスト」という用語は一切出てこないんですね。

M課長：そうなんです。一切出てきません。

COP：マニフェストって廃棄物の処理に携わっている人にはおなじみの言葉ですが、そもそもどういう意味ですか？

M課長：マニフェストは廃棄物の処理に関して一般的に使われている言葉ですが、英語では「manifest」と表記し、「積荷目録」というような意味です。

COP：選挙活動でもマニフェストという言葉

が使われていますが、これとは意味が異なるんですよね。

M課長：選挙活動のマニフェストは英語では「manifesto」と表記し、「宣言」とか「声明」という意味があります。どちらも「はっきり示す」という意味があり、語源は同じですが、別の単語です。

COP：おーっ、「O」が付くか付かないかでおーきく違う意味の単語になるんですね！

M課長：COPさん、ダジャレは無理していわなくても……。

COP：てへへ。

M課長：まあ、気を取り直して、マニフェスト関係の規定は、廃棄物処理法第12条の3から登場します。廃棄物処理法では、紙マニフェストは「産業廃棄物管理票」という表現で、電子マニフェストは「電子情報処理組織の使用」などと表現されています。それぞれ別の条文です。

COP：そうそう、それが複雑怪奇の一因なんですよ。

M課長：紙マニフェストの場合は、実務的には、（公社）全国産業資源循環連合会などいくつかの団体が販売しているマニフェストが利用されています。A票からE票までの複数枚の複写式で、運搬途中で積替え保管を行わない直行用

（7枚複写）、積替え保管を行う積替用（8枚複写）などがあります。簡単にするために直行用の流れを**図表1**に示します。ちなみに法令上、「産業廃棄物管理票」そのものはたった一枚、C票に相当するもののみで、ほかはすべて「写し」となっています。

COP：そうなんですね。

M課長：マニフェストには、一次マニフェストと二次マニフェストとありますが、これは便宜上の言葉で、法律で規定された用語ではありません。

COP：排出事業者から焼却などの中間処理業者までに使われるものが一次マニフェスト、中間処理残さ物、すなわち、例えば中間処理業者の焼却後の燃え殻を埋立処分する最終処分業者までに使われるものが二次マニフェストですね。

M課長：そのとおりです。中間処理が複数ある場合は、さらに、三次、四次と続くこともあります。

マニフェスト制度の始まりと適正処理の証拠書類化

POINT

●平成2年に行政指導でスタート
●平成5年に特別管理産業廃棄物に限定して法令上義務化
●平成10年施行で全ての産業廃棄物が対象に。あわせて電子マニフェスト制度開始
●平成12年は「排出事業者責任」強化。ただの「伝票」から「証拠書類」に

COP：マニフェスト制度ですが、いつごろから始まったのでしょうか？

M課長：廃棄物処理法は昭和46（1971）年に施行されましたが、当初マニフェスト制度はありませんでした。平成2（1990）年に行政指導として運用が始まり、法律で義務化されたのは平成3（1991）年、平成5（1993）年に施行されました。

COP：では平成5年から今のような制度が始まったんですね。

M課長：いいえ違います。現在では「全ての産業廃棄物」を対象としていますが、最初は「特別管理産業廃棄物」のみを対象としていました。平成3年の改正というと、特別管理産業廃棄物の定義[※1]ができた年です。さすがに全ての産業廃棄物を対象とすると混乱が生じるからか、より厳重な管理が求められる特別管理産業廃棄物に限って対象にしたというわけです。

COP：だから条文は、産業廃棄物の処理（第12条）、特別管理産業廃棄物の処理（第12条の2）の次の条、第12条の3から登場するんですね。では、全ての産業廃棄物を対象とするようになったのはいつからですか？

M課長：平成9（1997）年の改正で、平成10（1998）年から施行されています。このときに、電子マニフェスト制度もスタートしています。

COP：じゃあ、平成10年にようやく今のような仕組みができたということですか。

M課長：いやいや、まだですね。

COP：というと？

M課長：その後も数回の改正が行われて、現在に至っています。では、順を追って説明していきましょう。まず、平成12（2000）年。この年は、マニフェストの地位が上がった改正が行われており、いずれも排出事業者責任の強化に伴うものです。まず一つ目は、排出事業者が中間処理後の産業廃棄物が適正に最終処分が終了

※1　特別管理産業廃棄物（特管産廃）：廃棄物処理法では、「爆発性、毒性、感染性その他の人の健康又は生活環境に係る被害を生ずるおそれがある性状を有する廃棄物」を特別管理一般廃棄物及び特別管理産業廃棄物として規定し、必要な処理基準を設け、通常の廃棄物よりも厳しい規制を行っている。

図表1　一般的な紙マニフェスト運用の流れ（積替え保管なし）

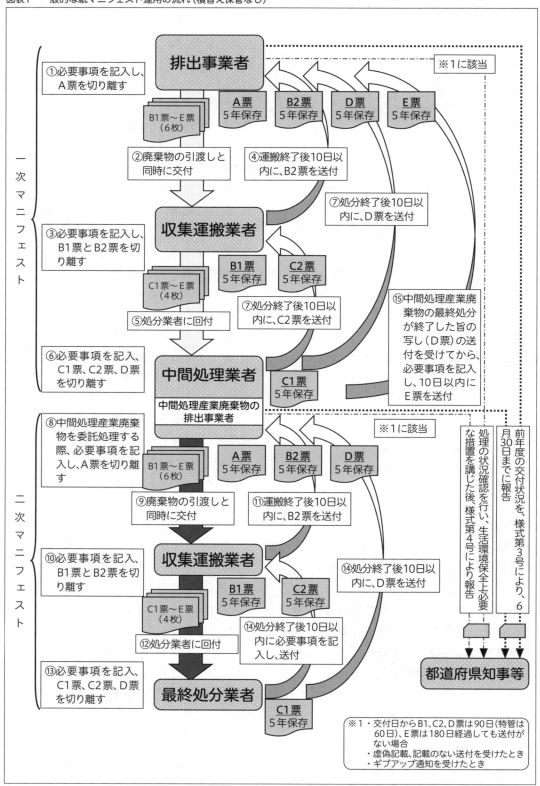

したことを確認できるよう、紙マニフェストで
いえば1枚追加されています。

COP：いわゆるE票ですね。

M課長：そうですね。平成12年は、中間処理
後の産業廃棄物の排出事業者は中間処理業者で
はなく、元の排出事業者とされた年です。平成
17（2005）年にこの考え方を明確にしようと
環境省の通知[※2]が出されたときは物議を醸しま
したが、考えてみると、E票が創設されたのも
その趣旨に沿ったものだったんですね。

COP：平成12年以前は、中間処理後の産業
廃棄物の排出事業者は中間処理業者という考え
方でしたね。

M課長：二つ目は、排出事業者が法令の規定ど
おりにマニフェストを交付していない場合に
は、措置命令の対象となり得ることが定められ
ました。さらに三つ目は、虚偽マニフェストの
交付の禁止、四つ目はマニフェストの交付義務
違反や保存義務違反が罰則の対象とされまし
た。

COP：当時は、虚偽のマニフェストを交付す
ると違反になるが、そもそもマニフェストを交
付しなければ違反にならない、なんて期間も
あったということですね。平成12年は、こう
いった制度上の矛盾を修復してマニフェスト制
度が格段に強化された年だというわけですね。

M課長：それまでは「ただの伝票」程度だった
ものが、「適正処理の証拠書類」として重要視さ
れるようになったといえます。そもそもマニ
フェスト制度は不適正処理の未然防止のために
導入されたものです。適正な処理が行われたこ
とを確認する手段として最適だったということ
でしょう。

違反に対する指導権限の強化

POINT

【平成17年改正】
● 運搬車両時のマニフェスト携帯が義務化
● マニフェスト違反に対する勧告・公表・命令措
置が導入、指導権限が強化
● 運搬や処分が終了した後に運搬受託者や処
分受託者の名称を記載するよう改正

M課長：次の改正は平成17年です。それまで
は排出事業者にのみ保存義務違反の罰則が科せ
られていたものを、処理業者にも拡大していま
す。

COP：以前は処理業者には罰則規定がなかっ
たということですか。

M課長：はい。処理業者の保存義務は、平成
17年以前は省令で規定されていましたが、法
律に規定することにより、措置命令や罰則の対
象となりました。この年の改正は、処理業者の
収集運搬車両にも紙マニフェストの携帯が義務
化されたときでもあります。

電子マニフェストの場合は、その加入証と登
録内容が記載された書類かシステムにすぐアク
セスできる端末などですね。それまでも処理業
者が持ち歩く例は多かったようですが、義務化
されたことで、車両検査でも確実にチェックで
きるようになりました。

COP：運搬車両といえば、その年から、産業
廃棄物収集運搬車であることの表示や、運搬車
両に許可証の備付けが必要となりましたよね。
自社運搬であっても同様に、産業廃棄物の種類
や運搬先などを記載した書類の携帯が義務に
なっています。

M課長：当時、悪質、巧妙な産業廃棄物の不適

※2 「廃棄物の処理及び清掃に関する法律施行令の一部を改正する政令等の施行について」（平成17年2月18日環廃対発第050218003
号・環廃産発第050218001号環境省大臣官房廃棄物・リサイクル対策部長通知）

正処理が多発し、運搬時の取締りを強化することが喫緊の課題となりました。これにより、マニフェストが運搬中の「証拠書類」としても位置付けられたといえます。さらにこの年には、もう一つ大きな改正があります。

COP：それは何ですか？

M課長：マニフェストには、運搬や処分が終了した際に記載する項目として、その日付と運搬担当者や処分担当者を記載する欄しかありませんでした。この制度を悪用して、運搬や処分が終了していないにもかかわらず、日付と担当者を記載して終了したかのようにマニフェストを偽造する者もいました。このため、こういった偽造に罰則を適用することを明確化しました。さらに、処理業者が処理を受託した責任を明確化するため、運搬や処分が終了した際には、担当者だけでなく会社名も記入するようにしました。

COP：このときから、会社名も記入することが必要となったわけですね。

M課長：これにより、処理業者がまだ処理を受託していないにもかかわらず、あらかじめ紙マニフェストに運搬受託者や処分受託者として自社の名前や担当者を記入して排出事業者に交付することも違反となりました。さらに、マニフェスト違反に対する勧告・公表・命令措置が導入されるなどの指導権限も強化されています。

行政への報告制度の復活

POINT

【行政への報告制度】
● 行政への報告制度は平成5年からあった。
● 平成12年に報告義務は一旦猶予となったが、平成18年省令附則改正で復活
● 電子マニフェスト利用者は報告が不要

M課長：次は平成18（2006）年の省令附則の改正なんですが、マニフェストを交付する排出事業者にとっては非常に大きな改正でした。

COP：もしかして、紙マニフェストの交付者が毎年6月30日までに前年度の交付状況を行政に報告する、あの制度ですか？

M課長：そうです。もともと行政への報告制度そのものは、平成5年にマニフェストが最初に導入されたときからあるのですが、平成12年に、省令附則で当分の間提出しなくてもいいということになりました。それが省令附則の改正によって、平成20（2008）年4月から報告義務が復活しました。

COP：それはどうしてなのですか？

M課長：マニフェスト制度の対象範囲の変更と関係しています。当初対象の特別管理産業廃棄物だけなら排出事業者も限定されており、「特別管理産業廃棄物管理責任者」の選任届出の義務があったので、どの事業所が報告する義務があるか行政も把握でき、指導できていたのです。

ところがこれを普通の産業廃棄物まで拡大すると、その数は何倍、何十倍にもなり、とても把握しきれなかった。それもあってか、平成12年に報告しなくてもよくなった。だけど電子マニフェストを普及させるなどの目的もあって報告義務が復活したんです。

電子マニフェストを利用している場合には、運営組織である（公財）日本産業廃棄物処理振興センターが行政に報告するため、排出事業者としては報告しなくともよいことにしました。

COP：電子マニフェストのメリットとして示されているものですよね。あっ、そうそう、行政への報告義務といえば、その様式は省令[※3]で決まっていますが、報告する項目を追加している自治体もあると聞きましたよ。

M課長：さすがCOPさん、よくご存じですね。

※3　廃棄物処理法施行規則第8条の27、様式第3号

自治体によっては、報告された情報を集計するために必要な情報として、独自の項目を追加しているところもあるようです。ただ、多くの自治体では、膨大な量の排出事業者がいて、集計にかかる人員やコストを考慮すると、なかなか全体的な集計はできないというのが現状のようです。

COP：紙ベースの報告を集計する作業が大変なのは想像がつきますし、その軽減化を図るためなのであれば理解できます。でも自治体ごとに様式が異なるのは、我々排出者、特に全国展開している企業にとってその分の人員やコストがかかる。省令で決まっているので統一すべきだと思いますけど。

M課長：各自治体にも事情があるんでしょう。ただ届出等の様式の統一化等については、「廃棄物処理制度の見直しの方向性（意見具申）」（平成29年2月14日）において指摘されて、環境省は平成29（2017）年3月に、各都道府県等に様式を統一するよう通知を出しています。また、報告書提出の電子化を進めていくことも示しています。

排出事業者責任の更なる強化へ

POINT

【平成22年改正】
● マニフェストの写し（A票）の保存の義務
● 処理業者はマニフェストの交付を受けずに産業廃棄物を引き受けることを禁止

M課長：話を改正の経過に戻しましょう。次の改正は、平成22（2010）年です。紙マニフェストの交付者の控え（写し）、いわゆるA票の保存義務違反に罰則が適用されるようになりました。これも省令で規定されていたものを法律に格上げしたものです。なお、この改正まで

は、法令上、A票は「控え」とされていましたが、この改正以降は「写し」となっています。

COP：平成22年は大規模な改正でしたね。建設系の廃棄物の規制強化、処理業者が許可取消しや事業停止など処理困難となった場合のギブアップ通知制度の創設などが行われた年でしたね。

M課長：ギブアップ通知の創設では、マニフェストに関係する改正も行われています。

COP：具体的には？

M課長：マニフェスト交付者（電子マニフェストの場合は登録者）は、マニフェストが規定の日数で戻ってきていない場合には、生活環境の保全上の支障の除去や発生の防止に必要な措置を講じるとともに行政に対応状況などを報告することになっています。平成22年の改正では、処理業者からギブアップ通知があった場合も、同様にしなければならなくなりました。

COP：処理が終わっていない廃棄物があれば、排出事業者が責任を持って対応しなさい、ということですね。

M課長：平成22年は、処理業者に関する改正もありました。処理業者は、マニフェストの交付を受けずに産業廃棄物の引渡しを受けてはいけないとされました。マニフェストがなくとも排出事業者から産業廃棄物の引渡しを強要されたり、あるいは共謀して引き受けたりする事例があって、不適正処理につながるおそれがあったようです。ただし、電子マニフェストの場合は、後からデータ入力する必要があるので例外とされました。

COP：ということは、この改正まではマニフェストを交付しなかった排出事業者は罪になったが、マニフェストを交付されなかった（マニフェストを携帯しなかった）産業廃棄物処理業者はすぐには罪にならず、改善命令を受けてそれを履行しない場合にはじめて罪になったということですね。

電子マニフェスト使用の一部義務化へ

POINT

【平成29年改正】
- 虚偽記載等のマニフェストに関する罰則強化
- 特別管理産業廃棄物の多量排出事業者（一部を除く）に電子マニフェスト使用を義務化
- 紙マニフェストの様式に「備考・通信欄」を追加

M課長：次の改正は、平成29年です。

COP：改正の理由は何ですか？

M課長：背景には、前年に起きた廃棄食品の不正転売事案があります。廃棄を依頼した会社は電子マニフェストに加入していたので、記録された情報が速やかに検索できたものの、処理業者は処分が終了した旨の虚偽の報告を行っていました。この事案を受けて、虚偽記載等のマニフェストに関する罰則が「6か月以下の懲役又は50万円以下の罰金」から「1年以下の懲役又は100万円以下の罰金」に引き上げられました。

COP：罰則を強化して、マニフェスト制度の信頼を担保しようとしたわけですね。

M課長：はい。

COP：ちなみに、この罰則は「第27条の2」という、罰則としては他の法律には滅多にお目にかかれない枝番条文ですよね。なぜ、第28条や第27条にしなかったのでしょうか？

M課長：それは制度設計者の胸の内を聞いてみないと分からないことですが、私は次のように推察しています。「28条では軽すぎる」。しかし、これを27条にしてしまうと、今度は欠格要件の連鎖の関係が出てしまうのです。あくまで個人的な推測ですが、マニフェスト違反で欠格要件を連鎖させるのは、重すぎるだろう、と

いう配慮の下で第27条の2などという枝番条文にしたのかもしれませんね。

COP：分かりました。

M課長：この改正で、電子マニフェストの使用が一部で義務化されました。

COP：M課長、使用が義務となる排出者って誰でしたっけ？

M課長：特別管理産業廃棄物の排出量が年間50t以上[4]となる事業場を持つ事業者です。翌年度、その事業場から発生する特別管理産業廃棄物が義務の対象です。ですから、例えばA工場とB工場があって、特別管理産業廃棄物の排出がA工場で年間60t、B工場で年間5tという場合は、A工場の特別管理産業廃棄物のみ電子マニフェストの使用が義務になります。もしA工場の60tのうちPCB廃棄物が15tだとしたら、排出量は45tとなり、義務とはなりません。

COP：ああ、いわゆる「特別管理産業廃棄物の多量排出事業者」が対象ですね。

M課長：んー、少し違いますね。PCB廃棄物を除いて年間50tであることと、通信回線に接続できないため電子マニフェストシステムを使うのが困難なときなどは紙マニフェストでもOKという例外規定があるので、多量排出事業者と完全イコールというわけではありません。

COP：そーでした。

M課長：例外規定には、常勤職員が平成31（2019）年3月31日において全員65歳以上で、システムと接続されていない場合というものもあります。以前、医療費の請求システム「レセプト」が電子化されたときに、「おじいちゃん先生」しかいないような僻地の診療所に配慮して「65歳以上の従事者しかいない事業所」という例外規定を設けました。それにちなんでいるようです。

COP：これは興味深いです。特別管理産業廃

※4　ただし、PCB廃棄物を除いた排出量

棄物を50t以上排出する事業者では、ほとんど当てはまることはないと思いますが、現実的にはどれくらいあるのかな。

M課長：それと、紙マニフェストの様式は省令で決められていますが、例外規定により紙マニフェストを使用する場合は、「備考・通信欄」に電子マニフェストが使用できない理由を記載する必要があります。だから平成29年の改正では、様式に「備考・通信欄」を新たに設けています。

COP：一般的に使われている紙マニフェストには以前から「備考・通信欄」があったと聞いてましたが、この改正までは省令に規定されてなかったんですね。

M課長：このほか、平成29年の改正では、多量排出事業者の処理計画書や実施状況の報告書の様式が変更され、「電子情報処理組織の使用に関する事項」が追加されました。ここに年間排出量[4]を記載するので、事業者側も行政側も電子マニフェストの使用が義務になるのか把握できるようにしています。

マニフェストの記載事項も複雑

POINT
●マニフェストの記載は環境省の運用通知がベースとなる（平成23年3月17日環廃産発第110317001号環境省大臣官房廃棄物・リサイクル対策部産業廃棄物課長通知「産業廃棄物管理票制度の運用について」）

COP：改正の経過は理解できました。ところで、マニフェストですが、どう書いたらよいか迷うと聞いたことがあります。

M課長：確かに何を書けばいいのか分からないという話はよく聞きます。記入方法は、環境省の通知がベースとなっています。平成13

（2001）年3月に最初に示されましたが、その後の改正を受けて、平成23（2011）年3月に新たな通知が示されました。迷ったときはこの運用通知が参考になりますね。

COP：「有価物拾集量」欄も、当初何なのか迷いました。

M課長：通知では、「積替え・保管の場所で実際に拾集した量を記載するもの」とあり、処理業者が記載するものですね。法律上、「有価物拾集」行為についての詳しい規定はないのですが、この通知で、積替え・保管時に有価物の拾集行為が適法であることが明確化されています。注意しなければならないのは、あくまで積替え・保管での拾集だということですね。例えば、中間処理業者が破砕した後の残さ物を全量売却した場合に、「有価物拾集量」欄に数量を記載してしまうと、排出事業者が「積替え・保管場所で全量有価物として拾われた？」と勘違いしてしまいます。

COP：そうですね。

M課長：排出者側が積替え・保管での拾集の可能性をあらかじめ把握するためにも、マニフェストだけでなく、委託契約事項にも「有価物拾集量」を規定してもよいと思います。

COP：なるほど。

M課長：このほか運用通知では、オフィスビルなどでは、排出事業者の依頼を受ければ、集積場所の提供者がマニフェストを交付してもよいなど、かなり現実的な運用方針が示されています。

COP：現場の実態に即した運用だと思います。

M課長：さらに記入方法の変遷としては、平成18年の石綿関連の改正、平成29年の水銀関連の改正があります。それぞれの改正により、廃プラスチック類などの産業廃棄物の種類だけでなく、石綿含有産業廃棄物、水銀使用製品産業廃棄物、水銀含有ばいじん等が含まれる場合

は、マニフェストにその旨を記載することが必要となりました。

COP：これ、最初はなかなか理解に苦しみました。

電子マニフェストの普及過程

【電子マニフェスト】
●平成9年から制度化されている。
●使用済自動車は自動車リサイクル法の開始時から使用が義務
●優良産業廃棄物処理業者認定制度では、利用できることが認定要件の一つ

M課長：COPさんの会社では、電子マニフェストを利用していますか？

COP：ええ、利用していますよ。先輩からは、以前は紙マニフェストだけで保管や管理が大変だったと聞きました。今は電子マニフェストに変更して、パソコンだけでなく、タブレットやスマートフォンでも利用できるので、とても便利です。

M課長：そうですね。そういったこともあり、令和4（2022）年度には普及率が70％を超えています。

COP：電子マニフェストは、先ほど平成9年の改正から始まったとの説明がありましたが、開始当初は今のようにインターネットが普及していない時代なので、あまり利用者がいなかったのではないかと思います。どのように普及していったのでしょうか。

M課長：確かに最初は専用ソフトが必要だとか、ダイヤルアップ式で時間がかかるとか、さらには利用料金の問題もあいまって普及しませんでした。そもそも、排出事業者・収集運搬業者・処分業者が全て入っていないと利用できな
いので、排出事業者が電子マニフェストを利用したくても、処理業者がいない、ということも要因にありました。

COP：やはりそうでしたか。じゃ、特定の業界・種類だけなら普及しやすいでしょうね。

M課長：そのとおりです。現に平成14（2002）年に自動車リサイクル法が施行され、使用済自動車は、電子上での引取りや報告をやり取りする「自動車リサイクルシステム」が制度として確立しました。これは自動車という単品で、整備業者などの引取業者、解体業者、破砕業者など関連する業者が限られている上、車検制度もあり1台ごとに管理しやすく導入しやすい環境があったためです。

COP：これは独立したシステムですね。では、自動車以外の廃棄物の電子マニフェストはどのように普及していったのですか？

M課長：排出事業者側には、多量排出事業者や行政機関への加入促進の働きかけ、加入時の負担軽減などが行われました。処理業者側には、平成17年にスタートした「処理業者の優良性評価制度」と、これを発展させて平成22年改正で導入された「優良産業廃棄物処理業者認定制度」により、処理業者が認定を受けるための要件の一つとして、電子マニフェストが利用できることが盛り込まれました。

COP：インターネットやスマートフォンの普及、そして高速通信が可能となるなど、デジタル技術の進歩がめざましい頃ですね。使いやすい環境になったことで普及が進んでいったのですか？

M課長：はい。時代に合わせてシステムへの改善も行われています。Webブラウザから電子マニフェストシステムに直接アクセスする方法や、EDI方式で加入者と情報処理センターのサーバー間で電子マニフェスト情報のデータ交換を行い、加入者側で構築したシステムで電子マニフェストシステムに登録することができる

など効率的に業務が行えるようになっています。また、スマートフォンやタブレットからもアクセスできるようになり、排出や運搬、処分の現場で入力することも可能となりました。

COP： 電子マニフェストは偽造されにくいとは思いますが、廃棄食品の不正転売事案では、処理業者が虚偽の報告をしています。となると、単に罰則強化だけでは、同様の事案を防ぐことは難しいですよね。これについての機能強化はないのですか？

M課長： んー、さすがCOPさん、いいところに気付きましたね。この事案の再発防止として、事前に登録した契約情報との相違や、積替え保管がない運搬業者が有価物拾集を行った場合には警告が出るようにするなど、不正を事前に検知できるような機能が強化されています。

COP： 電子システムのメリットを活かした機能ですね。

M課長： 電子マニフェストの利用拡大や様々な報告の電子化が進めば、事業者の報告作業や行政の集計作業も簡単になりますし、なにしろ、これらの膨大な情報、ビッグデータを活用した新たなビジネスの開発や、行政側も即時性のある施策展開が期待できると思いますよ。

COP： なるほど、よく分かりました。マニフェストだけを見ても、廃棄物処理法の複雑さを垣間見た感じがします。

まとめノート

▶**平成2（1990）年**　行政指導により全国統一のマニフェスト使用開始

▶**平成3（1991）年**　特別管理産業廃棄物を対象に導入義務化

▶**平成9（1997）年**　全ての産業廃棄物へ対象を拡大、電子マニフェストの導入

▶**平成12（2000）年**　中間処理後の産業廃棄物の最終処分まで排出事業者が確認するよう制度化、虚偽マニフェストの交付禁止、マニフェスト関係違反が措置命令の対象要件に追加、マニフェストの報告義務を猶予

▶**平成14（2002）年**　自動車リサイクル法の制定により使用済自動車は電子マニフェスト使用義務化（平成17（2005）年1月施行）

▶**平成17（2005）年**　処理業者による虚偽報告を禁止、都道府県知事等の勧告に従わない場合の公表・命令制度を創設、収集運搬車両へのマニフェストの携帯義務化、運搬受託者・処分受託者の記載事項を追加

▶**平成18（2006）年**　マニフェストの報告義務適用猶予を解除、石綿含有産業廃棄物の場合の記載事項追加

▶**平成22（2010）年**　優良産業廃棄物処理業者制度創設と電子マニフェストを要件に追加、排出事業者がギブアップ通知を受けた場合に必要な措置を講じること等を追加

▶**平成29（2017）年**　水銀含有ばいじん等、水銀使用製品産業廃棄物の場合の記載事項追加、電子マニフェスト使用を一部義務化、産業廃棄物管理票様式に備考・通信欄を追加

建設廃棄物の巻

第10回は、「建設廃棄物」について、リサイクルとの関係に触れながら取り上げます。今回は昭和の時代から建設業に携わり、その関係から廃棄物処理法にも造詣の深いK棟梁です。

産業廃棄物の2割は建設廃棄物

COP：K棟梁の必殺技は何ですか？

K棟梁：必殺技って……、特撮ヒーローものじゃないんだから。得意技、得意分野のことかい。

COP：そうそう。廃棄物処理を勉強してみたら、法律、科学、行政、財務などなど、分野がすごく広いんですよね。だから、先生たちの得意分野を知っていれば、効率的に勉強できる（答えを教えてもらえる）かな〜って。

K棟梁：COPさんはちゃっかりしてるね。私の必殺技は建設廃棄物のリサイクルだよ。

COP：「建設廃棄物を制する者は、廃棄物処理法を制す」ですね！

K棟梁：……そんな格言は聞いたことないけど、的を射ているね。なんといっても建設廃棄物は量が多い。国内で発生する年間約4億tの産業廃棄物の2割は建設業から発生しているんだ※1。

COP：壁や塀を解体して出てくる廃棄物ですね。塀一（へー）。

K棟梁：また、しょうもないダジャレをいって……。建設廃棄物を知れば、廃棄物処理法がなぜここまで「変身」してきたのか、その理由を垣間見ることができるよ。

COP：そこは「変身」じゃなくて「改正」です……。K棟梁、特撮ヒーローもの好きなんですね。怪獣が街で暴れた後のがれきのリサイクルを担当してたりして……。

建設廃棄物ってどんなもの？

> **POINT**
> ● もとは土でも建設工事に伴って排出される泥状のものであれば産業廃棄物の「汚泥」
> ● 廃棄物処理法の「がれき類」はアスファルトとコンクリートの破片を意味し、木くず、紙くずなどは含まれない。
> ● 建設工事（解体工事を含む）から発生する廃棄物が順次産業廃棄物に追加され、ほとんどが産業廃棄物となった。

COP：「建設廃棄物」という言葉は廃棄物処理法には出てこないですよね？

K棟梁：そうだね。環境省が定めている「建設廃棄物処理指針」の中で、「土木建築に関する工事に伴い生ずる廃棄物全般」を建設廃棄物と定義しているね。

COP：具体的にはどんな物があるんですか？

※1　令和5年版環境・循環型社会・生物多様性白書（環境省）

K棟梁：発生量が圧倒的に多いのは、アスファルトとコンクリートの破片である「がれき類」で全体の7割。「汚泥」が1割強、「木くず」、これには解体木くずのほか、道路等の造成の際に伐採した木も含まれ、これが1割弱※2。あとは石膏ボードや窓ガラス、便器などの「ガラスくず、コンクリートくず及び陶磁器くず」、いろいろな廃棄物が混ざった混合廃棄物などがあるよ。

COP：コンクリートの破片や木くずは想像できるけど、建設廃棄物の汚泥ってどんなものですか？

K棟梁：トンネルの建設工事や杭基礎工事で発生する、土砂と水が混ざってドロドロになったものだよ。よく無機性汚泥とか建設汚泥といわれているね。

COP：えーっ？？　以前、土砂は廃棄物じゃないっていってたじゃないですか。

K棟梁：土砂は廃棄物じゃないけど、ドロドロになればそれは汚泥（産業廃棄物）だよ。

COP：もとは土なのに？

K棟梁：そう。汚水も出るし、無理に使えばぬかるんだり傾いたりで支障が生じるからね。具体的にはダンプトラックに山積みができない状態、人が上を歩けない状態（おおむねコーン指数200kN/㎡以下又は一軸圧縮強度が50kN/㎡以下）を汚泥としているんだ。

COP：塀ー（へー）。

K棟梁：「建設廃棄物処理指針」は平成2（1990）年の「建設廃棄物処理ガイドライン」を改訂したもので、平成23（2011）年改正のものが最新版だね※3。これは、昭和57（1982）年2月に発出された「建設廃棄物の処理の手引き」に端を発する由緒正しきしろものさ。建設廃棄物の取扱いに関するエッセンスが凝縮されているからよく読んでおくようにね。

COP：ドキっ（また宿題が増えた。話をそらさなきゃ）。K棟梁、がれき類は廃棄物処理法でどう定義されてますか。

廃棄物処理法施行令
　（産業廃棄物）
第2条
　9　工作物の新築、改築又は除去に伴つて生じたコンクリートの破片その他これに類する不要物

K棟梁：「がれき類」はコンクリートの破片等のことで、具体的にはアスファルトとコンクリートの破片を意味するよ。

　法施行当時は「建設廃材」と呼んでいたんだけど、これが「建設廃棄物」と混同しやすくて、安定型廃棄物のアスファルトとコンクリートの破片（建設廃材）と管理型廃棄物である解体木くず（建設廃棄物）が一緒に取り扱われてしまうことが多かったので、平成12（2000）年の政令改正で呼称を「がれき類」と改正したんだ。

COP：うーん、でも「震災がれき」もそうですが、世間一般では、「がれき」に木くず、紙くず、畳などを含む場合もありますよね。

K棟梁：そうだね。でも、少なくとも廃棄物処理法上の「がれき類」はアスファルトとコンクリートの破片であることを覚えておいてね。

　建設廃棄物の種類の変遷については、第2回でN先生が取り上げたね。

COP：ざっくりいうと、建設廃棄物の増大に市町村の処理施設が対応できなくなったので、解体工事で出る廃棄物を含めて随時追加されたんですよね。

K棟梁：度重なる改正で、建設工事（解体工事含む）から出る廃棄物のほとんどが産廃になり、処理や規制がしやすくなったんだ。

※2　令和4年度事業 産業廃棄物排出・処理状況調査報告書 令和3年度速報値（令和5年3月 環境省環境再生・資源循環局廃棄物規制課）
※3　建設工事から生ずる廃棄物の適正処理について（通知）（平成23年3月30日環廃産第110329004号環境省大臣官房廃棄物・リサイクル対策部産業廃棄物課長）

誰の廃棄物？

POINT

- 建築物や工作物は解体という事業活動に伴って廃棄物となる。建っている状態では、原則廃棄物処理法は適用されない。
- 建設廃棄物は元請業者の廃棄物
- 建設廃棄物を排出場所以外の場所で保管する場合は事前に届出が必要
- 残置物はもともとの所有者・占有者の廃棄物
- 不要な地下工作物は解体工事に合わせて撤去が必要

COP：建設廃棄物って誰の廃棄物なんですか？

K棟梁：いい質問だね。それこそが建設廃棄物を考える上で重要なポイントなんだよ。例えば、COPさんの家を解体する際に発生した廃木材は誰の廃棄物だと思う？

COP：家が不要で解体するわけだから、私（COPさん）の廃棄物じゃないですか？　お金も自分で払うわけですし。

K棟梁：それだと、COPさん個人の廃棄物なので、解体廃木材は一般廃棄物になってしまうよね。さらに解体業者は一般廃棄物を処理するわけだから一般廃棄物処理業の許可が必要となってしまう。

COP：そうですね。理屈が通らないですね。

K棟梁：明文化されてないけど、「建物が建っているうちは廃棄物ではなく、解体という事業活動に伴って廃棄物が発生する」という運用がなされているんだよ[4]。

COP：なるほど。だから解体工事から発生する廃棄物は産廃で、解体する行為には廃棄物処理業の許可が不要なんだ。

K棟梁：そうそう。だから、COPさんの廃棄物ではなくて、解体工事を請け負う者の廃棄物になるんだ。ちなみに、とても住めるような状態じゃない家だったとしても、建っているうちは廃棄物処理法ではなく「空家等対策の推進に関する特別措置法」（平成27（2015）年5月完全施行）で対応することになる。

COP：じゃ、さっきの質問に戻ると、解体廃木材の排出事業者は実際に解体作業を行った下請業者の廃棄物ということでいいですか？

K棟梁：ブー。正解は「元請業者」の廃棄物。

COP：えーっ、何でですか？　解体という事業活動に伴って発生するんだから、直接解体した人の廃棄物ですよね？

K棟梁：元請業者が排出事業者となるまでには、紆余曲折があったんだけど、まず、この不法投棄に関する統計を見てくれるかな（**図表1**）。不法投棄の中で建設廃棄物が占める割合は件数、投棄量のどちらも非常に多いんだ。

COP：令和3（2021）年度は件数で約7割、投棄量では9割近いですね。なぜこれほど多いんですか。

K棟梁：これは、建設廃棄物の特殊性である、
①廃棄物の発生場所が一定でない
②発生量が膨大である
③廃棄物の種類が多様であり、混合状態で排出される場合が多い
④廃棄物を取り扱う者が多数存在する（重層下請構造が存在する）
といったことによるものなんだ。

　量も多く、廃棄物の質や発生場所も毎回変わるから、工場みたいに毎月決まった処理業者、処分先で処理することができないことが不適正処理を引き起こす一つの要因となっているね。

COP：なるほど。

K棟梁：それに、建設工事には重層下請構造が存在することが多く、発注者→元請業者→一次下請→二次下請→三次下請……と階層がある上、

※4　長岡文明著『対話で学ぶ廃棄物処理法』（2022）定説・妄説の章参照　クリエイト日報

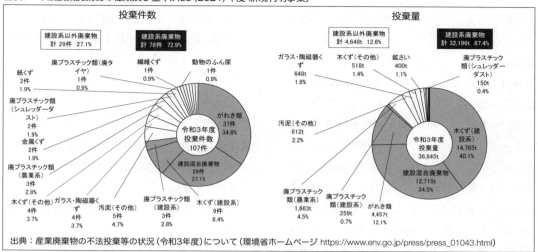

図表1　不法投棄廃棄物の種類及び量（令和3（2021）年度 新規判明事案）

投棄件数

建設系以外廃棄物 計29件 27.1%

建設系廃棄物 計78件 72.9%

令和3年度 投棄件数 107件

- 紙くず 2件 1.9%
- 廃プラスチック類（廃タイヤ） 1件 0.9%
- 繊維くず 1件 0.9%
- 動物のふん尿 1件 0.9%
- 廃プラスチック類（シュレッダーダスト） 2件 1.9%
- 金属くず 2件 1.9%
- 廃プラスチック類（農業系） 3件 2.8%
- 木くず（その他） 4件 3.7%
- ガラス・陶磁器くず 4件 3.7%
- 汚泥（その他） 5件 4.7%
- 廃プラスチック類（建設系） 3件 2.8%
- 木くず（建設系） 9件 8.4%
- がれき類 37件 34.6%
- 建設混合廃棄物 29件 27.1%

投棄量

建設系以外廃棄物 計4,648t 12.6%

建設系廃棄物 計32,196t 87.4%

令和3年度 投棄量 36,845t

- ガラス・陶磁器くず 648t 1.8%
- 木くず（その他） 518t 1.4%
- 鉱さい 400t 1.1%
- 廃プラスチック類（シュレッダーダスト） 150t 0.4%
- 汚泥（その他） 812t 2.2%
- 廃プラスチック類（農業系） 1,663t 4.5%
- 廃プラスチック類（建設系） 259t 0.7%
- がれき類 4,457t 12.1%
- 木くず（建設系） 14,765t 40.1%
- 建設混合廃棄物 12,715t 34.5%

出典：産業廃棄物の不法投棄等の状況（令和3年度）について（環境省ホームページ https://www.env.go.jp/press/press_01043.html）

土木工事、電気工事、塗装工事、空調工事など工事の種類も多く、一次下請だけでも複数いる場合もあって、現場から出る廃棄物が誰のものか判断するのが難しいといった特徴があるんだ。

COP：A社が準備した材料をB社が切って、C者が組立て、D社が塗装して、出てきた不要な端材は誰の？　みたいな感じですかね。

K棟梁：いい例えだね。みんなが「うちの廃棄物じゃない」と押し付けあう可能性があるんだよ。

　過去の不適正案件における極端な例だと、元請業者は何も作業をせずにマージンを取って下請に丸投げ、下請は孫請丸投げと繰り返して、4次下請まで丸投げ。当然、4次下請は適正処理に必要な金額をもらえていないので、ミンチ解体[※5]して不法投棄した。丸投げ（一括下請け）は建設業法第22条で禁止されているけどそこは置いといて、廃棄物の処理に関して誰が悪いと思う？

COP：悪いのは不法投棄をした4次下請ですよね。

K棟梁：じゃ、マージンをとって委託した業者

は責任はないのかい？

COP：うーん、そうですね。元請業者から3次下請までが悪くないのであれば同じことをする人が出てきますね。

K棟梁：そのとおり。そこで制度設計者である国は、建設廃棄物の排出事業者は「元請業者」とし、最後まで責任を持ちなさいとしたんだ。

　この考え方は、前に話した昭和57年の建設廃棄物の処理の手引きやその後の建設廃棄物処理ガイドラインにも「排出事業者は元請業者であり、下請が処理する場合は廃棄物処理業の許可を取るように」と記載されている。

COP：じゃあ、もともと下請に任せちゃいけなかったってことでしょ？　だったら、さっきの丸投げの件も違法行為だということで元請業者を厳しく処罰すればいいってことですよね。

K棟梁：ただ、国は通知やガイドラインで建設廃棄物の排出事業者は元請業者といっていたけど、法律のどこにも規定していなかった。そこで起きたのが通称「フジコー裁判」（平成5（1993）年10月28日東京高裁判決）。これは、法律には「建設廃棄物の排出事業者は元請業者

※5　ミンチ解体：重機を用いて分別せずに建物を解体すること。作業が簡単で工期も短く、廃棄物の処理を考慮せず解体のみに着目すれば安価な解体方法

である」とはどこにも書かれていないから、下請の解体業者が排出事業者でいいだろうと争われたものなんだよ。

COP：結果はどうだったんですか。

K棟梁：東京高裁の判決は、「産業廃棄物を排出する一まとまりの仕事の全部を請け負い、それを自ら施行し、その仕事から生ずる廃棄物を自ら排出する事業者は、たとえそれが下請の形態を取っていたとしても、通常、廃棄物を排出する主体（排出事業者）に当たる」、つまり、下請も排出事業者になり得るという判断が示されたんだ。このため、環境省は平成6（1994）年の通知「建設工事から生じる産業廃棄物の処理に係る留意事項について」（平成6年8月31日衛産第82号厚生省生活衛生局水道環境部産業廃棄物対策室長通知）で明確に区切られた期間の工事を下請に一括して請け負わせる場合は、下請が排出事業者になるとしたんだ。これは「区分一括下請」って考え方だね。

COP：それで一件落着ですか。

K棟梁：いやいや、重層下請構造の弊害は続いているわけで、一向に建設廃棄物の不適正処理が減らない。そこで環境省はついに廃棄物処理法を改正して、建設廃棄物の排出事業者は元請業者であることを法律に明記したんだよ（平成23年4月施行）。

（建設工事に伴い生ずる廃棄物の処理に関する例外）

第21条の3　土木建築に関する工事（建築物その他の工作物の全部又は一部を解体する工事を含む。以下「建設工事」という。）が数次の請負によつて行われる場合にあつては、当該建設工事に伴い生ずる廃棄物の処理についてのこの法律（中略）の規定の適用については、当該建設工事（他の者から請け負つたものを除く。）の注文者から直接建設工事を請け負つた建設業（建設工事を

請け負う営業（その請け負つた建設工事を他の者に請け負わせて営むものを含む。）をいう。以下同じ。）を営む者（以下「元請業者」という。）を事業者とする。

COP：法改正の効果はあったんですか？

K棟梁：いまだに建設廃棄物の不適正処理は多いけど、排出事業者が誰かがはっきりした上、発注者と直接価格の交渉ができる元請業者が責任を持つことになったから一定の効果はあったと思うよ。

　廃棄物処理法第21条の3には下請の廃棄物の運搬に関する例外規定はあるけど、建設廃棄物は元請業者の廃棄物。下請が処理する場合は廃棄物処理業の許可が必要と覚えておいてね。

COP：誰の廃棄物か？　という点だけでもいろいろと移り変わりがありましたね。まとめると

①法施行時は通知で元請業者と運用

②フジコー裁判（平成5年）により、区分一括下請業者も排出事業者

③建設廃棄物の不適正処理が多いため、法律で元請業者と規定（平成23年）

ということですね。

K棟梁：そのとおり。まるで誰かに説明しているみたいな話ぶりだね。

COP：平成23年度の法改正といえば、建設廃棄物の事業場外保管の届出制度もできましたよね？（得意気に）

（事業者の処理）

第12条

3　事業者は、その事業活動に伴い産業廃棄物（環境省令で定めるものに限る。次項において同じ。）を生ずる事業場の外において、自ら当該産業廃棄物の保管（環境省令で定めるものに限る。）を行おうとするとき

は、非常災害のために必要な応急措置として行う場合その他の環境省令で定める場合を除き、あらかじめ、環境省令で定めるところにより、その旨を都道府県知事に届け出なければならない。その届け出た事項を変更しようとするときも、同様とする。

K棟梁：これは、「建設廃棄物」を「発生した工事現場以外の場所で保管」する場合であって、「保管場所の面積が300㎡以上」の場合は「事前に届出」が必要という制度だね。

COP：なぜこの制度ができたんですか？

K棟梁：排出事業者が建設廃棄物を例えば山の中の土地に保管し、行政が気付いたときには大規模化して問題になる事例がたくさんあったんだ。そこで事前届出制にして行政が保管場所を把握できる仕組みを作ったんだ。

COP：そういえば、来月、うちの会社の旧社屋の解体工事を予定しているけど、注意すべき点はありますか？

K棟梁：信頼できる業者さんに適正価格で発注することが基本だね。廃棄物処理法に関してだと「残置物」の処理は終わっている？

COP：何ですか、それ？

K棟梁：解体を予定している建物の持ち主が残した廃棄物を「残置物」というんだけど、残置物はもとの所有者の廃棄物だから、解体廃棄物とは区別してあらかじめ処理しておく必要があるんだよ。

COP：残置物→「COP社の事業活動」に伴って生じた「COP社の」廃棄物、建設廃棄物→「旧社屋の解体工事」に伴って生じた「元請業者の」廃棄物ってことですね。

K棟梁：そうそう。環境省から平成26（2014）

年[6]と平成30（2018）年[7]に「建築物の解体時等における残置物の取扱いについて」という通知が出ている。特に残置物は一般廃棄物を含むことが多いので、委託する際に注意が必要だよ。

COP：ばっちりです。（自分は知らなかったけど）前任者が全部片付けていてくれたので！

K棟梁：地下工作物の存置はないかい？

COP：いわゆる地下工作物の埋め殺しってやつですね。

廃棄物の処理及び清掃に関する法律の疑義について
（昭和57年環産第21号厚生省環境衛生局）
改正：平成6年衛産20号

（地下工作物の埋め殺し）

問11 地下工作物が老朽化したのでこれを埋め殺すという計画を有している事業者がいる。この計画のままでは生活環境の保全上の支障が想定されるが、いつの時点から法を適用していけばよいか。

答 地下工作物を埋め殺そうとする時点から当該工作物は廃棄物となり法の適用を受ける。

K棟梁：不要な地下工作物は撤去が必要ってことだね。新しく工事しようとして地下室が出てきたら困るし、上を通ったら陥没して大事故なんてこともあり得るからね。

ただし、地盤の健全性を維持したり、周辺への崩れを防止したりするため、既存杭や山留め壁等を有用な物として残す場合は存置が認められることもあるんだ。詳しい要件は令和3年のタスクフォース通知[8]に書いてあるけど、判断は難しいから地下工作物を存置する計画がある場合は事前に自治体に相談するようにね。

[6] 平成26年2月3日環廃産発第1402031号環境省大臣官房廃棄物・リサイクル対策部産業廃棄物課長通知
[7] 平成30年6月22日環循適発第1806224号・環循規発第1806224号環境省環境再生・資源循環局廃棄物適正処理推進課長通知
[8] 「第12回再生可能エネルギー等に関する規制等の総点検タスクフォース（令和3年7月2日開催）を踏まえた廃棄物の処理及び清掃に関する法律の適用に係る解釈の明確化について（通知）」令和3年9月30日環境省環境再生・資源循環局廃棄物適正処理推進課長・廃棄物規制課長通知

建設廃棄物のリサイクル

POINT
- 時代の変化とともに産業廃棄物の量が急増、最終処分場の残余容量がひっ迫
- 建設リサイクル法の分別解体義務、再生義務等により、廃棄物の最終処分量が減少
- 建設廃棄物のリサイクルには「安定した需給」と「品質の確保」が重要

COP：K棟梁、もうそろそろおなか一杯です。

K棟梁：なにー、私の必殺技、建設廃棄物のリサイクルはここからが本番だぞ。

COP：そういえば、K棟梁の家の庭に使用済みの瓦を破砕した砂利を敷いてましたね。

K棟梁：そうそう、あれも建設廃棄物のリサイクルの一つだね。防草、防犯砂利として敷いているけど、吸水性があって夏場には温度上昇を抑える効果もあるし、水を吸うからぬかるみ防止にも効果があるよ。

COP：建設廃棄物のリサイクルは難しいって以前にいってましたけど、どんなところが難しいんですか。

K棟梁：まずは「大量である」ということだね。

COP：「需給バランスが取りにくい」ってことですね。

K棟梁：そうだね。さらに「付加価値が低い」ということもある。経済的にリサイクルが成り立ちにくいものが大量にあるから難しいんだ。

COP：リサイクルって、普通、もうかるからやるんですよね。有用な金属を抜き取って売却したり、新材を再生材に代えて材料費を浮かせたり。

K棟梁：建設廃棄物のリサイクルは、廃棄物の量を減らそうというところから始まっているん

だ。さっき説明したとおり平成初期に産業廃棄物の量が急増した。昭和50（1975）年から平成2年までの15年間で産業廃棄物の量は約1.7倍に増えている。当然、処理する最終処分場もひっ迫してきて、平成2年には産業廃棄物最終処分場の残余容量が1.7年分にまで減少したんだ[9]。

COP：1.7年！ピンチですね。最終処分場が満杯になる寸前まで追い詰められたわけですね。でも、新しく最終処分場を造ればよかったのでは？

K棟梁：それができなかったんだ。この時期、全国で不法投棄が横行したことによって、産業廃棄物や産業廃棄物処理施設のイメージが非常に悪かった。最終処分場を造ろうとすると住民の不信感から全国各地で反対運動が起きたんだ。

COP：それでどうなりました？

K棟梁：最終処分場の残余容量がどんどん減って、市場原理で処理料金が高騰したわけだよ。すると、高い処理料金を払いたくないと、不法投棄がまた増えた（**図表2**）。当時の廃棄物処理業界は激動の時代で、ほんとに大変だったよ。

COP：そこでリサイクルですね。

図表2　産業廃棄物の処理に関する悪循環

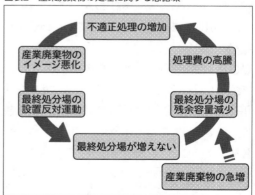

※9　日本の廃棄物処理の歴史と現状（2014.2 環境省）

K棟梁： そう。まずは、平成3（1991）年に国土交通省（当時は建設省）が「リサイクル原則化ルール」を策定。国土交通省の工事で発生するがれき類と木くずのリサイクルを、原則「いくらお金がかかっても」実施すると決めたんだ。そしてこれが地方自治体へ波及していったんだ。

COP：「いくらお金がかかっても」というところに国土交通省の強い決意がうかがえますね。公共工事で大量の廃棄物を排出するわけですから、処理費用の高騰や処分先の確保という点で危機に瀕していたわけですね。

K棟梁： そして、平成12年に「建設工事に係る資材の再資源化等に関する法律」、いわゆる「建設リサイクル法」が制定された。この法律では民間工事も含めた一定規模以上の工事で、「分別解体」とコンクリート、アスファルト、木材のリサイクルを義務付けたんだ。

COP： ピンチを脱することはできたんですよね？

K棟梁： さらにこの時期には循環型社会形成推進基本法をはじめ、家電リサイクル法などの各種リサイクル法も施行され、循環型社会を目指した取組が次々と始まったこともあって、最終処分される産業廃棄物は激減した。産業廃棄物の発生量は平成2年以降、約4億tとほぼ横ばいだけど、最終処分量に関しては平成26年には平成2年の8分の1以下になっているよ[10]、[11]。

COP：「災いを転じて福となす」ですね。建設廃棄物のリサイクルが成功した要因は何ですか。

K棟梁： 一番大きな要因は需給のバランスが取れたことだと思う。建設廃棄物は重量があって付加価値が低いから、運搬距離が長くなると輸送費がかさんで処理費が高騰してしまうんだ。だから、限られた距離の中で安定した需要があることが重要なんだ。この点、がれき類については、リサイクル製品である再生砕石[12]を公共工事で優先的に使用すると決めたことや、路盤材や再生骨材など安定した需要があったからうまくいったんだ。同じ建設リサイクル法の対象だった木くずは、最近でこそバイオマスボイラー等で安定的に受け入れられているけど、当初はリサイクルされずに焼却されるものも多かったんだ。

COP： リサイクルしても使われなければ結局廃棄物ですもんね。

K棟梁： さらに、不適切なリサイクルへの対応も重要だった。

COP： というと？

K棟梁： 処理費用を浮かせるために重機にアタッチメントを付けてガチャガチャ壊した不ぞろいのコンクリートの破片を埋めて「再生砕石だ、何が悪いんだ！」なんて言い張る人や、木くずやプラスチックが混入しているがれき類を「製品だ！」なんていう人があちこちにいたのよ。費用をかけずに粗悪品を作る業者が「リサイクルだ！」とのさばれば、費用をかけて質のよいリサイクル製品を作る処理業者に廃棄物が集まらなくなってしまうよね。また、「リサイクル製品は質が悪くて使えない」といったイメージから製品が売れなくなってしまうんだ。

COP：「悪貨が良貨を駆逐する」ですね。

K棟梁： そうそう。だから、社会の中で適正なリサイクルとは何かというルールを作るとともに、行政は不適正な処理の排除に力を入れたんだ。

COP： なるほど。

K棟梁： ルール作りという点で最も大変だったのが建設汚泥のリサイクル。なぜなら、土でさえ処理料金を払って残土捨て場で処理する場合

※10　産業廃棄物の排出及び処理状況等（平成26年度実績）について（2016.12 環境省報道発表資料）
※11　産業廃棄物の排出及び処理状況等について 参考資料1. 産業廃棄物の処理状況の推移（1999.1 厚生労働省）
※12　再生砕石：コンクリートを破砕し、粒度調整したもの。砕石の代わりに使用される。

もあるわけでしょ？　それよりも質の悪い建設汚泥をリサイクルするのはもっとお金がかかるし、処理が終わって改良土になったとしても結局売れずに山積みなんてことも容易にありうるわけよ。

　私の一番好きな通知「建設汚泥処理物の廃棄物該当性の判断指針について」が平成17（2005）年に環境省から出ている[13]。この通知で法令上の取扱いを整理して、「建設汚泥再生利用技術基準（案）」（後に「建設汚泥処理土利用技術基準」）で国土交通省が技術的な基準を整理。国土交通省の工事に関してはさらに「建設汚泥の再生利用に関するガイドライン」で詳細な取扱いを規定するという念の入れっぷり。

COP：通知が好きって、K棟梁も相当まれな人ですね。付加価値が低いから細かくルールを作ることで「適正なリサイクル」を明確にし、脱法的、不適正なリサイクルを排除したんですね。

K棟梁：このほか、リサイクルがうまくいった理由として、建設リサイクル法で分別解体を義務付けたことが大きかった。分別解体によりリサイクル製品の品質がよくなって、最終処分する量も大きく減ったんだ。

COP：分別解体が浸透するのも結構大変だったんじゃないですか？

K棟梁：これまで重機でグシャ、処分場にポイだったのが、手間や人手をかけなければならなくなったわけだから、意識を変えるのは大変だった。でも、そうした積み重ねによって、循環型社会に向けて大きく進歩したわけだ。

COP：建設廃棄物の歴史、ダイナミックでしたね。「元請業者が排出事業者」「建設リサイクル法」「建設汚泥処理物の廃棄物該当性の判断指針」「リサイクル原則化ルール」。歴代ヒーロー大集合みたいでした♪

K棟梁：ただ、建設汚泥をスーパー堤防のあんこ材として利用するという「再生利用大臣認定制度」や平成18（2006）年に出された「建設汚泥の再生利用指定制度の運用における考え方」（平成18年7月4日環廃産発第060704001号環境省大臣官房廃棄物・リサイクル対策部産業廃棄物課長通知）のように、制度や通知は出したんだけど、現実には運用されていないものがあったり、建設リサイクル法の特定建設資材に該当しない石膏ボードや瓦のリサイクルが進んでいないなど、建設廃棄物についてはまだまだ「発展途上」ともいえるんじゃないかな。新たなヒーローの登場も期待されるところだね。

※13　平成17年7月25日環廃産発第050725002号環境省大臣官房廃棄物・リサイクル対策部産業廃棄物課長通知

まとめノート

▶**昭和57(1982)年** 「建設廃棄物の処理の手引き」発出

▶**昭和58(1983)年** 解体木くずを産業廃棄物に追加

▶**平成2(1990)年** 「建設廃棄物処理ガイドライン」発出

▶**平成3(1991)年** リサイクル原則化ルール(建設省 平成14年改訂)

▶**平成5(1993)年** フジコー裁判 下請も排出事業者になり得るとの判決

▶**平成6(1994)年** 通知により区分一括下請を排出事業者と整理

▶**平成9(1997)年** 工作物の新築、改築に伴う木くずを産業廃棄物に追加
工作物の新築、改築、除去に伴う紙くず、繊維くずを産業廃棄物に追加

▶**平成11(1999)年** 「建設廃棄物処理指針」発出

▶**平成12(2000)年** 工作物の除去だけでなく、工作物の新築、改築に伴うがれき類を産業廃棄物に追加
建設リサイクル法施行

▶**平成14(2002)年** 工作物の新築、改築又は除去に伴わないコンクリートくずの定義の明確化

▶**平成17(2005)年** 建設汚泥処理物の廃棄物該当性の判断指針(環境省)

▶**平成23(2011)年** 建設廃棄物の元請業者を排出事業者と規定
事業場外保管の届出制度
「建設廃棄物処理指針」改訂

▶**令和3(2021)年** 地下工作物の存置の取扱いを明確化

第❶❶回

廃棄物の保管の巻

第11回は、「廃棄物の保管」を取り上げます。お相手は、M先生です。

そもそも保管といっても……

POINT
- 保管には、大きく分けると、「発生場所で運搬されるまでの間の保管」「収集運搬に伴う保管」「処分のための保管」の3種類がある。
- 一般廃棄物の場合、発生場所で運搬されるまでの間の保管の基準はない。
- 3種類の保管には、それぞれ基準があり、適用される者も異なる。

COP：保管の基準って、一般廃棄物と産業廃棄物で違う条文なんですよね。

M先生：そうだね。さらに、COPさんの工場や事業所のような廃棄物が発生した場所での保管、運搬途中での保管、処分するための保管、といった形態によっても違うんだ。

COP：そうなんですね。

M先生：まずは、保管の種類を体系別に整理してみよう。次の六つに分類できる。

①一般廃棄物（特別管理一般廃棄物）の収集運搬に伴う保管

②一般廃棄物（特別管理一般廃棄物）の処分に伴う保管

③産業廃棄物（特別管理産業廃棄物）の発生場所での保管

④産業廃棄物（特別管理産業廃棄物）の収集運搬に伴う保管

⑤産業廃棄物（特別管理産業廃棄物）の処分に伴う保管

⑥有害使用済機器の収集運搬や処分に伴う保管

COP：あれれ？　指定有害廃棄物っていうのもありませんでしたっけ？

M先生：勉強してますねぇ。硫酸ピッチっていう、不正軽油製造の際に出てくる副産物を、「ドラム缶に入れて山林などに保管」というより、「放置」。すなわち不法投棄する事案が多発して社会問題になり、平成16（2004）年、硫酸ピッチを「指定有害廃棄物」に指定して、定められた基準以外の処理方法を禁止したんだ。まぁ、これは特殊な事例だし、省略しちゃいますね。

COP：分かりました。じゃ、ピッチを上げて進めていきましょう。

M先生：今日もCOPさんお得意のダジャレ、言葉遊び、さく裂かな。

COP：はい。今日も絶好調。

M先生：では、根拠条文も含めてもう一度整理しよう。それぞれ次のとおりになるよ。

①法第6条の2第2項「一般廃棄物処理基準」、同条第3項「特別管理一般廃棄物」の「収集

運搬に伴う積替えのための保管」

②法第6条の2第2項「一般廃棄物処理基準」、同条第3項「特別管理一般廃棄物」の「処分のための保管」

③法第12条第2項「産業廃棄物保管基準」、法第12条の2第2項「特別管理産業廃棄物保管基準」

④法第12条第1項「産業廃棄物処理基準」、法第12条の2第1項「特別管理産業廃棄物」の「収集運搬に伴う積替えのための保管」

⑤法第12条第1項「産業廃棄物処理基準」、法第12条の2第1項「特別管理産業廃棄物」の「処分のための保管」

⑥法第17条の2第2項「有害使用済機器の保管の基準」

COP：これだけあるんですね。単に保管基準っていうと、どれのことか分からなくなっちゃう。

M先生：そうだね。例えば、「産業廃棄物保管基準」。法令上の定義では、排出場所で運搬されるまでの間に産業廃棄物を保管する際の基準のことなんだけど、実務上では、収集運搬に伴う保管、つまり排出場所以外の場所で積替えのために保管するような場合にも、保管基準に従って保管する、ということもある。だけど、これでは、どの基準のことを指しているのか、区分できなくなるから、今回は「発生場所での保管の基準」「積替え保管の基準」「処分のための保管の基準」と呼んで区分することにしよう。

COP：はい、そうしてください。ところで、一般廃棄物には、発生場所での保管の基準っていうのはないんですか。

M先生：ほー、COPさん、いい質問ですね。そのとおりだよ。

COP：ということは、極端な話、自宅で発生した廃棄物の保管は、どうしようと自由なわけですか？

M先生：んー、第3条に清潔の保持「土地や建物の占有者は、その占有や管理する土地の清潔を保つようにしなければならない」という規定があるから、全く自由だと言い切れないけれど、産業廃棄物と違って具体的な基準はない。このことが、実は、いわゆる「ごみ屋敷」といわれるような、自宅に廃棄物をためこんでいる者への対応を難しくしているんだよ。

COP：へー、そうなんですか。それなら基準を作ればよいと思うんだけど、なぜないのだろう？

M先生：建物の占有者は、市町村の計画に従って大掃除をして清潔にするとか、管理する場所に廃棄物を見付けたら市町村などに通報するといった規定がある。近年では、市町村によっては、条例を整備して、ごみ屋敷への対応を行っているところも増えている。

COP：廃棄物の条例ですか？

M先生：いや。行為者の中には、これは廃棄物じゃない、大切な財産で価値のあるものだ、なんて主張する者もいるし、廃棄物認定をせずとも対応できるように、廃棄物という概念では規制せず、「建築物の不良な生活環境や不良な状態」と定義しているようだ。いわゆるごみ屋敷問題には、廃棄物の分野だけでなく、土木や福祉といった視点からの支援も重要なんだ。

COP：ふーん、そうなんだ。一般家庭はともかく、少なくとも事業者には「発生場所での保管の基準」を産業廃棄物と同様の規制を設けることもできると思うけどな。まぁ、何が何でも基準・規制が必要という世の中も窮屈なもんだけど。私も私生活では何かと規制が多くて窮屈でねぇ……。

M先生：COPさんの私生活も気になるけど……。まぁいいや。じゃ、話を戻して、基準が適用される「者」は誰なのか、先ほどの①～⑥の保管の基準の適用者を確認しておこう。いつものようにCOPさんに答えていただきましょう。

COP：えーっと……。

M先生：はい時間切れ。ピッチを上げて話を進めるよ。まず、一般廃棄物の場合は、一般廃棄物を実際に排出する住民及び事業系一般廃棄物の排出事業者には処理基準が適用されず、市町村、市町村から委託された者、許可業者に処理基準が適用される。そして、再生利用認定、広域認定、無害化処理認定などといった大臣認定業者にも適用される。

COP：では、産業廃棄物は？

M先生：③の産業廃棄物の「発生場所での保管基準」は、全ての産業廃棄物の排出事業者に適用される。そして④と⑤は、排出事業者、許可業者、そして一般廃棄物と同様に大臣認定業者。⑥は有害使用済機器を保管、処分する、「有害使用済機器保管等業者」に適用されるね。じゃ、ここまでを**図表1**でまとめておいて、次に進もう。

図表1 「保管の基準」の分類と基準適用者

基準	適用者
一般廃棄物処理基準	市町村、市町村から委託された者、許可業者、大臣認定業者
（特別管理）産業廃棄物保管基準	排出事業者
（特別管理）産業廃棄物処理基準	排出事業者、許可業者、大臣認定業者
有害使用済機器の保管の基準	有害使用済機器保管等業者

「発生場所での保管の基準」の変遷

POINT

● 発生場所での保管の基準は、廃棄物処理法制定時からあった。

● 平成3年改正で、囲いや表示の設置が必要とされ、平成9年改正で、具体的な表示の項目が定められた。

M先生：では、これらがいつ、どのような経過をたどってきたか説明しよう。

COP：待ってました、コンセプトの「いつできた」。じゃあ、3種類ある保管の基準、どれから進めますか？

M先生：そうだねぇ。やはりCOPさんの日頃の業務に関係する、③産業廃棄物の「発生場所での保管の基準」から始めて、①、④一般廃棄物と産業廃棄物の「積替え保管の基準」、②、⑤「処分のための保管の基準」に触れることにしよう。今回は「有害使用済機器の保管の基準」は省略するね。

COP：はい。

M先生：では、産業廃棄物の発生場所での保管の基準。これは法第12条第2項（特別管理産業廃棄物は法第12条の2第2項)が根拠で、具体的な内容は、環境省令で定められている。

＊令和5年時点の規定

（事業者の処理）
第12条
2　事業者は、その産業廃棄物が運搬されるまでの間、環境省令で定める技術上の基準（以下「産業廃棄物保管基準」という。）に従い、生活環境の保全上支障のないようにこれを保管しなければならない。

COP：もちろん、知っています。我が社もこの基準、しっかり守っていますからね。

M先生：ざっくり整理すると、次の5項目となる。

① 周囲に囲い、見やすい箇所に必要事項を記載した掲示板設置

② 飛散・流出・地下浸透・悪臭の防止措置

③ 屋外で容器を用いずに保管する場合の高さ・勾配基準

④ ねずみ・蚊・はえ発生防止措置

⑤種類に応じた個別措置

COP：はい。おさらいになりました。では、M先生、これらの規定がどのように決められてきたか、歴史をたどってみるわけですが、まずは、昭和46（1971）年の法施行当初の規定を振り返ってみましょう。

M先生：COPさん、調子がいいですねぇ。

廃棄物処理法施行規則 ＊昭和46年当時の規定

（産業廃棄物の保管の基準）

第8条 法第12条第3項の規定による産業廃棄物が運搬されるまでの間の保管の基準は、次のとおりとする。

一 産業廃棄物の保管は、保管施設又は保管容器により行ない、当該廃棄物の飛散、流出、地下への浸透及び悪臭の発散のおそれのないようにすること。

二 保管施設には、ねずみが生息し、及びか、はえその他の害虫が発生しないようにすること。

COP：とてもシンプルですね。囲いも掲示板も不要だし、高さも勾配も自由だったってことですか。で、ひょっとして、「か」って、「蚊」のことですか？

M先生：かー、細かいところに気付くCOPさんかぁ。これ、誤植でもなくて、本当に当時は平仮名だったようだね。その後の法改正で漢字に修正されたようだ。

COP：そうだったのかー。細かいところに目がいってしまった……。話を戻して、当時の基準は、現在でいう②と④につながる部分だけですが、じゃ、囲いや掲示板はいつから必要となったんですか？

M先生：平成3（1991）年の改正で追加されて、翌年の平成4（1992）年から適用されたんだ。

廃棄物処理法施行規則 ＊平成4年当時の規定

（産業廃棄物保管基準）

第8条 法第12条第2項の規定による産業廃棄物保管基準は、次のとおりとする。

一 産業廃棄物の保管は、保管施設により行い、当該産業廃棄物が飛散し、流出し、及び地下に浸透し、並びに悪臭が発散しないように必要な措置を講ずること。

二 保管施設には、周囲に囲いが設けられ、かつ、産業廃棄物の保管施設であることの表示がされていること。

三 保管施設には、ねずみが生息し、及び蚊、はえその他の害虫が発生しないようにすること。

COP：ああっ、特別管理一般廃棄物、特別管理産業廃棄物の制度が創設されたときですね。このときには既に、か、も蚊になってる。

M先生：第1号も若干改正し、第2号に囲いや表示の規定が追加された。といっても、表示する項目は「産業廃棄物の保管施設であること」だけでよかったんだ。

COP：最初は、表示の項目や大きさの規定はないんですね。じゃ、この場所が「産業廃棄物の保管場所」だっていうことを示しておけば、特段問題はなかったわけか。何でだろう？

M先生：保管場所に表示を求めたのは、例えば木くずや廃プラの混合物が山になっている場所があったとき、それが保管なのか不法投棄なのか一見して区別がつかなかったからなんだ。表示があれば保管している場所だと見分けることができるっていう趣旨だね。表示すべき具体的な項目が決められたのは、平成9（1997）年の改正のときなんだ。

COP：それには、どんな理由があったんですか？

M先生：そもそも「産業廃棄物の保管場所」っ

ていう表示だけだと、どんな問題が生じるか、想像してみれば検討がつくんじゃないかなぁ。悪徳業者のCOPさんなら理解できるでしょう？

COP：悪徳じゃありません。でも、そうだなぁ。想像するに、表示の大きさは自由だし、目立つのも嫌なんで、小っちゃくして見えにくい場所にしちゃおうかな。文字も手書きで小さくしちゃおう。あっ、高さの制限もないし、囲いからはみ出さないようにすればいいから、うーんと積み上げて、てんこ盛りにしちゃおうっと。高さ日本一、アゲアゲ〜。映えるぅー。これでも違反じゃないでしょ。

M先生：やはり悪徳だなぁ。じゃあ、善良な一国民から見たらどうだろう？

COP：はい、善良な一国民である私から見たらこう感じます。一見して何なのか分からない。それに、誰が何を保管しているのかもさっぱり分からない。山盛りだし、囲いからはみ出してとても危険。見栄えが悪く、これが映えるなんてけしからん。これでいいんですか。いいわけない。直ちに改善すべきです。

M先生：そうだよね。文字が小さいと見えない。保管方法に問題が発生したときに、管理者に連絡しようにも誰が保管しているのか分からないんじゃすぐには対応できない。高さや勾配の基準がないと危険も伴う。この改正時の通知には、改正趣旨としてこう書かれている。

廃棄物の処理及び清掃に関する法律等の一部改正について
（平成10年5月7日生衛発第780号厚生省生活衛生局水道環境部長通知）

……廃棄物の保管については、例えば廃棄物処理施設においてその処理能力に比して過大に行われている事例や運搬途中の積替え又は保管の場所での山積み、保管の場所の囲いを超えて飛散し、又は流出するおそれのある事例などがみられるため、そのような状態に至

る前に的確に改善措置を講ずることが可能となるよう、運搬までの保管、収集運搬に伴う保管及び処分等のための保管すべてに関し、管理者の連絡先等を記載した掲示板を設置すること等の基準を定めるとともに、屋外において容器を用いずに保管する場合の廃棄物の高さの上限を定めることとしたこと……

COP：ほほー。的確な改善措置を講じることが可能となるよう、つまりこれは監視指導の観点から、記載項目を具体的に定めたわけですね。

M先生：このときの改正でできた基準が、現在の「発生場所での保管の基準」の要となっている。その後は、平成18（2006）年の石綿含有産業廃棄物、平成29（2017）年の水銀使用製品産業廃棄物や水銀含有ばいじん等の改正に伴う記載項目の追加の改正があって、現在に至っている。

COP：よく分かりました。

「積替え保管の基準」の変遷

POINT

- 収集運搬の間の保管は、要件を満たす積替えを行う場合を除いて禁止
- 平成3年に積替え以外の保管の禁止等の基準ができたが、具体的な保管数量の上限はなかった。
- 平成9年改正に産業廃棄物の積替え保管における保管数量の上限が定められた。

COP：次は、「積替え保管の基準」ですね。「発生場所での保管の基準」との大きな違いは、やはり保管の上限量でしょうか。

M先生：まぁそう焦らずに順を追って説明する

よ。

COP：そうですか、すいません。ついピッチを上げようとして……。

M先生：「積替え保管の基準」や、後で説明する「処分のための保管の基準」は、いずれも運搬や処分といった処理をする際の基準、処理基準の中に組み込まれている。

COP：はい。

M先生：これらは一般廃棄物と産業廃棄物で、基準も少し異なっているんだ。

COP：法令では一般廃棄物が先に書かれていて、産業廃棄物が後に書かれている、といったことはもちろん知っています。

M先生：現在の法令でいうと、一般廃棄物の基準は、法第6条の2第2項（特別管理一般廃棄物は法第6条の2第3項）、産業廃棄物の基準は、法第12条第1項（特別管理産業廃棄物は法第12条の2第1項）。それぞれ具体的な基準は、政令や省令で定められている。一般廃棄物と産業廃棄物の基準はちょっとだけ違うんだけど、ここでは産業廃棄物を例にして、現在の基準の内容を確認してから、変遷を見ることにしよう。

COP：分かりました。一廃にも触れると頭の中が一杯になっちゃうかもしれないんでちょうどいいです。

廃棄物処理法　　　　＊令和5年時点の規定

（事業者の処理）
第12条　事業者は、自らその産業廃棄物（特別管理産業廃棄物を除く。第5項から第7項までを除き、以下この条において同じ。）の運搬又は処分を行う場合には、政令で定める産業廃棄物の収集、運搬及び処分に関する基準（当該基準において海洋を投入処分の場所とすることができる産業廃棄物を定めた場合における当該産業廃棄物にあつては、その投入の場所及び方法が海洋汚染等及び海

上災害の防止に関する法律に基づき定められた場合におけるその投入の場所及び方法に関する基準を除く。以下「産業廃棄物処理基準」という。）に従わなければならない。

M先生：そもそも収集運搬する間の保管は、原則禁止されているんだ。原則っていうのは、条件を満たす積替えを行う場合に限り認められているっていうことなんだ。

COP：積替えを伴うものでないと保管はできない。だから積替え保管って呼ぶんですね。

M先生：運搬はあらかじめ定められた運搬先まで直行するのが基本。だけどいろいろな理由で直行できない場合があるので、積替えを伴う保管はできる、という仕組みになっている。積替えは、文字どおり車両から車両、あるいは車両から船舶や鉄道貨物に積み替えるっていうことだけど、こういった積替えを行う場合に限り保管できるということだね。

COP：なるほど。

M先生：ちなみに、積替えの例として船舶や鉄道貨物を挙げたけど、実は、こういった港湾や貨物駅での積み替える行為であっても、産業廃棄物処理基準のうち積替え保管の基準は適用しないよっていう運用を示した通知もあるんだ。

COP：ん？　どういうことですか？

M先生：平成17（2005）年3月に出された国の通知、その後、平成25（2013）年3月に改正されたんだけど、いわゆる規制改革通知って呼んでいるもので示された運用なんだ。この通知では、産業廃棄物のコンテナ輸送で、飛散流出しないような容器等に入れたままで輸送手段のみを変更する場合、作業上滞留しなければ、積替え保管の基準は適用しない、ということが書かれている。

COP：へえー。そうなんですか。ちょっと複雑。積替えという行為ではあるけど、積替え保

管の基準は適用しないということですよね。ところでこれはコンテナに限るんですか？

M先生：そのとおり。コンテナの定義や作業において開封しないことなどの適用条件があるんだ。

COP：じゃあ、飛散流出するようなバラ積みは対象外なんですね。分かりました。ただ、これは我々のような排出者というよりも、許可業者に関係する規定ですよね。コンテナの運用の詳細は、また今度な、ってことで、話を戻してください。

M先生：コン̇テ̇ナ̇と今̇度̇な̇、かけたつもりですか？　まぁ、気を取り直して、「積替え保管の基準」を整理することにしよう。次の6項目に大別することができる。

①条件（運搬先の確保・上限量・性状変化しない）を満たす積替え以外は保管禁止
②周囲に囲い、見やすい箇所に必要事項を記載した掲示板設置
③飛散・流出・地下浸透・悪臭の防止措置
④屋外で容器を用いずに保管する場合の高さ・勾配基準
⑤ねずみ・蚊・はえ発生防止措置
⑥種類に応じた個別措置

COP：②〜⑥は「発生場所での保管の基準」と基本的に同じですね。制度の変遷も同じと解釈していいですか？

M先生：結構です。

COP：じゃあ、①の部分の変遷を語ってください。さあどうぞ。

M先生：今日は絶好調のCOPさんだこと。①は、保管の基準の大改正のあった平成3年改正で創設されたんだ。

COP：現在の基準との違いは具体的にどうです？

M先生：積替え以外の保管の禁止や、積替えの場所の囲いといった基準ができた。基準には「搬入された廃棄物の量が、積替えの場所にお

いて適切に保管できる量を超えるものでないこと」という保管数量の上限があったけど、具体的な数値ではなかった。

COP：ほほう。

M先生：その後の平成9年の改正で、不適正処理につながる過大な保管を防止するために、保管数量に制限をかけた。

COP：1日当たりの平均搬出量の7倍まで保管していいよ、という数量のことですね。

M先生：そのとおり。勉強熱心なCOPさん。

COP：それほどでも……。

M先生：ちなみに、これはあくまでも保管数量の上限であって、7日間までしか保管しちゃいけないよという「期間」のことではない。

COP：積替え保管場所から前月に30tを搬出してるっていう場合は、1日平均にすると1tとなるから、1t×7日分で、7t。積替え保管場所には7tまで保管できるっていうことですよね。

M先生：そのとおり。保管の具体的な例で私の説明を補完してくれてありがとう。

COP：一般廃棄物の場合は、この「1日当たりの平均搬出量の7倍」という具体的な保管数量の上限はないんですよね。

M先生：はい。

「処分のための保管」の変遷

POINT

● 平成3年に保管期間の規定ができたが、対象となる産業廃棄物が限定されていて、具体的な保管数量の上限はなかった。

● 平成9年改正に産業廃棄物の保管数量の上限が定められたが、建設系廃棄物と廃タイヤに限られていた。その後、平成12年に全ての産業廃棄物に拡大された。

COP：さて、次は「処分のための保管」の基準ですね。「発生場所での保管の基準」や「積替え保管の基準」との違いは、保管量の上限や保管期間。これまでの話の流れから、変遷を語るとなると、当然この部分ですよね？

M先生：そうなるね。これまでと同じように産業廃棄物について触れることにしよう。「処分のための保管の基準」を整理すると、次の6項目に大別することができる。

①保管数量と保管期間の制限

②周囲に囲い、見やすい箇所に必要事項を記載した掲示板設置

③飛散・流出・地下浸透・悪臭の防止措置

④屋外で容器を用いずに保管する場合の高さ・勾配基準

⑤ねずみ・蚊・はえ発生防止措置

⑥種類に応じた個別措置

COP：ええ。積替え保管の基準と同様に①の部分の変遷ですね。でもこれもきっと平成3年改正で創設されたんでしょう？

M先生：察しのとおり。保管の期間が登場するのは確かに平成3年改正からだけど、規制のかかる産業廃棄物の種類が限定されるなど、現在とはまるで違う。

COP：ほう。

M先生：対象としたのは、当時社会問題となっていた廃油、廃タイヤ、シュレッダーダストだけで、保管の期間は、「適正な処分又は再生を行うためにやむを得ないと認められる期間」だったんだ。

COP：ほー、法で規制のない種類の産業廃棄物の保管期間はフリーダム。自由。じゃ、どんなに保管してもいい。量も規制なし。いやいや、これではきっと大量に保管する者が現れたに違いない。大丈夫なわけがないでしょう？

M先生：COPさんのいうとおりで、処理能力に比して過大保管する者への対応が課題となったんだ。それで平成9年改正で積替え保管と同様に、原則として「処理施設の1日当たりの処理能力に相当する数量の14倍」という保管数量、上限量を設けた。ただし、対象は不適正保管の事例が多かった建設系の産業廃棄物と廃タイヤに限られていたんだ。

COP：品目限定ですか。それで、全ての産業廃棄物が対象となったのはいつです？

M先生：平成12（2000）年の改正で拡大された。ちなみにこれも一般廃棄物の場合には具体的な数量の規制がない。

COP：この保管数量ですが、がれき類の再生処理や使用済自動車など一部例外規定がありますね。

M先生：そのとおり。平成12年の改正から追加され、令和元（2019）年には、廃プラスチック類を保管する場合にも拡大された。廃プラスチック類は、優良産廃処理業者に限定して、通常の2倍、処理能力の28倍まで保管してよいこととなった。保管数量に上限を設けているのは、不適正な行為を防止するためだけど、信頼性の高い優良産廃処理業者であれば数量を拡大して認めることにした。これには、プラスチック類が中国などの外国への輸出が難しくなり国内で処理する量が増大したことも背景にあったようだけどね。

COP：なるほど。

M先生：令和2（2020）年度には、流行した新型コロナウイルス感染症への対策として、新型インフルエンザ等で処理施設の運転停止などやむを得ない理由があるなら、排出事業者自ら処理する場合や優良産廃処理業者が保管する場合、保管数量を拡大する改正も行われたね。

COP：そうなんですね。今日の基準に至るまで、背景も含めて説明してもらったので、よく理解できました。どうもありがとうございました。

まとめノート

▶**昭和46（1971）年**　保管の基準（飛散、流出、地下浸透、悪臭発生防止措置、害虫発生防止措置）ができる。

▶**平成3（1991）年**　囲い設置と表示が必要となる。積替えの基準ができる。収集運搬に伴う保管は基準に適合する積替えを行う場合を除き原則禁止となる。処分の保管に保管期間ができる（廃油、廃タイヤ、シュレッダーダストを対象）（平成4年施行）。

▶**平成9（1997）年**　表示項目が具体的に定められる。積替え保管に具体的な保管数量の上限が

できる。処分の保管に具体的な保管数量の上限ができる（建設系、廃タイヤを対象）（平成11年施行）。

▶**平成12（2000）年**　処分の保管の保管数量の規制が全ての産業廃棄物に拡大

▶**平成18（2006）年**　石綿含有産業廃棄物の創設に伴い保管基準が改正

▶**平成29（2017）年**　水銀を含む廃棄物の改正に伴い保管基準が改正

▶**令和元（2019）年**　優良産廃処理業者に限定して廃プラスチック類の保管数量が拡大

産業廃棄物の処理基準と帳簿の巻

第12回は、「産業廃棄物の処理基準と帳簿」を取り上げます。お相手は、M先生です。

自ら運搬する場合でも表示が
必要なのはなぜ？

POINT

●平成17年から産業廃棄物の運搬車両の表示、書面備付けが義務化された。

COP：M先生、産業廃棄物を自分で運搬や処分をするとき、どんな規制があるか調べているんですけど、法令集で確認すると複雑で、ページを行ったり来たり。法令って、一般廃棄物が先で産業廃棄物が後に書かれているでしょう。読みにくくてね。

M先生：おや、COPさん、自ら会社でも立ち上げて事業を始めるつもりですか？　じゃ、早速事務所探しでもしますか。

COP：違います。まだやめませんってば。

M先生：「まだ」ってことは、頭の中では考えているってことですね。

COP：（ドキッ……）変なつっこみ入れないでくださいよ。

M先生：はいはい、冗談だからね。

COP：実は、会社から、我が社が自ら運搬や処分をする場合のコストを算出しておくよう命じられて、排出事業者が自ら産業廃棄物を運

搬・処分するときにも適用される処理基準を調べていたんです。

M先生：なんだ、そういうことでしたか。で、聞きたいことがあるんでしょ？

COP：運搬するときは車両の両側面に産業廃棄物運搬車であることや会社名を表示して、運搬している産業廃棄物の種類や数量、運搬先などを記載した書類が必要でしょう。確かに街中で表示している車両を見かけるけど、会社の上司から、昔はそんなものはいらなかったと聞きましたよ。これって、いつからです？

M先生：平成17（2005）年4月から義務になったね。

COP：それはなぜです？　産業廃棄物を運搬している車両だとすぐに分かるようにするためですか？

M先生：そのとおり。

COP：何となくそんな気はしたんですが、そのとおりでしたか。

M先生：でも、もう少し考えてみよう。表示や書面の備付けといった義務がない頃に、COPさんが、産業廃棄物のGメンとして監視指導、取り締まる側の立場だとしよう。

COP：はい。GメンのCOPです。えっへん。

M先生：まず、産業廃棄物を運搬する車両を見つけて質問することとしよう。どうする？

COP：荷台に何か積んでいる車両をひたすら探して、その車両の運転手に、会社名や運搬している物、運搬先、量など聞きまくりますかねぇ。

M先生：熱意のあるGメンCOPさんは、運搬している車は何となく見分けることができるかもしれないけど、じゃあ運転手がいうことを証明する方法はどうする？

COP：うーん。どうしようかな。電話で会社に聞いても本当かどうか分からないし、何か証拠の書面、あっ、そうだ、マニフェストを確認させてもらおう。

M先生：自社の産廃を運搬しているからマニフェストなどないといわれたら？

COP：うーん。本当に自社物なのか疑わしくても確認できないなぁ。そうだなぁ、これ以上の有効な手段って、なかなかないかもしれない。運搬に関する書面の備付けが義務であれば確認できる。仮に、書面なんてないと突っぱねられてもそれ自体を違反として問える。そうすると取締りが容易になるのになぁ。以上、現場のGメンCOPでした。

M先生：はい、今まさにCOPさんがいったことが、表示や書面備付け義務のきっかけなんだ。

COP：なるほど。ところで、車両に表示する文字って、大きさは決まりがあるけど、色の指定はないんですか？

M先生：識別しやすいものであれば決まりはない。制度ができた当初は、白地に黒文字のマグネット式のステッカータイプを利用している人が多かったかな。以前、知り合いの自治体の監視員から聞いた話だけど、マグネット式は車両の汚れなどではがれやすく、道路の路肩にステッカーが落ちていたこともあったらしい。

COP：ステッカーが落とし物になっちゃったわけですか。でも社名が書かれているから、すぐにどこの会社か分かりますよね。

M先生：もちろん連絡したそうだよ。「お宅のステッカーが落ちていたけど、どの車両なのか、産廃物を運んでいたのか、いま表示がない状態で産廃運搬しているんじゃないのか」って追求したとかしないとか……。

COP：熱意のある監視員ですね。GメンCOPさんと同じだ。

M先生：最近はステッカーよりも車両に直接ペイントしているほうが多いかな。さまざまなカラーがあるから車両に合わせて、見やすい色にしている。

COP：確かに色は黒でと決めてしまったら、黒色の車両に黒字では見えにくいですからね。まぁ会社の経営は黒字がベストですが。

M先生：意図的に見にくい色にするのもいけない。最終的にはケースバイケースで判断するところだね。

COP：ところで、廃棄物処理法で義務化される前は、条例などで規制をしている自治体もあったとか。

M先生：そう。ある県では、申請・届出された車両に対して、ナンバーなどを記載した車両標識っていうものを交付して、フロントガラスから見えるように置くように指導していたようだ。実際のところ、条例や指導要綱などで制度を作って、自治体で独自に産業廃棄物の運搬車両と分かるように工夫していたんだよ。

COP：そうなんですね。では、車両以外の表示の規制はどうなっているんですか？

M先生：鉄道輸送の場合は、表示義務はないけど、船舶で運搬する場合にも表示義務がある。船舶の表示は様式までも定められていて、文字や数字の色彩は黒色、地の色彩は黄色と決められている。実は、表示の歴史は船舶のほうが長いんだ。

COP：うえっ？　運搬車両と一緒じゃないんですか？

M先生：いい反応だね。平成12（2000）年の

改正で、産業廃棄物、一般廃棄物に関係なく、船舶を使用して運搬する場合は、船体の外側に表示すること、書面を備え付けることが必要とされたんだ。

COP： そうなんだ。でもなぜです？

M先生： 一言でいえば、海への投棄を未然に防ぐため、ということだね。当時は海上への不法投棄が増加していて、船舶に廃棄物を積み込む際など監視を強化するために設けられたんだ。

COP： だから船舶が先で、遠くからでも監視しやすいよう文字の大きさや色までも決められたんですね。

騒音・振動・悪臭防止措置は不要？

POINT

● 平成3年に悪臭、騒音、振動に関する明確な処理基準ができた。

● 平成17年に、産業廃棄物処理基準とは別条で、硫酸ピッチを対象とした直罰規定のある「指定有害廃棄物」の処理基準ができた。

● 平成18年に石綿含有産業廃棄物の区分の創設に伴う措置の追加、平成29年に水銀関連の改正による措置が追加された。

COP： ほかの産業廃棄物処理基準についても、歴史を紐解きましょう。まずは産業廃棄物処理基準って、誰に適用されるのか、おさらいです。M先生、お答えください。どうぞ。

M先生： 絶好調のCOPさんに誘導されちゃっていますね。でも処理基準の適用関係は、前回「保管」のときに説明したから当然覚えているでしょう？

COP： はい。もちろんです。（……ブーメラン……）

M先生： 産業廃棄物処理基準は、排出事業者、許可業者、大臣認定業者、に適用されるんだっ

たよね。

COP： M先生が先に答えてくれましたね。

M先生： COPさんに質問してもよかったんだけどね。実はほっと一安心しているんでしょ。

COP： まあ、実はそうです、ハハハ……。じゃ次は、産業廃棄物処理基準の内容を確認してみましょう。

M先生： はいはい。COPさんが最初にいっていたように、条文そのままだと一般廃棄物が先で産業廃棄物が後に書かれていて分かりにくいから、整理して紹介することにしよう。

COP： 処理基準って、一般廃棄物、産業廃棄物、さらに特別管理も入れると4種類もありますし、複雑ですね。

M先生： 今回は、産業廃棄物処理基準を軸に話すこととして、令和5（2023）年時点の産業廃棄物処理基準を大別して整理することにするね。なお、前にお話しした保管の部分は除くよ。

① 運搬車両（運搬船）への表示、書面の備付け

② 飛散・流出防止措置

③ 悪臭、騒音、振動による生活環境保全上支障が生じない。

④ 飛散、流出、悪臭の漏れがない運搬車等

⑤ 生活環境保全上支障のない措置を講じた処分の施設

⑥ 焼却、熱分解等、個別の処分方法

⑦ 種類に応じた個別措置

COP： 整理するとシンプルになりますね。

M先生： ところで、産業廃棄物処理基準には、収集運搬のものと処分のものがあることは知っているよね。

COP： ええ、もちろんです。この整理した基準でいえば、収集運搬の基準は①〜④と⑦、処分の基準は②、③、⑤〜⑦ですよね。

M先生： 正解、COPさん。ちなみに、処分と一括りにいっても、破砕、圧縮、焼却、埋立てと幅広い。焼却や埋立て、最終処分の歴史は、それだけで長くなるから今回は省略するね。で

は、法施行当時の法令がどうなっていたのか、確認してみよう。産業廃棄物処理基準の部分を見やすくアレンジするね。

廃棄物処理法施行令　　＊昭和46年当時の規定を整理

（産業廃棄物の収集、運搬及び処分の基準）

第6条　産業廃棄物の収集、運搬及び処分の基準は、次のとおりとする。

一　産業廃棄物の飛散流出防止

二　産業廃棄物の処理施設の設置は、生活環境の保全上支障を生ずるおそれのないようにする。

三　運搬車、運搬容器及び運搬用パイプラインは、産業廃棄物が飛散、流出し、悪臭が漏れるおそれのないものとする。

四　個別の処分方法

COP： えーっと、現在の基準と比較すると……、「③悪臭、騒音、振動による生活環境保全上支障が生じないようにする」規定がありませんよ。ということは、臭いものでも、大きな音をいくら出しても、ぶるぶるっと大きく振動させても問題ないっていうこと？

M先生： まぁそうとも限らないかな。運搬車両としての基準に悪臭防止があるし、処分を行う処理施設は、生活環境保全上の支障が生じないようにする必要があるので、全くないとは言い切れない。だけど、明確ではないのはそのとおりだよね。

COP： これでは不十分だから、その後に改正されて現在に至るわけですね。いつでしょう？

M先生： 平成3（1991）年の改正。この改正では、特別管理産業廃棄物の区分が創設されて、産業廃棄物処理基準とは別に特別管理産業廃棄物処理基準ができたんだけど、あわせて③の規定が追加されたんだね。

COP： 悪臭、騒音、振動に対する措置が明確

になったし、めでたしめでたし。

M先生： いやいや、そうはいかないよ。確かに先ほど整理した①〜⑦の項目は完成したけど、その詳細の部分では幾度も改正が行われているんだよ。

COP： んー、やはりそうですよね。でも今回は細かいところは省略しちゃいましょうよ。

M先生： 確かに細かいところを挙げるときりがないので、一応、大雑把にだけ紹介することにしよう。

COP： よろしくお願いします。

M先生： まずは、平成11（1999）年の政令改正で、家電リサイクル法の施行にあわせて、エアコンやテレビ、洗濯機、冷蔵庫、つまり特定家庭用機器といわれる家電4品目の処分（再生）の方法が規定された。

COP： これって、家電リサイクル法で規定されているんじゃないのですか？

M先生： 確かに家電リサイクル法に処理方法の基準が示されているけど、家電リサイクル法のルートで処理しない場合でも、同等以上の再生（処分）が行われるように廃棄物処理法でも規定されているんだ。

COP： へえー。

M先生： それから、車両への表示が義務になった平成17年には、熱分解に関する処分方法が新たに設けられた。

COP： 熱分解って何ですか？

M先生： 焼却を伴わずに廃棄物を加熱により分解する方法のことなんだけど、例えば、油化や炭化するといったような処分方法だね。

COP： 廃プラスチック類を加熱して油化する、そしてできた油を燃料に利用するっていうのを聞いたことがありますよ。このような処分のことを総称して熱分解っていう括りで規定しているのですね。

M先生： そのとおり。この改正で熱分解設備や具体的な処分方法が規定されたんだ。例えば油

化や炭化する処分を行うとき、これまでは焼却に当たるのかどうか、その判断基準が法令では明確ではなかったんだけど、熱分解の基準が規定されたことで、この基準によらない設備や方法による処分は焼却処分と扱うようになったんだ。

COP：そうなんですね。

M先生：ところで、同じ平成17年には、硫酸ピッチに関する処理基準が創設されている。

COP：硫酸ピッチ。前回、保管のときにピッチを上げるために省略しちゃった「指定有害廃棄物」ですね。

M先生：そうでしたねぇ。この頃は硫酸ピッチの不法投棄が社会問題となっていた時期だね。

COP：確か、軽油引取税を脱税するために不正軽油を密造し、その際に生じるもので、密造するような人がきちんと処分するわけもない。ドラム缶に入れられて山奥の掘っ立て小屋に放置されたままになる。しかし、硫酸ピッチは強酸だからいずれはドラム缶を腐食させ、有害ガスを発する硫酸ピッチが辺り一面に流れ出して大変な事態となってしまうと。

M先生：詳しいですね。さてはCOPさんもかつて密造の経験が……？

COP：そんなことはしませんってば。これはN先生から学んだことを思い出しながら解説したまでですって。

M先生：密造していた頃を思い出して……ではないんだね。

COP：当然です。

M先生：ところで、本来、産業廃棄物処理基準に適合しない処理をしても、直接罰則となる規定、いわゆる直罰規定がないことは知っているよね。

COP：ええ。処理基準に違反する処理をして、改善命令が出されて、この命令に違反した場合に罰則となりますね。

M先生：そのとおり。だけど、硫酸ピッチの場合、密造という違法行為により生じるものだし、生活環境の保全上の観点からも、迅速に対応する必要がある。そこで、硫酸ピッチの場合は、基準に適合しない処理をしたら、命令を経なくとも罰則を適用できるよう、産業廃棄物処理基準とは切り離して、指定有害廃棄物の処理基準として別条で規定し、かつ、直罰規定を設けるようにしたんだ。厳密には産業廃棄物処理基準の個別の処分方法とはちょっと違うかもしれないけど、今回ここで紹介してみました。

COP：ありがとうございます。勉強になります。では、ほかに個別の処分方法や措置に関連する大きな改正はどんなものがありますか？

M先生：平成18（2006）年の石綿含有産業廃棄物の区分の創設に伴う措置の追加、平成29（2017）年の水銀関連の改正による措置の追加ですかね。

COP：水銀関連って、水銀使用製品産業廃棄物、水銀含有ばいじん等の区分が創設されたものですね。

M先生：そう。この改正では、水銀使用製品産業廃棄物は運搬時に破砕してダメだとか、一定以上の量を含む水銀含有ばいじん等や特定の水銀使用製品産業廃棄物は水銀回収を義務付けるなどが処理基準に加わったんだ。

■ ガイドラインは具体的な処理基準 ■

POINT

● ガイドラインは処理基準をより具体的に示したもの

COP：産業廃棄物処理基準の経過、理解できました。ところで、運用上は様々なガイドラインがありますけど、これってどんな位置付けなんです？

M先生：ガイドラインは国の通知と同様、法令

ではない。だけど、ある特定の廃棄物について、法令の処理基準をより具体的に掘り下げて示した内容のものでもあるから、実際に処理する際には参考となる事項が多く書かれているものだね。感染性廃棄物処理マニュアル、POPs廃農薬の処理に関する技術的留意事項、使用済鉛蓄電池の取扱いに関する技術指針、石綿含有廃棄物等処理マニュアル、PFOS含有廃棄物の処理に関する技術的留意事項、水銀廃棄物ガイドラインなどがある。

COP：ガイドラインとして示されるのは、特定の分野でより多く発生するもの、特殊なものや処分に留意する必要があるもの、といった傾向があるようですね。

M先生：ガイドラインは処理業者だけでなく排出事業者も見ておくといいね。当然、これから自ら会社を立ち上げようとするCOPさんは必須、必読ですよ。

COP：いやいや、だから会社は辞めませんってば、も〜。

帳簿

POINT
- 昭和52年に帳簿作成及び保存義務の規定ができた。
- 平成23年に排出事業者の帳簿作成の対象範囲が拡大された。

M先生：COPさんの会社で自ら処分をしたり、独立して自ら処分業をはじめたりする場合には、帳簿の作成が必要となることもあるから、ここで一緒に解説しておこうか。

COP：ぜひ教えてください。で、帳簿って何ですか？

M先生：そこから聞きますか。帳簿って、辞書では「金銭・物品の出納など、事務上の必要事項を記入するための帳面」などと説明されている。廃棄物処理法では、廃棄物の処理に関して必要な事項を記載したものをいうんだ。

COP：帳簿って、いつから必要とされたんですか？

M先生：法施行当初は帳簿作成の規定はなかったんだ。

COP：そうなんですか。そうすると、その時代は、産業廃棄物の処理の状況を調べようとしても、把握する手段って限られてくるから、確認する側としては大変だっただろうなぁ。

M先生：そうだろうね。そんなこともあって、昭和52（1977）年から、帳簿作成と保存の義務の規定ができた。

COP：義務対象となったのは、どの範囲でしょう？

M先生：当時の規定を見てみよう。

廃棄物処理法　　　　＊昭和52年当時の規定を整理

（一般廃棄物処理業）
第7条
6　第1項の許可を受けた者は、帳簿を備え、一般廃棄物の処理について厚生省令で定める事項を記載しなければならない。

7　前項の帳簿は、厚生省令で定めるところにより、保存しなければならない。

（事業者の処理）
第12条
6　第7条第6項及び第7項の規定は、事業者（政令で定める事業者を除く。）について準用する。この場合において、同条第6項中「一般廃棄物」とあるのは、「その産業廃棄物」と読み替えるものとする。

（産業廃棄物処理業）
第14条
8　第7条第6項、第7項及び第10項から第12項までの規定は、第1項の許可を受

けた者について準用する。（以下略）

COP：えーっと、①一般廃棄物処理業者、②事業者、③産業廃棄物処理業者、ですね。

M先生：②の事業者だけど、事業者すべてが対象ではなくて、カドミウムなどの有害物質を含む一部の産業廃棄物を処理する施設のある事業場や、届出（※当時は許可制ではなく届出制）の必要な産業廃棄物処理施設を設置している事業場を持っている事業者に限り、帳簿作成の義務が必要だったんだ。

COP：ほう。で、記載内容はどんなものです？

M先生：運搬や処分の年月日、運搬方法、運搬量、処分方法ごとの処分量、処分後の廃棄物の持出先ごとの持出量といったもので、1年ごとに閉鎖して5年間保存する必要があるとされた。保存の方法は以降今まで変わっていない。

COP：平成3年に特別管理廃棄物制度が創設されるわけですけど、当然、このときに改正があったんですよね。

M先生：お見込みのとおり。このときの改正で、帳簿作成が義務付けられたのは、①一般廃棄物処理業者、②産業廃棄物処理施設を設置している事業場を有する事業者、③特別管理産業廃棄物を排出する事業者、④産業廃棄物処理業者、となったんだ。

COP：有害物から特別管理産業廃棄物の排出事業者となったわけですか。

M先生：その後、自ら処理する事業者を対象として、より適正な処理を担保する目的で、平成23（2011）年に対象範囲が拡大されたんだ。

COP：具体的にはどのように？

M先生：特に周辺の生活環境への影響が生じるおそれが大きい焼却施設で処理する場合や、排出した事業場以外の場所で処分する場合にも、帳簿作成が義務付けられたんだよ。

COP：つまり、排出事業者としては、①焼却施設が設置されている事業場を有する場合、②排出事業場以外の場所で自ら処理する場合、③産業廃棄物処理施設を設置している事業場を有する場合、④特別管理産業廃棄物を排出する事業場を有する場合、のいずれかであれば、帳簿作成と保存が必要ということですね。

M先生：そのとおり。それと、平成29年改正で、有害使用済機器保管等業者も帳簿作成と保存義務が設けられているよ。

COP：産業廃棄物処理基準、そして帳簿についても大変勉強になりました。廃棄物処理法って、ほんと奥が深いですね。また分からないことがあったら相談しますね。

M先生：大丈夫ですよ。いつでも相談してけろ〜（……おっとつい方言が……）。

COP：ん？　M先生はどこ出身です？

M先生：それはまぁ気にしないで。では、また〜〜。

まとめノート

- ▶**昭和46（1971）年** 法制定とともに処理の基準ができる。
- ▶**昭和52（1977）年** 帳簿記載及び保存義務規定の創設
- ▶**平成3（1991）年** 悪臭、騒音、振動による生活環境保全上支障が生じないようにする規定が追加（平成4年施行）
- ▶**平成11（1999）年** 家電リサイクル法対象品についての処分の基準が追加
- ▶**平成12（2000）年** 産業廃棄物の処分の保管基準のうち保管数量の規制が全ての産業廃棄物

に拡大、運搬時の船舶への表示が義務
- ▶**平成17（2005）年** 運搬車両への表示及び書面の備付けが義務化、指定有害廃棄物の処理基準創設
- ▶**平成18（2006）年** 石綿含有産業廃棄物に関する基準が追加
- ▶**平成23（2011）年** 帳簿記載及び保存義務の対象者が拡大
- ▶**平成29（2017）年** 水銀を含む廃棄物の基準が追加

第13回

産業廃棄物処理施設の巻

第13回は、「産業廃棄物処理施設」を取り上げます。お相手は都道府県で廃棄物処理施設の許認可を担当している、熱血系中堅職員Kさんです。

産業廃棄物処理施設

POINT

- 産業廃棄物処理施設は、生活環境の保全に支障を及ぼすおそれのある施設を許可が必要として定めたもの
- 社会情勢に応じて、法施行当時の10種類から21種類（令和5（2023）年9月現在）に順次追加
- 施設は全国で約2万施設あり、施設の数は種類によって数件〜1万件と大きな差がある。

COP：今日は産業廃棄物処理施設について教えてください。というのも、廃石綿等の処理の際、処理が可能な業者が近隣にいなくて、かなり遠方の業者を含めて検討せざるを得なかったんです。

Kさん：ふむふむ。

COP：排出事業者として適正処理を確保するためには、たくさんの業者から選択できることが重要だと思うんです。

「第10回　建設廃棄物の巻」で産業廃棄物の処理に関する悪循環（**図表2** 104ページ参照）の話がありましたが、処理の要となる産業廃棄物処理施設の設置が柔軟かつ円滑にできること

が大事だと思うんですよ。

Kさん：さすがCOPさん！施設の確保は適正処理の根幹だからね。君は廃棄物処理業界を背負って立つ逸材だよ。

COP：（排出事業者だから、廃棄物処理業界は背負わないと思うんだけど……）通常の市場原理では、処理する業者が少なければ、ビジネスチャンスとして新たな業者が参入して施設を設置したり、既存業者が施設の能力を増やしたりしますよね。

Kさん：産業廃棄物処理施設はいわゆる「迷惑施設」だからそれが難しい。社会において必要であることは大概の人が理解してくれる。でもいざ、自分の住む地区にとなると反対するわけだ。

COP：NIMBY施設（Not In My Back Yard；我が家の裏には御免）ともいわれていますね。

Kさん：産業廃棄物処理施設（15条許可施設）については、住民の信頼を確保し、円滑な設置を目指すために様々な制度が加わって「制度の宝石箱や〜！」といった状態になっているよ。

COP：基本的なところから教えてください。

Kさん：現在の規定を確認してみよう。産業廃棄物処理施設は、廃棄物処理法第15条で規定している。

（産業廃棄物処理施設）

第15条 産業廃棄物処理施設（廃プラスチック類処理施設、産業廃棄物の最終処分場その他の産業廃棄物の処理施設で政令で定めるものをいう。）を設置しようとする者は、当該産業廃棄物処理施設を設置しようとする地を管轄する都道府県知事の許可を受けなければならない。

COP：具体的な施設は政令第7条で規定していて、法施行当時は10種類、現在は21種類ですね。

Kさん：お、既に勉強済みとは。さすがはCOPさん。

COP：このシリーズで法施行時の廃棄物処理法は穴が開くほど見てますからね。えっへん。

Kさん：法施行時から現在までの施設の変遷をまとめると**図表1**のようになる。

COP：いくつか紹介してください。

Kさん：最近では、水銀の排出を抑制し、地球的規模の水銀汚染を防止するという水俣条約の趣旨を踏まえた政令改正（平成27年政令第376号）で「廃水銀等の硫化施設」が追加された。

COP：廃水銀等を硫化、固形化して安定な形態にするんですよね。

図表1　産業廃棄物処理施設一覧

番号	号	種類	能力※1	政令改正	施行日	告示・縦覧	みなし許可※2	備考
1	1	汚泥の脱水施設	10㎥/日超	S46.9.23	S46.9.24		○	
2	2	汚泥の乾燥施設	10㎥/日超 天日乾燥施設　100㎥/日超	S46.9.23	S46.9.24		○	
3	3	汚泥の焼却施設	5㎥/日超 200kg/時以上 火格子面積　2㎡以上	S46.9.23	S46.9.24	○	○	H9.12.1～規模拡大（200kg/時以上、火格子面積 2㎡以上を追加）
4	4	廃油の油水分離施設	10㎥/日超	S46.9.23	S46.9.24		○	
5	5	廃油の焼却施設	1㎥/日超 200kg/時以上 火格子面積　2㎡以上	S46.9.23	S46.9.24		○	H9.12.1～規模拡大（200kg/時以上、火格子面積 2㎡以上を追加）
6	6	酸・アルカリの中和施設	50㎥/日超	S46.9.23	S46.9.24		○	
7	7	廃プラスチック類の破砕施設	5t/日超	S46.9.23	S46.9.24		○	
8	8	廃プラスチック類の焼却施設	100kg/日超 火格子面積　2㎡以上	S46.9.23	S46.9.24		○	
9	8号の2	木くず・がれき類の破砕施設	5t/日超	H12.11.29	H13.2.1		○	みなし許可の日は①H13.2.1②H20.4.1（物品賃貸業に係る木くず等の一般廃棄物処理施設のみなし許可）
10	9	汚泥のコンクリート固化施設	すべての施設	S46.9.23	S46.9.24		○	H15.4.1～ダイオキシン類追加
11	10	水銀汚泥のばい焼施設	すべての施設	S46.9.23	S46.9.24		○	
12	10号の2	廃水銀等の硫化施設	すべての施設	H27.11.11	H29.10.1		○	
13	11	シアン化合物の分解施設	すべての施設	S48.2.1	S48.3.1		○	
14	11号の2	廃石綿等・石綿含有産業廃棄物の溶融施設	すべての施設	H18.7.26	H18.10.1		○	
15	12	廃ポリ塩化ビフェニル等・汚染物・処理物の焼却施設	すべての施設	S50.12.20	S51.3.1	○	○	
16	12号の2	廃ポリ塩化ビフェニル等・処理物の分解施設	すべての施設	H9.12.10	H10.6.17	○	なし	
17	13	ポリ塩化ビフェニル汚染物・処理物の洗浄・分離施設	すべての施設	S50.12.20	S51.3.1	○	○	H10.6.17～処理物追加 H10.12.1～分離施設追加
18	13号の2	産業廃棄物の焼却施設	200kg/時以上 火格子面積　2㎡以上	H4.6.26	H4.7.4	○	○	H9.12.1までは規模5t/日超 みなし許可の日はH9.12.1
19	14号イ	遮断型最終処分場	すべての施設	S52.3.9	S52.3.15	○	なし	
20	14号ロ	安定型最終処分場	すべての施設	S52.3.9	S52.3.15	○	なし	H9.12.1～面積要件撤廃
21	14号ハ	管理型最終処分場	すべての施設	S52.3.9	S52.3.15	○	なし	H9.12.1～面積要件撤廃

※1　1日の稼働時間が8時間未満の場合は、8時間稼働として1日当たりの処理能力を計算（H6衛産第20号）
※2　平成3（1991）年の法改正による許可制への移行の際のみなし許可及び平成3年改正以降の施設追加時のみなし許可の有無

Kさん：そうそう。処理後の廃水銀等処理物が判定基準に適合すれば、管理型最終処分場への埋立てが可能になるんだ。

COP：その前は、確かアスベスト（石綿）の処理施設ですね。

Kさん：アスベスト関連の政令改正（平成18年政令第250号）で、石綿を0.1wt%以上含む「石綿含有産業廃棄物」が規定され、これと特別管理産業廃棄物の廃石綿等を無害化する「廃石綿等又は石綿含有産業廃棄物の溶融施設」が追加されている。アスベストは熱に強く、酸やアルカリにも強いなどの特性があることから、1,500℃以上の高温で無害化するんだ。

COP：15条施設の花形である最終処分場が昔は産業廃棄物処理施設じゃなかったのは驚きです。

Kさん：最終処分場は昭和52（1977）年3月15日から3,000㎡以上の安定型処分場、1,000㎡以上の管理型処分場、全ての遮断型処分場について届出が必要になっている。最終処分場については、第15回でT先生が詳しく説明してくれるって。

COP：図表1を眺めると、PCBやダイオキシン、アスベスト、水銀といった有害性のある廃棄物や、建設リサイクル法創設による多量の廃棄物への対応など、社会的背景によって施設が追加されているのが分かります。

Kさん：ちなみにどんな施設が産業廃棄物処理施設に指定されると思う？

COP：廃棄物処理法の解説[※1]を見ると、「産業廃棄物処理施設は、生活環境の保全に支障を及ぼすおそれのある施設を限定的に列挙したものである」とありますね。同解説の法施行当時のもの（厚生省環境整備課編昭和47（1972）年4月20日発行）によると「産業廃棄物の処理施設について、その取り扱う産業廃棄物の種類、量から見て特に重要である施設」、そして、

「施設の安全性、維持管理の確実性が確保されていないと、この施設自体が環境汚染の原因となる」とされてます。

Kさん：平たくいうとしっかりした管理が必要な施設が指定されるわけだ。今後も新たな廃棄物が社会問題となれば施設が追加されるだろうね。

COP：施設は全国でどのくらいありますか？

Kさん：許可ベースで約2万施設（**図表2**）。木くず・がれき類の破砕施設、汚泥の脱水施設と廃プラの破砕施設で全体の4分の3を占める一方、遮断型最終処分場は22施設、水銀を含む汚泥のばい焼施設は10施設と少ないね。

図表2　産業廃棄物処理施設許可件数

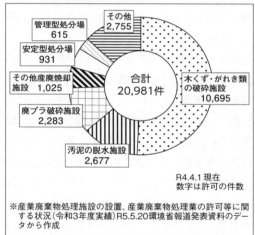

R4.4.1 現在
数字は許可の件数

※産業廃棄物処理施設の設置、産業廃棄物処理業の許可等に関する状況（令和3年度実績）R5.5.20環境省報道発表資料のデータから作成

COP：廃石綿等の溶融施設やポリ塩化ビフェニルの処理施設も数が少ないですよね。

Kさん：アスベストと微量PCB汚染廃家電機器等については、産業廃棄物処理施設のほかに、高度な技術を用いた無害化処理を環境大臣が個別に認定する「無害化処理認定制度」（法第15条の4の4）があるんだ。この認定を受ければ産業廃棄物処理施設の設置許可や産業廃棄物処理業の許可が不要になるといった特例制度だよ。

※1　『令和2年版 廃棄物処理法の解説』（2020）　一般財団法人日本環境衛生センター

許可制への移行と「みなし許可」

Kさん：届出制と許可制の話はこれまでも触れてきたところだけど、法施行当時は廃棄物処理施設は届出制だった。

COP：届出内容が不適当であれば、行政は計画変更命令や計画廃止命令を出せたんですよね。ちなみに、着工の何日前まで届出が必要だったんですか。

Kさん：中間処理施設が着工30日前、最終処分が着工60日前とされていた。いくら行政指導で事前審査制を設けていたとしても、これでは厳しい。法令上の問題点を整理し、燃焼計算などの技術的な審査をした上で、個別地域の生活環境を考慮して審査するわけなんだから。そこに複数の申請が集中したり、全国で数件しかないような珍しい施設の申請が出たりしたら悶絶ものだよ。そこで、平成3（1991）年に許可制に改正したんだ。

「標準処理期間」の考え方はあるので、いたずらに審査期間を延ばすことはできないけど、審査に必要な時間は取れるようになった。

COP：ところで、許可制に移行した際、それまでに届出されて稼動していた施設はどうなったんです？

Kさん：従前に届出した処理施設は全て「新法の許可を受けたものとみなす」と、いわゆる「みなし許可施設」となった。みなし許可施設は許可を受けた施設と同じ扱いだから、違反があれば改善命令や許可の取消しができることになっている。

COP：新しく産業廃棄物処理施設が追加される場合にも「みなし許可施設」の扱いとされることがありますよね。

Kさん：廃水銀等の硫化施設や廃石綿等の溶融施設でもみなし許可施設の規定があったね。みなし許可については改正時の法附則、あるいは政令附則に記載されているよ。

COP：「みなし許可」にならなかった施設はあるんですか？

Kさん：例えば平成3年のその他産業廃棄物の焼却施設が追加された際は、既存の施設は許可不要という取扱いになった。この後、平成9（1997）年に「みなし許可施設」になった。また、平成9年改正（平成9年政令第269号）の際に、最終処分場の規模要件が撤廃されたけど、平成9年以前のいわゆるミニ処分場や旧処分場は「みなし許可施設」にはならなかった。

こりゃあ「みなし許可」にはならんわな

なんとかならないのかねぇ？

COP：最終処分場は「みなせない」ということですか。

Kさん：そうだね。例えば管理型品目を埋めるミニ処分場や旧処分場で水処理施設もない、遮水工もないものを「許可」と「みなす」とした場合、みなされたと同時に改善命令・停止命令の対象になってしまうからね。

事業者の設置

Kさん：そういえば、事業者が産業廃棄物処理施設を設置する場合も許可は必要だからね。

COP：えっ！産業廃棄物処理業者が設置する場合に許可が必要と思っていました。あれ？？それだと、うちの排水処理プラントの汚泥の脱水機も許可が必要ってことですか？

Kさん：昭和46年10月25日環整第45号通知に解説があって、「産業廃棄物処理施設は、いずれも独立した施設としてとられ得るものであって、工場又は事業場内のプラント（一定の生産工程を形成する装置をいう。）の一部として組み込まれたものは含まない」とされている。

COP：よかった～。焦りましたよ。

Kさん：補足すると、その工場の生産工程で発生した産業廃棄物のみを処理するものであること（平成11年4月16日衛環第43号）、また、汚泥の脱水施設については平成17年3月25環廃産発第050325002号（いわゆる「規制改革通知」）において、脱離液が水処理施設に返送され、脱水施設から直接放流されないこと、水処理工程の一部として水処理施設と一体的に運転管理されていることなどといった要件も規定されている。設置や運用の形態によって許可の要否が変わるから自治体に確認しておくことをお勧めするよ。

移動式の施設

Kさん：次は移動式の施設について説明しようか。

COP：移動式ってあり得るんですか？ 許可申請前に生活環境影響調査が必要であることを考えると、移動する度に変更許可が必要になってしまいますよね。

Kさん：基本的にはそうなる。例えば排水が生じる施設なら、放流先の河川の水質や水量によって、影響の有無が変わるから場所ごとに審査しなければいけない。

COP：となると、排ガスや排水が発生しないような施設ってことで、あっ、移動式の破砕施設ですね。

Kさん：正解。移動式の木くず・がれき類の破砕施設については、生活環境影響調査の項目が主に騒音と振動だから、民家等との距離をどの程度確保するかを決めることで、移動式であっても事前に評価ができるというわけさ。ただ、以前は自治体によって許可できる、できないの判断が分かれていたんだ。

COP：自治体によって違うのは困りますね。

Kさん：そこで、平成26年5月30日環廃産発第1405303号通知「移動式がれき類等破砕施設に係る考え方及び設置許可申請に係る審査

方法について」において、工事現場に設置するものについては、移動式としての許可が可能という考えを明確にしたんだ。

COP：あれ、でも騒音の場合も生活環境影響調査の現況把握は必要ですよね。設置前の状態で環境基準ギリギリだった場合、施設からの影響が小さくても環境基準を超えてしまうケースが想定されますよ。

Kさん：そこは工事現場であり、設置期間が限定されることから現況把握は不要と整理している。維持管理に関する計画に「敷地境界から○m離して設置する」と明確に記載することで、申請可能となったわけだ。

　それと、事業者が設置する木くず・がれき類の移動式破砕施設については、もともと許可が不要なんだ。

COP：なぜですか？　設置許可は事業者も処理業者もどちらも必要といったじゃないですか。

Kさん：平成12（2000）年の政令改正（平成12年政令493号）の附則第2条第1項に「当分の間、事業者が設置する移動式の木くず・がれき類の破砕施設は許可不要」とされている。

COP：それは変ですよ。自社処理施設でも処理業者の施設でも、生活環境への影響に差はないのに。

Kさん：ちなみに附則では、「移動式がれき類等破砕施設（移動することができるように設計されたものをいう。）」となっているので、事業者が移動式を固定して使う場合はどうなるの？という疑問が生じるんだ。このケースでは無許

可設置にならないよう、自治体に事前に確認しておくことをお勧めするよ。

COP：うーん、移動式を許可不要とした趣旨から判断すれば、事業者が固定して使う場合まで許可不要とするとしたら違和感がありますね。

3階建ての制度

POINT
●産業廃棄物処理施設の種類に応じて、3階建ての制度が適用される。

COP：産業廃棄物処理施設の制度の全体像を教えてください。

Kさん：実は、施設の種類によって制度が異なり、3階建ての制度になっているんだ。

　図表3にあるとおり、1階部分が全ての施設に共通の制度。許可の申請や、生活環境影響調査、使用前検査、許可の取消しといった許可制度の根本的な部分がこの部分になる。

COP：どのような制度がありますか。

Kさん：例えば、許可の後に施設を改造して能力が10倍になっていたら、審査した意味がなくなるよね。

COP：それはもう全く別の施設ですね。

Kさん：このため平成3年の法改正で10％以上の能力変更と主要な設備の変更について変更許可が必要とし、さらに平成9年の法改正で主要な設備を明確にするとともに、維持管理に関する計画の変更も変更許可が必要としたんだ。

　このほか、許可を受けた施設が申請どおりの構造や維持管理でない場合に、使用の一時停止や改善を命ずる制度（法第15条の2の6）や施設を別の人が使って問題を起こすことがないようにするための譲受け、借受け許可制度、合併及び分割の認可制度、相続の届出制度（いず

図表3　産業廃棄物処理施設に関する制度

	条項	内容	改正法	備考
3階 （最終処分場のみ）	15の2の4（準用8の5）	維持管理積立金の積立	平成9年法律第85号	H16法改正において、H10.6.17以前に埋立てが開始された処分場にも適用
	15の2の6-3（準用9-4）	埋立終了届出	平成3年法律第95号	
	15の2の6-3（準用9-5）	廃止確認	平成9年法律第85号	
	15の3の2	許可取消し後の義務	平成22年法律第34号	
2階 （告示・縦覧施設）	15-4	告示、縦覧	平成9年法律第85号	
	15-5	関係市町村長の意見聴取	平成9年法律第85号	
	15-6	利害関係者の意見書の提出	平成9年法律第85号	
	15の2-3	専門家からの意見の聴取	平成9年法律第85号	
	15の2の2	定期検査	平成22年法律第34号	
	15の2の3-2	維持管理状況のインターネット公表	平成22年法律第34号	
	15の2の4（準用8の4）	維持管理記録の据置、閲覧	平成9年法律第85号	
1階 （共通）	12-8	産業廃棄物処理責任者	昭和51年法律第68号	
	15-1	設置許可	平成3年法律第95号	H3法改正以前は届出制
	15-3	生活環境影響調査書の添付	平成9年法律第85号	
	15の2-1	許可の基準	平成3年法律第95号	S52法改正で届出に対する計画変更・廃止制度追加。この際構造基準を追加
	15の2-2	許可の基準（過度の集中）	平成11年法律第160号	
	15の2-4	許可の条件	平成11年法律第160号	
	15の2-5	使用前検査	平成3年法律第95号	
	15の2の3	維持管理基準	昭和45年法律第137号	H9法改正で維持管理の計画を追加
	15の2の6	変更許可	平成3年法律第95号	H3法改正以前は変更届出 H23省令改正で能力10%以上減少は変更届出に変更
	15の2の6-3（準用9-3）	変更、休止、再開、廃止届出	平成3年法律第95号	H9法改正で軽微変更の範囲を具体化
	15の2の6-3（準用9-6）	欠格該当届出	平成17年法律第42号	
	15の2の7	改善命令、使用停止命令	昭和45年法律第137号	
	15の3	許可の取消し	平成3年法律第95号	
	15の4（準用9の4）	周辺生活環境の保全・増進	平成3年法律第95号	
	15の4（準用9の5）	譲受け、借受け許可	平成3年法律第95号	H12法改正で譲受けが許可制
	15の4（準用9の6）	合併及び分割	平成12年法律第91号	
	15の4（準用9の7）	相続と届出	平成12年法律第105号	
	21	技術管理者	昭和45年法律第137号	
	21の2	事故時の措置	平成16年法律第40号	

れも法第15条の4）といった制度もある。

COP：2階は何ですか？

Kさん：法第15条第4項（告示・縦覧）が適用される施設に関する制度で、住民が心配し、反対運動が起きやすい施設は、よりしっかりとした手続が必要という考え方によるものだよ。対象となる施設は政令第7条の2に規定する焼却施設、廃水銀等の硫化施設、廃石綿等の溶融施設、PCB処理施設、最終処分場だよ。

COP：3階部分は何ですか。

Kさん：3階は最終処分場関係。最終処分場は施設を廃止しても廃棄物がその場所に残るから、気軽に施設を廃止して管理を放棄されては困るんだ。人の手をかけなくても問題がなくなるまで管理し、その後に廃止する必要がある。

このため、埋立終了後の水処理を行うための維持管理積立金の積立てや行政による廃止の確認といった手続を規定しているよ。

ちなみに一般廃棄物処理施設については第16回でT先生が説明してくれるってさ。

利害関係者からの意見聴取

POINT

●告示・縦覧制度は関係者が生活環境保全上の意見を提出できる制度だが、住民の理解向上への効果は十分とまではいえない。

COP：告示・縦覧に関する制度について詳し

く教えてください。

Kさん：第15条第4項から第6項に一連の手続が規定されている。許可申請があったことを行政が世の中にお知らせ（告示）し、申請書の写しと生活環境影響調査結果を1か月縦覧（自由に見られる状態）する。その上で、関係市町村に生活環境保全上の意見を聴くとともに、利害関係がある人は行政に意見を提出できるという制度だよ。

COP：周辺住民が意見をいえるようにすることで、理解を促進するというものですね。

Kさん：この趣旨の解説として、平成10年5月7日生衛第780号通知に「地元住民等の意向が適切に反映され、個々の施設が地域ごとの生活環境の保全に十分配慮されたものとなるよう……」とあるものの、「施設の設置に対する単純な賛否を求めるものでなく、施設設置予定場所の周辺住民等がその生活体験に基づく生活環境に関する情報を有していると考えられることから、より正確な審査を行うために必要な生活環境の保全上の見地から意見を求めるもの」とある。

COP：あくまで、提出できるのは生活環境保全上の問題がある場合に限られるわけですね。生活環境影響調査も行っているわけですから、一般の人が審査に影響を及ぼすような意見を提出するのは難しそうですね。

Kさん：そうだね。その上、不安や心配といった感情的な意見が出された場合、「これは生活環境の保全の観点でない」とばっさり切り捨てたのでは、理解の促進とはならないわけだよ。手続としては整備されているものの、住民の理解を得るために十分な制度とまではいえないね。

行政処分の対象となる自主基準？

POINT

- ●「施設の維持管理に関する計画」として自ら定めた内容は法的拘束力を持つ。
- ●住民の理解促進のため、厳しい基準を定める事例もある。

COP：施設の信頼性を向上させるために盛り込まれた制度について、いくつか紹介してください。

Kさん：生活環境影響調査書の添付（平成9年法律第85号）や維持管理結果のインターネット公表、定期検査の義務付け（平成22年法律第34号）などがあるけど、特徴的なものとして、平成9年法改正で、事業者が守るべき維持管理の基準について、省令で定める維持管理基準のほか、自ら定めた維持管理の計画についても守る義務が生じるというものがある。

＊現行法

（産業廃棄物処理施設の維持管理等）

第15条の2の3　産業廃棄物処理施設の設置者は、環境省令で定める技術上の基準及び当該産業廃棄物処理施設の許可に係る第15条第2項の申請書に記載した維持管理に関する計画（当該計画について第15条の2の6第1項の許可を受けたときは、変更後のもの。次項において同じ。）に従い、当該産業廃棄物処理施設の維持管理をしなければならない。

COP：分かりやすくというと？

Kさん：「施設の維持管理に関する計画」は許可申請書の添付書類であって、①排ガス、放流水等の自主基準値、②排ガス等の測定頻度、③そ

の他維持管理に関する事項を記載するんだけど、ここに記載した内容が法的強制力を持つというものなのさ。

COP：排ガスのダイオキシンの基準について一ランク厳しい基準を設定するなどということですよね。申請者が自ら首をしめるような自主基準を設定することがあるんですか？

Kさん：私が知っている範囲では結構あるよ。環境への負荷軽減を地元と約束したり、地元住民との協定の内容を維持管理計画に反映するとか。

COP：先ほど「法的強制力」っていってましたが、例えば自主基準値を設定して、行政検査の結果、自主基準値を超過したけど一般的な法定の基準値内だった場合はどうなるんですか。

Kさん：違反となって改善命令、停止命令の対象になるよ。ただし、「施設の維持管理に関する計画」の提出が義務付けられる前、平成10（1998）年6月17日以前の申請に対しては、附則の規定により適用されないけどね。

COP：一種、利害関係者との合意のためのアイテムともいえますね。「法律の倍厳しい基準を守ります」といわれれば安心感がありますし、積極的な姿勢が信頼を得ることにつながりますね。

これからの産業廃棄物処理施設

COP：それで、「地域の理解を得ながら柔軟に設置できる」という課題は解決できたんですか？

Kさん：制度は随時拡充され、よくなってはいるけど解決できていない。市町村が住民のために造るごみ処理施設でさえ紛争が起きている状態だからね。

COP：これだけ厳しい制度にしているのに、なぜ、問題は解決できないんでしょう。

Kさん：問題は大きく三つあると思う。まず一つは、住民のリスク認知の問題。世の中の事象には「ゼロリスク」は存在しないので、産業廃棄物処理施設が立地すれば多少なりとも住民のリスクは増えることになる。

COP：基準を守っていたとしても排ガスや放流水に規制されている物質は含まれるわけですし、運搬車両の騒音や排ガスなどもあり、リスクを完全にゼロにすることはできませんね。

Kさん：日常生活におけるその他のリスクと比べて十分に低いことが科学的に説明できたとしても、このリスクを住民が受容してくれるとは限らない。対策として各地でリスクコミュニケーションが行われているけど、行政や企業の地道な努力頼みといった状況だよ。

COP：リスクコミュニケーションは製造業でも求められるので、今度詳しく聴かせてください。

Kさん：二つ目は過去に形成された産業廃棄物処理施設の負のイメージの問題。これを解決するには法令遵守、悪徳業者の排除、優良業者育成といった関係者の不断の努力が必要となる。本質的には「産業廃棄物処理」という言葉のイメージを向上させたいところだけど、「リサイクル」「SDGs」といったプラスのイメージを持つキーワードを含めながら事業のイメージ向上を図ることになるかな。

COP：三つ目の問題は？

Kさん：住民にメリットがないという点だね。これを解決するキーワードとして「地域循環共生圏」と「人口減少社会」が考えられる。今後の日本、特に郊外では人口減少により消滅する集落が相当数発生するから、こういった地域に地域循環共生圏の核となる廃棄物処理施設が進出し、物質やエネルギーの地域循環共生圏を構築しつつ、雇用創出や施設設置によるメリット（排熱の供給など）で地元に還元して、地域に活力を与えるといった取組が考えられる。

COP：産業廃棄物処理施設の誘致合戦が見られるような世の中になってほしいものですね。

Kさん：そのために、排出事業者としてCOPさんは何ができるかな？

COP：まずは排出事業者として適正処理を確保する。そして、資源循環の高度化や低炭素化

等に取り組む優良な産業廃棄物処理業者を選択していくという、排出事業者と処理業者のパートナーシップの構築を進めていきたいですね。

Kさん：うーん、やはり逸材。COPさんは排出事業者でありながら、廃棄物処理業界をリードしていくようなニュータイプになるかもね。

まとめノート

▶ **昭和46（1971）年**　廃棄物処理法施行。産業廃棄物処理施設の設置は届出制。その施設は政令第7条第1号から第10号の10種類

▶ **昭和48（1973）年**　政令第7条第11号にシアン化合物の分解施設を追加

▶ **昭和50（1975）年**　政令第7条第12号に廃PCB等、PCB汚染物又はPCB処理物の焼却施設、第13号にPCB汚染物の洗浄施設を追加

▶ **昭和52（1977）年**　政令第7条第14号に最終処分場（イに遮断型、ロに安定型、ハに管理型処分場）を追加

▶ **平成3（1991）年**　産業廃棄物処理施設の設置が許可制になる。

▶ **平成4（1992）年**　政令第7条第13号の2に日5t超の産業廃棄物焼却施設を追加

▶ **平成9（1997）年**　許可手続に生活環境影響調査、告示・縦覧、利害関係者の意見聴取等を創設。政令第7条第13号の2の産業廃棄物焼却施設を日5t超から時間200kg以上に規模を引下

げ。第3号、第5号、第8号の焼却施設について要件を追加。第14号の最終処分場の規模要件撤廃。第12号の2に廃PCB等又はPCB処理物の分解施設を追加。第13号にPCB処理物を追加

▶ **平成12（2000）年**　政令第7条第8号の2に木くず・がれき類の破砕施設を追加。第13号にPCB処理物の分離施設を追加

▶ **平成15（2003）年**　政令第7条第9号の汚泥コンクリート固型化施設にダイオキシン類を追加

▶ **平成18（2006）年**　政令第7条第11号の2に廃石綿等又は石綿含有産業廃棄物の溶融施設を追加

▶ **平成22（2010）年**　定期検査、維持管理情報のインターネット公表制度を創設

▶ **平成26（2014）年**　移動式がれき類等破砕施設の考え方の明確化

▶ **平成27（2015）年**　政令第7条第10号の2に廃水銀等の硫化施設を追加

焼却処分の巻

第14回は、「焼却処分」を取り上げます。今回は前回に引き続き熱血系中堅職員Kさんです。

焼却処分とは?

POINT

●焼却処分は「安全化」「安定化」「減量化」に優れた処分方法
●排ガスの発生、資源循環の視点でデメリットもあるが、熱回収等、対応する技術が普及
●灰の適正処理についての確認が必要

COP:日本の循環産業の海外展開について調べたところ、環境省のホームページ「循環型産業の国際展開」によると、日本の焼却施設は中国、インド、タイ、シンガポールなど多くの国に進出しているんですね。

Kさん:日本には非常に多くの焼却施設が設置されており、その技術もトップレベル。先進技術を積極的に輸出することで世界の衛生状態の改善に寄与しているよ。

COP:うちの会社でも廃棄物の性状によっては焼却処分しています。そうだ、今日は焼却処分について教えてください。Kさんは工学系だから焼却の原理についても詳しいですよね?

Kさん:もちろん!!どーーーーんとこい、何でも聞いてよ。

COP:(この人はきっと熱量が高いから焼却の担当に配属されたのだろう……)焼却処分は廃棄物の処分方法のなかでもメジャーですが、どんな特徴がありますか?

Kさん:グッド!!排出事業者として、処分の特性を把握した上で委託することはとても重要。焼却処分の主なメリットは、「安全化」「安定化」「減量化」の全てに優れている。一方、焼却処分の主なデメリットは、ざっくり、排ガスの発生と資源循環の観点、だね。

COP:「安全化」は800℃以上の高温処理によって細菌やウイルスを無効化できることですね。

Kさん:病院で使用された注射針は、針自体は燃えないけれど、付着したウイルス等を死滅させるために焼却処分している。

COP:「安定化」とは何ですか?

Kさん:不安定な状態から、安定な状態に変化させること。例えば、木や生ごみなどの有機物は、腐る過程で汚水や悪臭が発生するよね。これを燃やして灰にすることで、変化しにくく環境への影響が少ない状態になる。ついでに、腐敗物からのハエや蚊の発生の予防や悪臭の除去も可能。人口密集地域でも素早く安全化、安定化できるのが焼却処分の一番の強みだよ。

COP:廃棄物処理の歴史は伝染病の予防等、衛生状態の確保の戦いですからね。「減量化」に

ついてほかの処分方法と比較してどうですか。

Kさん：埋立てや発酵などの生物分解に比べて減量化のスピードが格段に速いし、減量化の割合も大きい。「灰燼に帰す」（跡形もなくなる）という言葉があるくらいだからね。ほかにもプラスチックなどの生物が分解しにくい素材にも対応可能で、素材が混在してもまとめて処分できるといったメリットもある。

COP：「第10回　建設廃棄物の巻」の際にK棟梁から聞きましたが、日本は国土が狭くて最終処分場の確保が難しいので減量化は非常に重要ですからね。

Kさん：都市ごみで平均10〜20分の1程度[※1]に減量化できるよ。

COP：ところで、物が燃えるって、身近な現象ですけど、焼却施設の中では具体的にどんなことが起こっているのですか。

Kさん：廃棄物を構成する可燃分、主に炭素（C）や水素（H）、酸素（O）、窒素（N）、硫黄（S）、塩素（Cl）で構成されているけど、高温で空気中の酸素と反応することで二酸化炭素（CO_2）、水（H_2O：高温のため水蒸気）などに分解されて、ガスとして煙突から放出される。固体を気体に変換して空に飛ばしているといったイメージだよ。

COP：煙突から見える白いのは煙じゃなくて、ほとんどが水蒸気ですよね。

Kさん：うん、あれを煙だと思って心配している人もいるけど、やかんの湯気と一緒だね。

COP：窒素や塩素、硫黄はどうなりますか？

Kさん：硫黄は二酸化硫黄（SO_2）、窒素は一酸化窒素（NO）や二酸化窒素（NO_2）、塩素は塩化水素（HCl）といった大気汚染物質に変化する。これらは呼吸器疾患の原因になるし、酸性雨の原因にもなるので、排出基準以下まで除去しているね。

COP：二酸化炭素を排出するということは地球温暖化の原因になりますね。助燃バーナーの燃料も必要ですし。じゃあ、焼却処分は将来的にはなくなってしまうのですか？

Kさん：いやいやいや。血液の付着したガーゼなど、衛生面から焼却処分が必要な廃棄物もあるし、マテリアルリサイクルすることで余計にエネルギーを必要とする場合もある。焼却処分は今後も間違いなく必要な処分方法だよ。

COP：そこで、日本の技術の出番ですね。

Kさん：ごみ焼却施設の発電効率は年々上昇していて、1980年代には5〜8％程度だった発電効率が、近年では25％を超えるものもある[※2]。

　また、佐賀市清掃工場は、日本初のごみ焼却施設のCCUプラント（Carbon dioxide Capture and Utilization）として、排ガスから二酸化炭素を分離回収し、植物の生育促進に利用するといった取組を行っている[※3]。

COP：制度面では、「熱回収施設」が廃棄物処理法第9条の2の4と第15条の3の3で規定されていますね。

Kさん：平成22（2010）年改正で熱回収施設である焼却施設は、都道府県知事から認定を受けることができるようになった（平成23年4月1日施行）。焼却のメリットを活かしつつ持続可能な社会の実現を目指すということさ。

COP：Kさんはいつも暑苦しい、もとい、熱血で熱いからKさんの熱も有効利用できないかな……。

Kさん：何か言ったかい？

COP：いえいえ、ちなみに、燃やした後の灰って何ですか？

Kさん：砂やガラスに含まれるケイ素や、廃棄物中に含まれるアルミニウムやカルシウムなどの金属が酸化したもの、燃え残った炭素（炭）などだよ。炉の底に残る燃え殻（主灰、ボトム

※1　志垣政信著『絵とき　廃棄物の焼却技術』(1995.1.25出版)　株式会社オーム社
※2　環境省パンフレット「日本の廃棄物処理・リサイクル技術－持続可能な社会に向けて－」9ページ
※3　佐賀市ホームページ（https://www.city.saga.lg.jp/main/44494.html）

アッシュ）と排ガスと一緒に舞い上がって集じん施設で回収されるばいじん（飛灰、フライアッシュ）の二種類がある。

COP：一般的に灰は最終処分場で埋立処分されますね。

Kさん：減容化したことによって鉛や六価クロム等の有害物質が濃縮され、有害物質の溶出量が基準（判定基準）を超えると埋立処分ができなくなるから、キレート剤を加えて有害物質の溶出を抑える対策が必要になる場合もあるよ。

COP：灰をさらに熱してスラグにすることで、有害物質の溶出も抑え、路盤材や骨材として有効利用することもできますが、更に燃料が必要になってしまいますね……。そのままリサイクルできませんか。

Kさん：石炭火力発電所など、均一な燃料を燃やした灰では、日本工業規格の品質に合致する、いわゆる「JIS灰」などとして有効利用される場合があるね。ただし、多様な廃棄物を燃やした灰は有害物質の濃度の管理が難しい。濃縮の問題もあって、灰をリサイクルしようとしたけれど、結局、有害物質が溶出して、廃棄物として撤去された事例は一つや二つじゃないからね。

COP：排出事業者は、焼却処分の後の灰の処分まで把握しておく必要があるということですね。

Kさん：はい（灰）、そのとおり！

うおぉーーっ

焼却処分に関する規制強化

COP：Kさんの話を聞くと、「焼却処分は万能」という印象を受けますね。

Kさん：現在の基準を守っているからこその、優れた処分方法といえるわけだよ。裏を返せば、改正の分だけ過去に問題があったんだ。語れば長くなるけど、15分コースと15時間コース、15日コースのどれが聴きたい？

COP：じゅ、15日……。脳みそが燃えちゃいそうですね。ぜひ15分コースでお願いします。

Kさん：（少し残念そうに）そうかい。じゃ、焼却処分に関する規定を簡潔にまとめると

①処理基準に従わない焼却をしてはいけないこと。

②焼却処分をする場合は、処理基準を守ること。

③一般廃棄物・産業廃棄物処理施設は設置許可を受け、構造基準、維持管理基準を守ること。

COP：意外とシンプルですね。「処理基準」とは具体的にはどんな基準ですか。

Kさん：焼却の処理基準については、「焼却設備の構造」と「焼却の方法」が規定されていて、具体的には図表1の基準を守る必要がある。

COP：①と②は同じように見えますが、違いは何ですか？

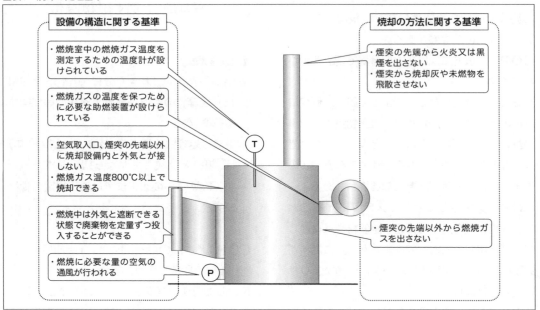

図表1 焼却の処理基準

設備の構造に関する基準

・燃焼室中の燃焼ガス温度を測定するための温度計が設けられている

・燃焼ガスの温度を保つために必要な助燃装置が設けられている

・空気取入口、煙突の先端以外に焼却設備内と外気とが接しない
・燃焼ガス温度800℃以上で焼却できる

・燃焼中は外気と遮断できる状態で廃棄物を定量ずつ投入することができる

・燃焼に必要な量の空気の通風が行われる

焼却の方法に関する基準

・煙突の先端から火炎又は黒煙を出さない
・煙突から焼却灰や未燃物を飛散させない

・煙突の先端以外から燃焼ガスを出さない

Kさん：①は法第16条の2の不法焼却禁止の規定のこと。処理基準に合わない廃棄物の処分はやってはいけないってことで、不法焼却については、不法投棄と同様、直罰が適用される。

COP：検挙される事例は後を絶たないですね。

Kさん：②は破砕や脱水といったほかの処分方法と同じく、その処理に関する処理基準を守る必要があり、違反すれば改善命令の対象となる。改善命令に違反すれば罰則が適用されるってことさ。

COP：間接罰というやつですね。不法焼却は設備を用いない野焼きに適用、改善命令は焼却設備を用いた場合に適用されると思っていました。

Kさん：不法焼却の罰則（直罰）は、過去の行為を評価する刑事処分、改善命令は将来の適正処理の確保を目的として発出される行政処分（間接罰）だから、両者の性質を考慮するとCOPさんのいうとおりに落ち着くことが多いね。野焼きをしている人に対しては「温度計をつけなさい」ではなくて「野焼きをやめなさい」

となるわけだから。そうはいっても、およそ設備と呼べないようなドラム缶などによる焼却は、野焼きと判断されることもある。

COP：③は規模や有害性等、環境への影響が大きい施設に対して厳しい基準を適用するものですね。

Kさん：許可施設（法第8条及び第15条）については、平成12（2000）年改正の、施設が過度に集中してダイオキシン類が大気環境基準を超える場合許可をしないことができる規定なんかもあったね。15日コースに変更して詳しく勉強してみないかい？

COP：真っ白な灰になっちゃいますよ。

Kさん：（また残念そうに）そうかい。焼却処分の規制は、埋立てと同じで、かなりドラスティックな変化をしてきていて、大きな変化をまとめると、図表2のようになる。

COP：あれー？　現行の規定は、ほとんど後から追加されていて、法施行当時は規制がないに等しいですね。

Kさん：廃棄物処理法の施行時の焼却処分に関

連する規定「処理施設の設置にあたって生活環境の保全上支障を生ずるおそれのないようにすること」といった大まかな基準があるほか、一定規模以上の施設の届出義務、主灰の熱しゃく減量[4]の規定ぐらいで、基準らしい基準がなかった状態だったんだ。

COP：焼却は温度が重要ですが、温度の規定はなかったんですか。

Kさん：「バッチ炉で400℃以上、連続炉で700～1000℃に保つこと」という規定があったね。

COP：炉温400℃なんて今だったら「ダイオキシン製造装置」っていわれそうですね。

Kさん：その前に、1日5t未満の一般廃棄物の焼却、産業廃棄物なら汚泥、廃油、廃プラスチック類以外の焼却であれば、施設は配慮して造れ、というだけで、施設を使わなければならないかどうかも決められていなかったんだ。設置届出の対象になっても、義務付けているのは届出行為だけで、構造に関する規定がない。無茶な構造の炉でも、届出が出されたら受理せざるを得ない。指導を担当していた先輩方の苦労がしのばれるね。

COP：多くの改正がありましたが、Kさんはどの改正が効果的だったと思いますか。

Kさん：平成9（1997）年の改正で、「構造に

図表2　焼却処分と焼却施設に係る制度の変遷

主な改正	一般廃棄物・産業廃棄物処理基準の改正		
		設備の構造	焼却の方法
■昭和45年法律第137号（S46.9.24）事前届出制度（汚泥、廃油、廃プラの焼却施設） ■昭和50年政令第360号（S51.3.1）廃PCB等の焼却施設追加 ■昭和51年法律第68号（S52.3.15）・計画変更・廃止命令制度・構造基準制定、維持管理基準の強化（700℃等） ■平成3年法律第95号（H4.7.4）届出制から許可制へ移行 ■平成4年政令第218号（H4.7.4）その他産業廃棄物の焼却施設追加 ■平成9年政令第269号（H9.12.1）許可施設の規模要件拡大 ■平成9年省令第65号（H9.12.1）許可施設の構造基準、維持管理基準の強化（800℃、2秒滞留、排ガス冷却、温度計、CO測定と濃度基準、ダイオキシン類測定と濃度基準等） ■平成11年法律第105号（H12.1.15）ダイオキシン類対策特別措置法時間50kg以上の焼却炉の排ガス規制 ■平成12年法律第105号（H13.4.1）不法焼却禁止（法第16条の2） ■平成22年法律第34号（H23.4.1）熱回収認定制度（法第15条の3の3）	■昭和46年政令第300号（S46.9.24）施設の設置時の支障防止 ■平成4年政令第218号（H4.7.4）焼却設備使用義務付け ■平成9年政令第269号（H9.12.1）厚生省令で定める構造を有する焼却設備＋厚生大臣が定める方法による焼却	■平成9年厚生省令第65号（H9.12.1）①外気遮断（空気取入口及び煙突の先端以外）②燃焼に必要な空気の通風 ■平成13年環境省令第8号（H13.1.6）①800℃以上で焼却②追加投入時は外気遮断③燃焼温度測定のための温度計設置④助燃装置設置 ■平成16年環境省令第24号（H16.12.10）外気遮断、温度計、助燃装置の規定の明確化	■平成9年厚生省告示第178号（H9.12.1）①煙突の先端以外から燃焼ガスが出ない②排ガスから黒煙が出ない③煙突から焼却灰及び未燃物が飛散しない

※（　）は施行日　　　　　　　　　　　　　　　　処理基準、産業廃棄物処理施設関連の主な改正をまとめています。

※4　熱しゃく減量：焼却灰中の未燃焼有機物の割合のことで、廃棄物の完全燃焼が達成されているか否かの指標として定めたもの。ダイオキシン類が生成しやすい不完全燃焼が生じた場合、熱しゃく減量が高くなる。

第14回　焼却処分の巻　139

関する基準」と「焼却の方法に関する基準」の２本柱が整備されたことだよ。その前段として、平成４（1992）年に構造に関する基準のもととなる設備使用基準（焼却する場合は、焼却設備を用いて焼却すること）ができている。

COP：なんと、平成４年に、やっと、屋外の「野焼き」が非合法になったのですね。

Kさん：その後、ダイオキシン問題でまさに火がついて平成13（2001）年までには現行規定の骨格が完成するのだけど、大阪府のS先輩から聞いた苦労話に、なぜ焼却処分の規制強化が必要だったのかが凝縮されているので紹介するよ。

構造に関する基準と焼却の方法の基準

POINT

●ダイオキシン類対策として、構造に関する基準と焼却の方法に関する基準が定められ、適正な焼却が担保されるようになった。
●規制強化による小型の焼却炉の減少、大型の焼却施設の対応強化で、ダイオキシン類の排出量は100分の１に削減

Kさん：平成８（1996）年頃は、S先輩が公害の担当をしていたときで、能勢とか所沢でダイオキシンの問題で大騒ぎになっていく直前でした。郊外の繊維工場で、毎日２tくらい発生する木綿繊維くず（産業廃棄物）を自社処理していた。野焼きの指導で焼却炉を造ったけれど、相変わらず黒煙で苦情が出るという状況だった（シーン１）。

COP：社長さん、のっけから怒っていますね。

Kさん：ダイオキシンに対する国民の不安が大きくなり、煙への苦情が発生しやすい状況だったんだ。この工場でも住民から苦情があったので、廃棄物処理法の処理基準に従って、「簡易」な焼却設備を造った。ただ、この時点では、設備の構造基準は定められていないので、造った時点で廃棄物処理法上はOKになった。この「焼却設備」に関しては厚生省からこんな通知が出ている。

廃棄物の処理及び清掃に関する法律の一部改正について
（平成4年8月13日衛環第233号厚生省環境整備課長通知）

　焼却設備の使用を義務付けたのは、いわゆる野焼きに伴う悪臭、ばい煙等により生活環

■ シーン1

役所　煙で苦情が出ているんですよ。焼却炉置いてもらってますけど、これ、煙突と箱だけで、どうやっても煙はたくさん出ます。ちゃんとしたのを置いてもらわないと。

工場　今更そんなんいわれても困るがな。もともと野焼きでやっとって、さすがに迷惑やいわれたさかい、鉄工所にいって造らせるのに200万かかったのにやで、まだ文句いわれるんかいな！

役所　野焼きから改善したのは分かるんですけど、燃やすんだったら、温度を上げて、煙が出ないようなそういうちゃんとした炉で燃やさないと、苦情が出るんですよ。

工場　ちゃんと、というのは、どうしたらええんや。

役所　きっちり温度を上げて、バーナーも付ける。空気不足にならないようにファンも付ける。投入口も二重扉にしないと。排ガス処理装置も付けないといけません。

工場　そういう炉はどのくらいかかる？

役所　いろいろありますけど、ざっと見積もって2,000万程度ですかね……

工場　そんなあほな、話にならん！

境保全上の支障が生じないようにするためであり、焚き火等、通常生活環境の保全上の支障をもたらさない程度の軽微なものの利用を意図したものではないこと。また、焼却する産業廃棄物の種類と量によっては、焼却設備は簡易なものであっても差し支えないこと。

COP：「簡易であっても差し支えない」とされていて200万かけて設備を造った。そしたら行政から2,000万追加しろといわれて、その根拠はない。これでは会社側もなんとも対応しづらいですね。せめてどの程度なら簡易なのかを示してもらわないと。構造に関する基準がないことで、住民、事業者、行政みんなが困っている状態ですね（シーン2）。

　1日約2t木綿くずが発生するのであれば、14時間近く燃やさなければいけないわけですが、本当に規模未満だったんですかね？

Kさん：当時、焼却炉の能力の算定には悩んだものだよ。平成14年11月26日に環境省事務連絡が出されてますが、小型焼却炉については、燃焼室熱負荷[※5]を概ね25万kcal／（m³・h）とし、燃焼室容積、低位発熱量[※6]で算出する方法が示されて、一定の目安ができたこと

で、現在は脱法的に規模未満と抗弁する者に対して概ね指導できるようになった。

COP：「概ね」ですか。燃焼室熱負荷についても「概ね」とされていますね。

Kさん：通風方式や燃焼方式、焼却炉の材質、運転方法や投入する廃棄物によって能力は変化するから、細かい能力の算定は難しくて、時間199kgか200kgかは神のみぞ知るといったところさ。ただし、以前はわずかな数値の差で大きな規制の差が生じる状況だったけど、現在は規模未満の焼却炉に対しても一定の処理基準が定められている。

COP：規模以上だったら排ガスを測定して改善命令という方法もあったわけですね。

Kさん：そうだね。だた、焼却炉というのは、上手く動かせば煙が出ないが、空気不足だったり、廃棄物を入れすぎたりすると、とたんに黒煙がでたりする。だから、黒煙が出ない使い方、例えば800℃以上で燃やすといった焼却の方法に関する基準を設定する必要があったんだ。

　さらに焼却の方法に関する基準を満たすためには、助燃バーナー、温度を確認する温度計といった構造が必要になる。構造と焼却の方法の基準はお互い補完しあって機能するわけだよ

■ シーン2

役所　おたくの事情は分かりますけど、でも、やっぱり黒煙は出たらまずいですよ。

工場　控えめにやったら煙は出ん。そりゃときには、ちょっと煙が出ることはあるかもしれんが、これでも前よりはかなりよくなったんや。

役所　焼却能力が時間200kgを超えると大気汚染防止法の届出、1日5tを超えると廃棄物処理法の許可が要りますよ。時間200kgを超えて、ひどい黒煙だったら、法律違反になりますし。

工場　この炉は時間150kgって、鉄工所のおやじがいっていたぞ。だから届出はいらんわな。

※5　燃焼室熱負荷：単位時間における燃焼室の単位容積当たりの発生熱量。適正な焼却を行う場合、一定の条件（酸素濃度、圧力）下において燃焼室の1m³空間で発生する発熱量は一定の値となる。

※6　低位発熱量：可燃分の燃焼によって発生した総発熱量から、廃棄物中の水分が蒸発することに係る熱量を除いたもの

（シーン3）。

COP：ダイオキシンの出る、出ないで押し問答になっていますね。

Kさん：燃焼に伴ってダイオキシンは非意図的に発生するので、最終的には量の問題に帰着するけど、測ってみないと分からないし、そもそもこのときは基準がなかったわけだからね。

COP：平成12年にダイオキシン類対策特別措置法が施行されて、対策が劇的に進みましたね。ダイオキシン類対策特別措置法に基づき、国はダイオキシン類の排出量の目録（排出インベントリー）を毎年作成・公表していますが、令和3（2021）年の排出量は、平成9年から99％減少しています[7]。

Kさん：ダイオキシンの測定費用が高かったというのもダイオキシン対策が進んだ一つのポイント。毎年高額な測定費用がかかるなら、委託に出したほうがましだと小型の焼却炉が激減。処分の委託を受ける大型の焼却施設は構造基準、維持管理基準の強化により、急冷、除じん等のダイオキシン対策が施されているという構図が出来上がった。

COP：制度が上手く機能したわけですね。

Kさん：ただ、現場の混乱は相当のものだった。この頃は廃棄物の量が急増し、社会全体として処理能力が不足している状況だった。市町村によっては、不足するごみ処理施設の能力を補完するため、簡易な焼却炉の設置に補助金を出していたところもあったんだ。これに対し、平成10（1998）年4月4日付けで厚生省から、簡易な焼却炉への補助金を廃止し、大型の焼却施設で処理するよう通知されている。

COP：簡易な焼却炉を推奨していたと思ったら急に抑制。まさに「朝令暮改」を地で行く激動の時代ですね（シーン4）。

　結局、止められずに帰ってきちゃったわけですか……。焼却炉の改善は、工場にしてみるとお金の面でかなり厳しい対策なのに、いかんせん、根拠が指導でしかないですもんね。

Kさん：この工場のような事例が全国どこでもあったわけですよ。現在は、許可施設も含め、構造に関する基準と焼却の方法に関する基準が定められ、二つの基準が補完しあって適正な処理が確保できるという仕組みが出来上がった。

　ほかにも、行政にしてみれば構造の有無や温度など、排ガスの測定をしなくてもその場で違反を判断できるようになったというのも非常に大きい変化だったね。

■ シーン3

役所	最近はダイオキシンの問題もいわれているので、煙があまり出ていないとしても、簡単な炉で燃やすと有害だという話になるんですよ。
工場	ダイオキシンは産廃屋の話やろうが。うちはそんなプラスチックとか燃やしてるんやない。木綿のくずだけで、ダイオキシンなんか出るわけがない。
役所	でもダイオキシンは、物を燃やせば、ほんのわずかな塩分でも、ダイオキシンはできてしまうんですよ。
工場	結局ダイオキシンと煙が出なければ文句はないんやろ？　調べるがな。木綿くずから出るわけがない。そしたら今のままでいいやろ？
役所	ダイオキシンの測定は100万（当時の値段）かかりますよ。
工場	100万！そんなかかるんか！

※7　ダイオキシン類の排出量の目録（排出インベントリー）（2023.3 環境省）

■ シーン4

役所	だから、炉のほうをちゃんとしたのにしてくださいって、今、皆さんにいって回っているんですよ。
工場	皆さんって、そしたらあそこの解体屋の焼却炉はどうなんや。うちは昼間に少ししか燃やさんのに、あそこは四六時中むちゃくちゃやっとるやないか！ほかにも知っとるぞ！そういうやつらみんなにいわんかい！
役所	それはいってますよ。でも、法律が弱くて指導しかできないから、すぐにやめさせるのは難しいんですけど。
工場	あいつらがやるっていうなら、やる。
役所	じゃなくて、おたくからやってくださいよ。できないんだったら業者に委託してください。
工場	そんな、この厳しいのに、もうわしらは潰れろと、そういうことやな……。
役所	いや、厳しいのも分かるんですけど、でも私らもいわないといかんのですよ……。すみませんけど、また日あらためて来ますんで、どうしても燃やさないといけないなら、くれぐれも、ちょっとずつ燃やして、それで風向きが悪そうだったらやめておくとか、気を付けてやってください。で、委託の話、考えてくださいね。受けられる業者の名簿、またお送りしますから。それでは。

（といいながら、「あーまた住民さんから電話が入って、2時間くらい延々と説明しないといけないのか……」と重い気持ちで帰途に着く。）

まとめノート

▶**昭和46（1971）年** 廃棄物処理法施行。産業廃棄物処理施設（汚泥、廃油、廃プラスチック類の焼却施設）の設置は届出制

▶**昭和52（1977）年** 産業廃棄物処理施設に対する計画変更命令
構造基準制定、維持管理基準強化

▶**平成4（1992）年** 産業廃棄物処理施設の設置が許可制に移行
その他の産業廃棄物の焼却炉を設置許可対象に
処理基準改正（設備使用義務）

▶**平成9（1997）年** 設置許可対象規模の裾下げ

（時間200kg以上に）
処理基準、構造基準、維持管理基準の強化

▶**平成11（1999）年** ダイオキシン類対策特別措置法制定（平成12年1月施行）

▶**平成12（2000）年** 不法焼却の規定（直罰化）

▶**平成16（2004）年** 処理基準改正（温度計、投入設備）

▶**平成22（2010）年** 維持管理情報のインターネット公開規定
熱回収施設認定制度の創設

最終処分場の巻

第15回は、「最終処分場」を取り上げます。今回の担当はT先生です。

最終処分って何？ 最終処分と施設における最終処分場の位置付け

POINT

●最終処分とは、埋立処分、海洋投入処分又は再生をいう。

●埋立処分は、基本的に自然に還元すること、したがって有害物質の遮断型処分は避けるべきであるとされている。

●埋立処分は海洋投入処分に優先して行うべきであるとされている。

COP：キターーー!!!T先生！今回は廃棄物処理施設業界、不動のトップスター、「最終処分場」のお出ましですね!!

T先生：COPさん、今日はやけにテンションが高いですね〜。最終処分場がそんなに好きなんですか???　まぁ、確かに廃棄物処理法の改正の中には最終処分場に関するものが結構ありますからね〜。

COP：ところで、T先生、「最終処分場」は「最終処分する場所」ってことだと思うんですが、そもそも「最終処分」って何でしたっけ？　ず〜っと、「最終処分場」＝「埋立地」、つまり、「最終処分」＝「埋立て」だと思っていました……。

T先生：おっとっと、最終処分場に対する高い熱量に反して、知識のほうはちょっとおぼつかないですね。法施行当時は「最終処分には、埋立処分と海洋投入処分がある」とされていましたが、平成12（2000）年の法改正により法第12条第3項で「最終処分（埋立処分、海洋投入処分又は再生をいう。）」と規定され、最終処分の一つに「再生」が入ってきました。

COP：そういえば、そうでした〜。例えば、がれき類の中間処理をして再生砕石とした場合、マニフェストの最終処分終了日には「再生砕石になった日」を入れますもんね。

T先生：そうなんです、再生はさておき、埋立処分は、有害な産業廃棄物を除けば、基本的には自然還元するというわけです。

COP：なーるほど、埋立処分というのは自然に戻すことなんですね。

T先生：そうです、また平成10（1998）年の環境庁通知では「有害なものは無害化処理を行い、遮断型最終処分場への埋立処分を回避することが望ましい」とされています。

　さらに、昭和46（1971）年法施行時の処理基準では「埋立処分を行なうのに特に支障がないと認められる場合には、海洋投入処分を行なわないようにすること」とされており、埋立処分は海洋投入処分にも優先して行われる処分

方法であることが分かりますね。

COP：最終処分が、埋立処分、海洋投入処分又は再生なのであれば、それらの処分をするところすべてが最終処分場ということですか？

T先生：最終処分をする場所という意味ではそうなりますが、廃棄物処理法で最終処分場といった場合は、一般的には埋立処分を行う施設を指します。補足になりますが、最終処分場は様々な設備（水処理設備、搬入道路、管理棟など）で構成され、その中でも特に「埋立処分を行う場所」を「埋立地」といって区分しています。

最終処分場の分類

●最終処分場は、有害な産業廃棄物等を埋立処分する遮断型最終処分場、安定型品目を埋立処分する安定型最終処分場、それ以外の管理型最終処分場に分類される。
●最終処分場に関する技術上の基準は最終処分場基準省令として別途規定されている。
●最終処分場基準省令は、主に構造基準、維持管理基準、廃止基準で構成されている。

COP：T先生、今の説明で「遮断型最終処分場」という用語が出てきましたが、最終処分場はそもそもどのように分類されるんでしたっけ？

T先生：およよよー！最終処分場の分類を知らないとは、COPさんモグリですか？　とぼけてるだけですか？

COP：ちょっとど忘れしただけですよー。そういえば、「第3回 有害な産業廃棄物と特別管理産業廃棄物の巻」のときに「遮断型処分場」というものが出てきました。

T先生：よく覚えていましたね〜。さすがCOPさん！さて、産業廃棄物の最終処分場の分類についてですが、政令第7条第14号で次のように

に規定されており、一般的に安定型最終処分場、管理型最終処分場、遮断型最終処分場に分類されます。

廃棄物処理法施行令（要約）

（産業廃棄物処理施設）

第7条　法第15条第1項の政令で定める産業廃棄物の処理施設は、次のとおりとする。

　十四　産業廃棄物の最終処分場であつて、次に掲げるもの

　　イ　第6条第1項第3号ハ(1)から(5)まで及び第6条の5第1項第3号イ(1)から(7)までに掲げる産業廃棄物の埋立処分の用に供される場所

　　ロ　安定型産業廃棄物の埋立処分の用に供される場所（水面埋立地を除く。）

　　ハ　イに規定する産業廃棄物及び安定型産業廃棄物以外の産業廃棄物の埋立処分の用に供される場所

COP：T先生、安定型最終処分場、管理型最終処分場、遮断型最終処分場なんて名称はどこにも出てきませんが……。

T先生：そうですね。政令第7条第14号イは「有害な産業廃棄物」を埋立処分するために外界と遮断する構造になるので「遮断型」、ロは安定型産業廃棄物（以降は条文中を除き「安定型品目」と記載）を埋め立てるので「安定型」、ハはイでもロでもなく排水等を管理していかなくてはならないので「管理型」となるんですが、確かに政令では遮断型、管理型という用語は使われていません。ですが、安心してください。「一般廃棄物の最終処分場及び産業廃棄物の最終処分場の技術上の基準を定める省令」（最終処分場基準省令）ではしっかり、安定型最終処分場、管理型最終処分場、遮断型最終処分場と定義されています。

COP：T先生、その遮断型最終処分場ですが、近隣県も含め見たことがありません。全国では、たくさんあるものなんですか？

T先生：実は、私も見たことがないんですよー、COPさん。というのも当たり前で、環境省の公表資料によると、令和4（2022）年の産業廃棄物の最終処分場の数は1,568であり、遮断型最終処分場は22とわずか1.4％です。

COP：分かりました。ところでT先生、この最終処分場の規制は廃棄物処理法の施行とともに始まったんですか？

T先生：実は法施行当時は、最終処分場は廃棄物処理施設として届出の対象となっていなかったのです。

COP：そうでした。「第13回 産業廃棄物処理施設の巻」に記載しているとおり、昭和51（1976）年に産業廃棄物処理施設に追加されたんですよね。

T先生：そうです、法施行時は、産業廃棄物処理施設としての基準（技術上の基準）は適用されることはなく、埋立処分する際の基準（処理基準）だけ適用されていたんです。

COP：?? ……どういうことですか？　ちょっとよく分かりませんが……。

T先生：そうですね、最終処分場に関する制度の変遷を考えるとき、

①設置許可等の「手続」など制度そのものの変遷

②いわゆる構造基準や維持管理基準など許可を必要とする廃棄物処理施設に適用される「技術上の基準」の変遷

③埋立処分する際の基準としての「処理基準」の変遷

に分けて考えると分かりやすいので、以降はそれぞれ分けて説明します。

COP：それらは独立したものなんでしょうか？

T先生：もちろん、施設の設置許可とその許可

基準のように手続と基準などはセットになっているものが多くあります。例えば「廃止の確認」が法制度化されると同時に、最終処分場基準省令が改正され「廃止の基準」が技術上の基準として規定されました。

COP：T先生、先ほど構造基準といいましたが、廃棄物処理法でその用語って見たことがないんですけど……。

T先生：そうですね、廃棄物処理法では定義されていませんが、維持管理の技術上の基準（省令第12条の6：維持管理基準）と区別するため、産業廃棄物処理施設の技術上の基準（省令第12条）を一般的に「構造基準」と呼んでいます。最終処分場基準省令も同様に第1条（一般廃棄物の最終処分場）、第2条（産業廃棄物の最終処分場）とも第1項が最終処分場の技術上の基準（構造基準）、第2項が最終処分場の維持管理の技術上の基準（維持管理基準）、第3項が廃止の技術上の基準（廃止基準）となっています。

COP：なるほど、最終処分場基準省令は構造、維持管理、廃止の3部構成なんですね。

T先生：制度・手続と技術上の基準はセットといいましたが、最終処分場の手続のステージを設置許可、供用中、廃止に分けて技術上の基準の関連を見ると、次のようになります（**図表1**）。

①設置許可では、技術上の基準に適合しているかなどの許可基準に基づいて審査されますが、この場合の技術上の基準は構造基準となります。

②埋立中の最終処分場の維持管理は維持管理基準に基づいて行われる必要があります。

③廃止の確認を受ける場合は、廃止基準に適合している必要があります。

COP：確かに、時系列で技術上の基準の適用を見ると分かりやすいですね。ところで、技術上の基準と処理基準の関係性については、今一つピンときませんが……。

T先生：そうですね～、ここで説明すると

図表1　最終処分場のステージと基準の適用

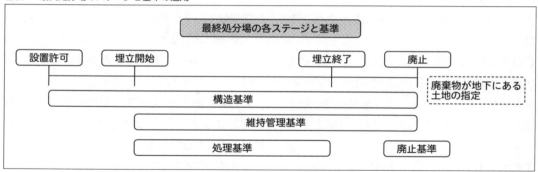

ちょっと分かりづらいので、全体の変遷を見た後で、具体例を挙げて説明したいと思います。

COP：分かりました。最後のほうで説明するということですね。

最終処分場に関する制度・手続の変遷

POINT

●最終処分場の規模はほかの施設と異なり面積で表され、平成9年以前は設置許可を要しない処分場（ミニ処分場）があった。

●最終処分場は土地と一体であり、施設の撤去という概念はない。

●最終処分場に固有な制度として、維持管理積立金と廃止の確認がある。

●維持管理積立金を積み立てないと設置許可を取り消される場合がある。

●最終処分場設置者は許可を取り消されても、みなし設置者として維持管理の義務を負う。

●最終処分場を廃止した後も、廃棄物が地下にある土地に指定され、法の規制を受ける。

●最終処分場の技術上の基準は、最終処分場が法第15条施設に追加される際に「共同命令」として規定され、平成10年に「最終処分場基準省令」として改正・強化されるとともに、廃止の基準が創設された。

T先生：ということで、最終処分場に関する制度の変遷について見ていきましょう。最終処分場の特徴に関連付けると制度の変遷も分かりやすいんですが、COPさんは最終処分場がほかの廃棄物処理施設と異なることって何だと思いますか？

COP：???　ちょっとよく分かりません……。例えばどんなことですか？

T先生：冒頭でCOPさんが最終処分場は廃棄物処理施設業界のトップスターであるといっていましたが、焼却施設と最終処分場が二大スターなんですね。平成9年改正で焼却施設と最終処分場は設置の際に告示・縦覧等が必要になるなど、ほかの廃棄物処理施設に比べて手続が厳格化されました。このように最終処分場に特徴的なことって何だと思いますか？

COP：最終処分場に特徴的なことってことですよね。え〜と、え〜と、そうだ！制度そのものではないんですが、ほかの処理施設の規模は時間当たりに処理する重さ（ｔ）や量（㎥）、つまり、処理能力としてt/hや㎥/hで表されるのに対し、最終処分場の規模は埋立面積、埋立容量です。

T先生：まぁ、施設規模のことは初級問題なので正解して当たり前ですね。施設規模といえば、最終処分場が政令第7条の施設に追加された当初は、安定型は3,000㎥、管理型は1,000㎥以上が対象でしたが、平成9年改正で

この面積要件が撤廃され、全ての埋立地が設置許可の対象となる最終処分場になったんですね。

COP：先輩から聞いたことがあります。平成9年改正以前は、2,999㎡の安定型や999㎡の管理型がたくさんあり、しかも要件撤廃の際は駆け込みで多くの埋立地ができたとのことでした。

T先生：そうでしたね。小規模の埋立地がたくさんできて、それなのになかなか埋立終了しない「魔法の処分場」というのもありました。

COP：どういうことですか？　魔法の処分場とは（T先生にしては）メルヘンチックですね（笑）。

T先生：それが全くメルヘンじゃないんです。「魔法」というか不思議な処分場が存在し、どれだけ受け入れても残余容量が減らないんです。まぁ、このことは不法投棄と関連が深いので、今回はこれ以上の説明は省略しますが、そういうこともあり、平成16（2004）年の改正で残余容量を定期的に把握し、利害関係者の求めに応じ閲覧させなければならないこととなりました。

COP：残余容量が減らないというのはまるでブラックホールみたいな最終処分場ですね〜！ところで、この残余容量という概念も最終処分場に特有のものですよね。

T先生：そうですね、最終処分場はそもそも埋立容量が決まっていて、その容量を超えて埋め立てることはできません。残余容量はこの埋立容量のうち、既に埋め立てた容量を除いた残りの容量のことですが、施設規模を全体の容量で表す最終処分場だけで使われるものです。さて、ほかに最終処分場に特徴的なことは何でしょうか？　まだまだありますよ〜、COPさん！

COP：T先生、いつもと違って、なんか意地悪な感じがしてきました……。ほかですか……、う〜ん、ちょっと思いつきません、ヒントをく

ださい。

T先生：しょうがないですね〜。それではヒントをあげましょう。COPさんは最終処分場を撤去した事例って聞いたことありますか？　多分、ないですよねー。なぜでしょう？

COP：そうか！最終処分場はほかの廃棄物処理施設と違って、土地と一体となってますね、気付かなかったです。

T先生：施設自体、土地と一体といいますか、土地そのものに手を加えて施設を造るわけですが、先ほどお話ししたように埋立処分は最終的に自然還元し土地と一体になっていくものと考えることができます。さて、COPさん、最終処分場に特徴的な制度がまだまだあります、何でしょうか？

COP：T先生、見かけと違って意地悪ですね〜。ヒントをください！ヒント！

T先生：しょうがないですね〜。それでは、ヒントです。例えば、がれきの破砕施設の設置者がこの施設を廃止しようとした場合、どのような手続をしますか？

COP：もちろん、都道府県知事に廃止届出を提出します。当たり前です。

T先生：それでは、産業廃棄物の最終処分場の場合はどうでしょうか？

COP：最終処分場も産業廃棄物処理施設ですから、同じように廃止届を提出……、危ない、危ない、うっかり引っ掛かってしまうところでした。最終処分場の場合は、埋立終了の届出をして、維持管理を継続し、都道府県知事に廃止確認の申請をして確認を受けて初めて廃止となるんでした。

T先生：そうですね。最終処分場だけ廃止の確認が必要であり、その基準は最終処分場基準省令に規定されています。さて、COPさん、最終処分場に特徴的な規定がまだ残っています。先ほどのCOPさんの説明でも出てきたので、もちろん分かってますよね。

COP：んーんっ！何を説明したんでしたっけ？　埋立終了届をして、維持管理を継続して、廃止の確認を受ける……。そうか！思い出しました、最終処分場では維持管理積立金を積み立てる必要がありました。

T先生：正解！維持管理積立金の制度は平成10年に創設された制度です。それでは、何故、最終処分場にだけ維持管理積立金が義務付けられているんでしょうか？

COP：……（泣）。

T先生：しょうがないですね。先ほどCOPさんの説明にありましたが、埋立終了した後も維持管理を継続する必要があるんです。処理料金の収入は埋立終了以降は入らず、維持管理には費用がかかるわけです。つまり無収入の状態で維持管理費用を支出しなければならないので、あらかじめその費用を積み立てておくというものです。

COP：なるほど、T先生、埋立終了後に維持管理を続けるということですが、維持管理が必要なのは水処理施設がある管理型最終処分場だけではないんですか？

T先生：維持管理積立金の制度創設時は管理型最終処分場のみ適用されていましたが、その後、安定型（平成16年）や制度創設前の最終処分場（平成17（2005）年）にも拡大されました。最終処分場の維持管理についてはこの積立金を含め何度か改正されて制度強化が行われています。

COP：対象拡大以外にはどんな改正があったんですか？

T先生：平成23（2011）年改正では維持管理積立金を積み立てていないと設置許可取消しできるとされました……。

COP：ちょっと待ってください、T先生！設置許可取消しって、取り消した場合、誰が維持管理すんですか???　T先生は、維持管理に時間がかかるから積立金をするんだという説明で

したが、設置許可取消しは維持管理の義務から解放するようなものではないんですか???

T先生：そうなんですよ。維持管理の義務があるのは設置者のみ、維持管理積立金を取り崩すことができるのも設置者のみでした。そこで、取消既定の創設にあわせて、みなし設置者という規定が設けられ、取り消された者はみなし設置者として、維持管理の義務を負うことになりました。また、維持管理を行政代執行した場合など、行政が維持管理積立金を取り崩しできる制度に改正されました。

COP：なるほどですね。全国では最終処分場に関するいろいろな不適正事案があったのでしょうね。

T先生：そうですね。このように制度・手続の変遷は、最終処分場の特徴に起因した維持管理や廃止に関する不適正事案をなくすよう数次の改正が行われてきた結果なのです。廃止された最終処分場の跡地には、廃棄物が地下にある土地の指定という制度が適用されますが、今回は説明を省略します。制度・手続の変遷を**図表2**にまとめておきましたので確認してください。

COP：分かりました。後で勉強しておきます。

T先生：さて、制度とセットの技術上の基準についてですが、昭和52（1977）年に、いわゆる「共同命令」により、構造基準及び維持管理基準が規定され、平成10年に大改正されましたが、制度・手続ほど多くの変遷はありません。

COP：????　最終処分場に関する「技術上の基準」は「最終処分場基準省令」じゃありませんか？

T先生：制定当初は、厚生省令及び総理府令であったことから共同命令と呼ばれていました。そして、この共同命令は平成10年に改正され、現在の「最終処分場基準省令」となったのです。この改正では構造基準、維持管理基準が

図表2　最終処分場に関係する制度・手続の変遷

昭和52年	政令第7条第14号に最終処分場を追加（一定規模以上のもの）
平成3年	法第15条施設を届出制から許可制に移行
平成9年	①法第15条施設の焼却施設・最終処分場の許可手続に生活アセス、告示縦覧、利害関係者からの意見聴取等を規定 ②政令第7条第14号の最終処分場の免責規模要件撤廃等
平成10年	①廃止確認制度の創設 ②維持管理積立金制度の創設（管理型のみ）
平成16年	①維持管理積立金を安定型にも拡大 ②残余容量の把握及び閲覧義務規定の創設
平成17年	①維持管理積立金を制度創設以前の最終処分場にも拡大 ②廃棄物が地下にある土地の形質の変更に関する制度の創設
平成23年	①維持管理積立金違反者に関する措置（取消し可）の創設 ②取消処分に伴う措置規定（みなし設置者）を創設 ③設置者以外の維持管理積立金の取戻し制度を創設

強化・明確化されたほか、廃止確認の制度創設にあわせ、廃止の技術上の基準も規定されました。構造基準、維持管理基準の強化・明確化については詳細に説明することはしませんが、管理型と安定型の強化の概要は次のとおりです。

管理型：遮水層の二重化、地下水集排水設備・調整池の設置、周縁地下水の検査など
安定型：展開検査、浸透水・周辺地下水の検査など

処理基準の変遷と混入問題

POINT

●埋立処分の基準に関する変遷は、安定型品目とその除外に関することとミニ処分場・旧処分場に関することが多くなっている。
●安定型品目から除外されたのは、自動車等破砕物、鉛含有廃棄物、廃容器包装、石膏ボード、水銀使用製品産業廃棄物

T先生：それでは最後に処理基準、最終処分場に関するものは埋立処分の基準ですが、この変遷を見てみましょう。埋立処分に関する基準の変遷は、大きく二つに分けることができます。一つは安定型品目とその除外に関すること、もう一つはいわゆる「ミニ処分場・旧処分場」に関することです。

COP：安定型品目は分かりますが、「ミニ処分場・旧処分場」って何ですか？　前に出てきたような、聞いたことがあるような……。

T先生：「ミニ処分場」は、ミニですから、小さいってことですね。手続・制度のところで出てきましたが、平成9（1997）年に最終処分場の規模要件が撤廃されるまでに存在したもので、安定型では3,000㎡未満、管理型では1,000㎡未満が該当します。

COP：ということは、「旧処分場」というのは廃止された最終処分場ということですか？

T先生：いえいえ、違います。旧処分場というのは廃棄物処理法で最終処分場が届出対象となる以前から埋立地として使われていた処分場のことです。この2種類の処分場については、浸

出液による公共の水域及び地下水の汚染を防止するため、平成9年に旧処分場のうち法施行前の埋立地に公共用水域汚染防止措置の処理基準が適用され、平成16年には遮水工を設けるなど具体的な内容が処理基準に規定されました。

COP：なぜ、処理基準なんですか？　技術上の基準を適用させればいいじゃないかと思うんですが……。

T先生：COPさん、技術上の基準は政令第7条の最終処分場にのみ適用されるものです。ミニ処分場や旧処分場は政令第7条の最終処分場ではないので、処理基準で厳しくするしかなかったんですね。

COP：もう一つの安定型品目に関する変遷はどんなものですか？　自動車等破砕物が安定型品目から除外されたことは知っていますが、ほかにもあるんですか？

T先生：何度も改正されたので、まとめてみることにしましょう。**図表3**のとおりです。先ほどお話ししたミニ処分場、旧処分場もあわせて載せておきました。

COP：確かに、安定型品目以外の混入防止や安定型品目からの除外に関するものが多いですね。

T先生：そうですね。なお、安定型品目には平成18（2006）年に石綿含有産業廃棄物の溶融固化生成物が追加されています。話を戻して、平成4（1992）年の安定型品目の埋立基準規定と同時に安定型品目以外の混入防止措置の規定も創設されましたが、その後、数次にわたって安定型品目からの除外が行われることとなります。

COP：ほうほう、何か問題でも生じたんでしょうか？

T先生：安定型品目から除外されたのは、自動車等破砕物、鉛含有廃棄物、廃容器包装、石膏ボードなどですが、一言でいえば、これらを埋め立てた安定型最終処分場の浸透水などに問題が生じたからということですね。また、最近では平成27（2015）年改正で水銀使用製品産業廃棄物が安定型品目から除かれました。

COP：自動車等破砕物は香川県の豊島事件をきっかけとして安定型品目から外れたことは知っていますが、ほかのものはどういう経緯で

図表3　最終処分場に関する処理基準の変遷

昭和46年	埋立処分の基準創設
平成4年	安定型品目以外の混入防止措置の規定
平成6年	安定型品目から自動車等破砕物を除外
平成9年	①安定型品目から廃プリント配線板など鉛含有の産業廃棄物、紙付着廃石膏ボード、廃容器包装を除外 ②法施行前の旧処分場への公共用水域汚染防止措置の適用
平成16年	旧処分場・ミニ処分場への浸出液等の基準の設定
平成18年	①安定型品目から廃石膏ボード等を除外（紙を除去しても） ②石綿含有産業廃棄物の溶融処理生成物の埋立基準を設定
平成27年	安定型品目から水銀使用製品産業廃棄物を除外

除外されたんですか？

T先生：鉛含有廃棄物は鉛の溶出、廃容器包装は付着している汚れ物、いわゆる有機物の混入が想定されます。石膏ボードは、硫酸カルシウムを主成分とする石膏をしん材とし両面を紙で被覆成型した内装材で、防火性、遮音性等の特徴があり、建築物の壁、天井など広く用いられています。これが安定型品目から除かれたわけです。

COP：もちろん、石膏ボードには紙が使用されているので安定型から除かれたということですよね。当然といえば当然ですね。

T先生：COPさんがいうとおり、紙が使われていたので安定型への埋立てが禁止されたわけですが、逆にいえば、紙を除去すれば埋立てしてもいいということでもありました。しかし、平成18年には紙を除いても安定型には埋立てできないこととなりました。

COP：???　紙の部分を除いたら、安定型そのものではないんですか？

T先生：平成11（1999）年、福岡県筑紫野市の安定型最終処分場で浸透水の排水ピット内に水質検査のため入った作業員3人が、濃度約1万5,000ppmの硫化水素ガスを吸い込み、死亡する事故が起きました。その後の新たな科学的知見により、紙を除去した後でも、これに含まれる糖類が硫化水素産生に寄与し、安定型最終処分場への埋立処分を行った場合、高濃度の硫化水素が発生するおそれがあることが明らかになったのです。

COP：なるほど、そういう悲しいことがあったんですね、分かりました。

T先生：さて、「最終処分場の分類」のところで処理基準と技術上の基準の関係を具体例を挙げて説明するといいましたが、この安定型品目以外の混入防止を例に見てみましょう。それぞれ処理基準、構造基準、維持管理基準でどのように規定されているか**図表4**にまとめました。

COP：一見しただけではどのような関係があるか分かりづらいですね。

T先生：そうですね。ちょっと簡略化して関係性を見ていきますか。

①まず、処理基準では、「とにかく安定型品目以外のものが付着、混入しないようにしろ」といっています。

②構造基準では、「安定型品目以外の廃棄物の付着又は混入の有無を確認するための浸透水採取設備をつくれ」といっています。

③維持管理基準では、（ロ）として「展開検査を行い、安定型品目以外のものが付着、混入

図表4　安定型最終処分場に関する基準の関係（安定型品目以外の混入防止の例）

処理基準 （政令第6条第1項第3号ロ）		ロ　安定型最終処分場において産業廃棄物の埋立処分を行う場合には、安定型産業廃棄物以外の廃棄物が混入し、又は付着するおそれのないように必要な措置を講ずること。
技術上の基準	構造基準 （最終処分場基準省令第2条第1項第3号ハ）	ハ　埋め立てられた産業廃棄物への安定型産業廃棄物以外の廃棄物の付着又は混入の有無を確認するための水質検査に用いる浸透水採取設備が設けられていること。
	維持管理基準 （最終処分場基準省令第2条第2項第2号ロ及びホ）	ロ　産業廃棄物を埋め立てる前に、最終処分場に搬入した産業廃棄物を展開して当該産業廃棄物への安定型産業廃棄物以外の廃棄物の付着又は混入の有無について目視による検査を行い、その結果、安定型産業廃棄物以外の廃棄物の付着又は混入が認められる場合には、当該産業廃棄物を埋め立てないこと。 ホ　浸透水採取設備により採取された浸透水の水質検査を、(1)及び(2)に掲げる項目についてそれぞれ(1)及び(2)に掲げる頻度で行い、かつ、記録すること。 (1)　地下水等検査項目　1年に1回以上 (2)　生物化学的酸素要求量又は化学的酸素要求量　1月に1回（埋立処分が終了した埋立地においては、3月に1回）以上

しているときは埋め立てるな」、（ホ）として「浸透水の水質検査を一定の頻度で実施し、記録しろ」といっています。

COP：処理基準の内容を具体的に定めたということですか？　ちょっと違うような感じがします……。

T先生：どちらかというと、処理基準を担保するための方法を具体的に技術上の基準で定めているというものです。そもそも、安定型品目以外のものが付着、混入するとどうなると思いますか、COPさん？

COP：……そうですね、これまでのお話からすると、浸透水の水質が悪化するということでしょうか。

T先生：そうです。だから維持管理基準において展開検査を行って目視で混入しているか確認するという（ロ）の規定があり、浸透水の水質でそのことを確認するよう（ホ）で規定しているということです。さらに、その浸透水をちゃんと採取できるような設備を造れということを構造基準で規定しているということです。

COP：なるほど、このように処理基準と技術上の基準が関連しているんですね、よく分かりました。

T先生：なお、補足ですが、工作物の新築・解体・除去で排出される安定型品目を安定型処分場に埋立処分する場合の混入防止措置については、環境大臣の定める方法（平成10年環境庁告示第34号）として規定されており、排出から最終処分までの全工程で安定型品目以外が混入しないように分別する方法と、安定型品目とそれ以外の産廃を選別し、安定型品目の熱しゃく減量の5％以下とする方法の二つの方法が規定されています。

まとめ

T先生：廃棄物処理法の改正は不法投棄等の不適正処理への対応や未然防止のために数次の改正を行ってきました。これらの手続、技術上の基準、処理基準の改正も不適正処理対策に起因するものが多くあります。

　そもそも最終処分場が政令第7条の施設となったのは、昭和49（1974）年に都営地下鉄用地及び市街地再開発用地で大量のクロム鉱さいの埋立てが判明した六価クロムによる土壌汚染問題が契機となっています。

　安定型品目から自動車等破砕物が除かれることとなった処理基準の改正は、有名な平成2（1990）年の豊島不法投棄事件、豊島開発が自動車由来のシュレッダーダスト等を有価物と称し不法投棄したことに起因しています。

　また、秋田県の産業廃棄物処理業者が、最終処分場内に未処理の廃棄物や汚水を大量に保有したまま倒産したため、県が汚水処理等の維持管理を代行した能代産廃事件というものがありましたが、全国でも同様の事案が多く発生していたことから、埋立量に応じて埋立終了から廃止までにかかる費用をあらかじめ積み立てておく、「維持管理積立金」の制度が平成9年の改正で創設されました。

COP：今回の最終処分場に関する制度変遷は、まさに廃棄物処理法の改正歴史の中核であることが分かりました。T先生、どうもありがとうございました。

まとめノート

制度・基準等の変遷 (○：制度・手続、◇：技術上の基準、●：処理基準)

法施行	制度・基準等の変遷	
法施行 〜昭和52 (1977)年	●昭和46 (1971)年	埋立地の処理基準創設
	○昭和52 (1977)年	法第15条施設に最終処分場を追加 (管理型1,000㎡、安定型3000㎡以上)
	◇昭和52 (1977)年	いわゆる「共同命令」により最終処分場の構造・維持管理基準を規定
昭和53 (1978)年 〜平成10 (1998)年	○平成3 (1991)年	法第15条施設が届出制から許可制に移行
	●平成4 (1992)年	安定型処分場への安定型品目以外の混入防止措置の追加
	●平成6 (1994)年	安定型品目から自動車等破砕物を除外
	○平成9 (1997)年	法第15条施設の焼却施設・最終処分場の許可手続にミニアセス、告示縦覧、利害関係者からの意見聴取 最終処分場の規模要件撤廃等
	●平成9 (1997)年	安定型品目から鉛含有廃プリント配線板、紙付着廃石膏ボード、廃容器包装等を除外 法施行前の旧処分場への公共用水域汚染防止措置の適用
	○平成10 (1998)年	廃止確認制度の創設 維持管理積立金制度の創設 (管理型のみ)
	◇平成10 (1998)年	いわゆる「最終処分場基準省令」により構造・維持管理基準の強化・明確化及び廃止基準の創設
	管理型：遮水層の二重化、地下水集排水設備・調整池の設置、周縁地下水の検査など	
	安定型：展開検査、浸透水・周辺地下水の検査など	
平成11 (1999)年〜	○平成16 (2004)年	維持管理積立金を安定型にも拡大 残余容量の把握及び閲覧義務規定の創設
	●平成16 (2004)年	旧処分場・ミニ処分場への浸出液等の基準の設定
	○平成17 (2005)年	維持管理積立金を制度創設以前の最終処分場にも拡大 廃棄物が地下にある土地の指定 (廃止された最終処分場等)
	●平成18 (2006)年	石綿含有産業廃棄物の原則破砕禁止等の処理基準の設定 安定型品目から廃石膏ボード等を除外 (紙を除去しても埋立て不可)
	○平成23 (2011)年	維持管理積立金違反者に関する措置 (取消し可) の創設 取消処分に伴う措置規定 (みなし設置者) を創設 設置者以外の維持管理積立金の取戻し制度を創設
	●平成27 (2015)年	安定型品目から水銀使用製品産業廃棄物を除外

一般廃棄物の巻
（産業廃棄物と一般廃棄物の対比）

第16回目は、「一般廃棄物」を取り上げます。今回の担当は前回に引き続きＴ先生です。

一般廃棄物に関する法改正は多いのか？

POINT

● 廃棄物処理法では、一般廃棄物に関する規定の改正は、産業廃棄物の規定に比べて少ない。

● その大きな理由は、一般廃棄物は市町村の自治事務として、一般廃棄物処理計画に基づき行われることにある。

● また、一般廃棄物の処理は産業廃棄物と比較して競争原理が働きにくく、不適正処理が行われにくいことが改正が少ない要因となっている。

COP：Ｔ先生、今回のテーマは「一般廃棄物」ですが、産業廃棄物については、「処理委託」「マニフェスト」「処理業の許可」等、いろいろな分野に分けた解説となっていますが、今回は一般廃棄物全般とテーマが広すぎるのではありませんか？

Ｔ先生：「不法投棄」など一般廃棄物と産業廃棄物のどちらにも共通する部分もありますが、一般廃棄物全般というのは確かに広すぎますね。

COP：しかも、事業者の立場からすると一般廃棄物は、法改正も少なく、産業廃棄物に比べて"なじみが薄い"という印象です。今回の一般廃棄物の話題は途中で興味がなくなりそうで心配です！

Ｔ先生：そうですね、産業廃棄物に比べると話題となることは少ないことは確かです。そこで今回は、可能な限り事業者の方に関連のある話題を中心に進めていきたいと思います。まずは、準備運動として「なぜ一般廃棄物は産業廃棄物に比べて改正が少なかったか？」について考えてみましょう。

COP：ほほーっ、なぜ少ないんですか？

Ｔ先生：そもそも、廃棄物処理法の制定段階で次の三つのことを根幹としました。

① 廃棄物を一般廃棄物と産業廃棄物に大別し、産業廃棄物以外の廃棄物を一般廃棄物とする。

② 一般廃棄物については、市町村は区域内の一般廃棄物が適正に処理できるように一般廃棄物処理計画を策定しなければならないとし、その処理責任は原則として市町村にあるとした。

③ 産業廃棄物については、事業者の処理責任を明確にし、事業者は自ら処理基準に従って処理するか、委託基準に従って許可業者等に委託しなければならないこととした。

つまり、わざわざ一般廃棄物と産業廃棄物を区分したということは、原則的なところで、一般廃棄物は産業廃棄物とは考え方や体系を違う

ように設定しているようです。

COP：このことが一般廃棄物に関して改正が少ないこととどう関わってくるわけですか？

T先生：②のとおり、一般廃棄物は原則的に市町村の自治事務であり、その受け皿もほとんどが、市町村が設置する焼却施設や最終処分場（埋立地）となっています。つまり、市町村一般廃棄物処理計画という大きな枠の中で公共が中心になってやってきた行為なだけに、国全体のルールである法律としては改正する必要性が少なかったということでしょう。

COP：T先生、ところで、その「一般廃棄物処理計画」というものは何でしたっけ？　T先生ではないかもしれませんが、ほかの先生から聞いたことがあるような……。

T先生：一般廃棄物処理計画とは、法第6条第1項に基づいて定めるものですが、10年から15年の長期的な視点で策定する「一般廃棄物処理基本計画」と、年度ごとの「一般廃棄物処理実施計画」で構成されています。一般廃棄物処理計画は一般廃棄物処理業の許可の際に、また登場しますので記憶にとどめておいてください。

COP：はて、はて???　処理計画と処理業の許可が関係あるとは考えられませんが……とりあえず説明の続きをお願いします。

T先生：はい、改正が少ない一般廃棄物業界ではありますが、それでもそれなりの改正はあったんですよ。平成3（1991）年の法改正により、日本全国全ての土地が一般廃棄物処理計画の対象となりました。

　この改正以降は、「市町村が関知しない一般廃棄物はない」という建前になったというわけです。

COP：一般廃棄物の法改正はこれだけですか。

T先生：いやいやCOPさん、そう早まらないでください。前置きが長くなりました。それでは、ここからは産業廃棄物の制度と比較し、そ

の違いを浮き彫りにすることで、一般廃棄物に関する制度はどのような特徴があるのか、そしてその制度の変遷（あまりありませんが）はどうなっているかを追いかけたいと思います。

COP：産業廃棄物の制度と一般廃棄物の制度を比較しながら、（数少ない）制度の変遷を見るということですね。それでは、とりあえず、よろしくお願いします。

T先生：まずは、今回お話しする予定の項目は次のとおりです。

①一般廃棄物の定義、処理責任
②一般廃棄物処理業の許可
③一般廃棄物処理施設の許可等
④一般廃棄物の処理基準と行政処分　　　など

　お題目だけでは伝わらないと思いますので、例を挙げると、産業廃棄物処理業の許可は原則5年であるのに対し一般廃棄物処理業の許可は2年であるとか、特別産業廃棄物処理業という許可はあるのに特別管理一般廃棄物処理業という許可はない、などです。

一般廃棄物の定義

POINT

● 一般廃棄物は便宜的に「ごみ」と「し尿」に分類され、さらに「ごみ」は、一般家庭から排出される「生活系ごみ」と事業活動に伴って排出される「事業系ごみ」＝「事業系一般廃棄物」に分類される。

● 平成3年の法改正で特別管理一般廃棄物が規定されたが、ほとんどが事業所から排出されるもので、「感染性一般廃棄物」や「ダイオキシンを基準以上に含むばいじん等」などである。

● 平成27年の政令改正により特別管理一般廃棄物に「廃水銀」が追加となった（参考：特別管理産業廃棄物は「廃水銀等」）。

T先生： それでは、一般廃棄物の定義から見ていきましょう。一般廃棄物の定義は「廃棄物であって産業廃棄物以外のもの」と、とてもシンプルなものになっています。

COP： 産業廃棄物は具体的に20種類が定義されているのに対し、一般廃棄物は全く具体性がなく、分かりづらいですね。

T先生： そうですね、そもそも、「一般廃棄物」という言葉自体、なじみが薄いでしょうね。分かりやすく説明すると、**図表1**のように、一般廃棄物は便宜的に「ごみ」と「し尿」に分類され、「ごみ」はさらに家庭から排出される「生活系ごみ」と事業活動に伴って排出される「事業系ごみ」に分類されます。

COP： 確かに、「ごみ」とか「し尿」のほうがなじみある言葉ですが、この分類は法律に基づくものなのでしょうか？　廃棄物処理法を見ても見当たらないのですが……。

T先生： はい、廃棄物処理法の定義では先ほど説明したとおり、一般廃棄物は「廃棄物であって産業廃棄物以外のもの」と定義されており、「ごみ」とか「し尿」という用語は出てきません。

ただし、廃棄物処理法第8条において、一般廃棄物処理施設はごみ処理施設、し尿処理施設、最終処分場とされているほか、環境省が実施している「一般廃棄物処理事業実態調査」などでは「ごみ」「し尿」という用語が使われています。

COP： つまり「事業系一般廃棄物」といった場合、この「事業系ごみ」を指しているということですね、分かりました。ところでT先生、産業廃棄物では平成3年に特別管理産業廃棄物が追加となりましたが、一般廃棄物はどうでしょうか？

T先生： 平成3年の法改正は一般廃棄物にとっても大改正であり、その一つが産業廃棄物と同様に一般廃棄物にも「特別管理」の概念が導入されたことです。この「特別管理」という概念は「取扱いに注意を要する」というもので、産業廃棄物にもあるわけですが、一般廃棄物の特別管理、すなわち「特別管理一般廃棄物」は、ちょっと特殊な物であり、住民としては、直接的にはあまりなじみがありません。

COP： といいますと、特別管理一般廃棄物のほとんどは、事業系一般廃棄物ということですか？

T先生： 先ほど定義のところで出てきました

図表1　廃棄物の分類

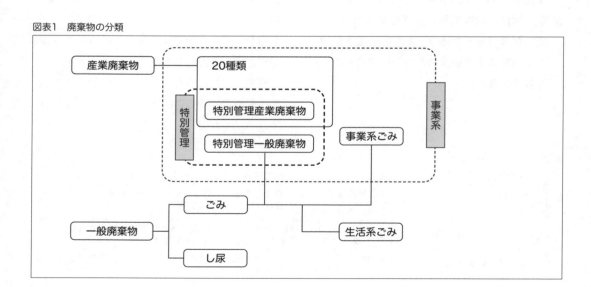

が、一般廃棄物というと「生活系ごみ」というイメージが強く、住民としては産業廃棄物よりも身近なものです。

一方、特別管理一般廃棄物は大別すると
①病院等から出る感染性廃棄物
②一般廃棄物焼却施設から出るばいじん等
③ダイオキシンを一定程度以上含む燃え殻、ばいじん、汚泥等
④家電製品のPCB部品等
⑤平成27（2015）年の政令改正で追加された廃水銀
の五つとなります（**図表2**）。

感染性廃棄物は産業廃棄物のときの指定業種のように、排出する業種・場所を限定していて、病院や診療所から血の付いた脱脂綿などが出た場合は、感染性廃棄物になりますが、家庭から出た場合は感染性廃棄物にはなりません。

一般廃棄物の処理責任、事業系一般廃棄物の処理責任

POINT

● 生活ごみやし尿などは実際に排出するのは住民であり、処理責任は市町村にある。
● 市町村は一般廃棄物の処理主体であり、統括的な責任を有するが、事業系一般廃棄物については産業廃棄物と同様に事業者に処理責任がある。

T先生：次は処理責任についてです。産業廃棄物の場合は、排出事業者が、最終処分が終了するまで一連の処理責任を有することとなっていますが、生活ごみやし尿など一般廃棄物の場合は実際に排出するのは住民であるのに対し、処理責任は市町村にあるとされています。

COP：それでは、事業系一般廃棄物についてはどうなっていますか？　事業活動に伴って排出されるものなので産業廃棄物と同様に事業者に処理責任があるんですか？　それとも、一般廃棄物ということで市町村に処理責任があるんですか？

T先生：一般廃棄物の処理責任については、廃棄物処理法の施行時の通知（昭和46（1971）年）に「一般廃棄物の処理については、処理主体を原則として市町村の清掃事業に置く等、清掃法の理念を継承するものであること」と記載されています。

COP：つまり、事業系一般廃棄物についても処理責任は市町村にあるということですか？

T先生：ところが、同じ通知に「事業者はその事業活動に伴って排出される全ての廃棄物について、その廃棄物が産業廃棄物に区分されるか一般廃棄物に区分されるかにかかわらず、全般的に処理責任を有するものである」とも記載されています。

COP：???　禅問答のように難しいですね。結局どういうことですか？

T先生：総括すると、市町村は基礎自治体として一般廃棄物の処理主体であり、統括的な責任

図表2　特別管理一般廃棄物

特別管理一般廃棄物	PCB使用部品	廃エアコン・廃テレビ・廃電子レンジに含まれるPCBを使用する部品
	廃水銀	水銀使用製品が一般廃棄物となったものから回収した廃水銀
	ばいじん	ごみ処理施設の集じん施設で生じたばいじん
	ばいじん、燃え殻、汚泥	ダイオキシン類対策特別措置法の特定施設である廃棄物焼却炉から生じたもので、ダイオキシン類を3ng-TEQ/gを超えて含有するもの
	感染性一般廃棄物	医療機関等から排出される一般廃棄物であって、感染性病原体が含まれ若しくは付着しているおそれのあるもの

を有するが、事業系一般廃棄物については産業廃棄物と同様に事業者に処理責任があるということになります。ところで、COPさんは「ニハイ」という言葉を聞いたことがありますか？

COP：何のことでしょう？　「ニーハイ」なら聞いたことがありますが、T先生、ソックスが何か関係するんですか???!

T先生：産業廃棄物（産廃）は「サン（三）パイ」、一般廃棄物（一廃）が「イッ（一）パイ」ということで、中間にある事業系一般廃棄物は「二（二）ハイ」、と呼ばれることがあります。事業系一般廃棄物は一般廃棄物ではあるが制度的には産業廃棄物に近くハイブリッド的な規定となっているのです。

　この「ニハイ」という言い方はその辺をいい得ている表現といえますね。原則として別体系であった一般廃棄物と産業廃棄物ですが、事業系一般廃棄物については中間的な規定となっているため、委託や処理業の許可など様々な個所が似たような規定となっています。

COP：なるほど、おやじギャグ的なニハイはさておき、一般廃棄物の中でも事業系一般廃棄物は産業廃棄物の処理体系に近いということですね。ちょっと待ってください、T先生、そうすると、競争原理が働くので、不法投棄などが起こりやすく、この部分は法改正も多く行われたということでしょうか？

T先生：実は、事業系一般廃棄物に関する箇所もそれほど多く改正されたわけではありません。つまり、事業系一般廃棄物の処理体系は産業廃棄物に近いのですが競争原理はあまり働かない仕組みとなっています。このことを説明するためには、一般廃棄物の処理の流れや一般廃棄物処理業の許可について知っておく必要があります。

一般廃棄物処理業の許可、市町村の委託、事業者の委託

POINT

● 住民がごみステーションに出した生活系ごみは、市町村が直接又は市町村から委託を受けた者がごみ処理施設に運搬する。

● 一方、事業系一般廃棄物は、産業廃棄物と同様に、市町村から許可を受けた一般廃棄物処理業者に委託してごみ処理施設に運搬するのが一般的

● 平成3年の改正で一般廃棄物処理業の許可が永年許可から1年間とされた。

● 一般廃棄物処理業の許可期間は、一般廃棄物処理計画（年度実施計画）との関連から1年間であったが平成9年の改正で2年間に延長された。

● 一般廃棄物処理業の許可は、当該市町村による処理が困難な場合と限定されている。

● 一般廃棄物処理業の許可は、当該市町村による一般廃棄物処理計画に適合している場合と限定されている。

● 一般廃棄物処理業者が徴収できる処理料金は市町村の条例で定める料金が上限となる。

● 特別管理一般廃棄物処理業は存在せず、一般廃棄物処理業の範疇で処理が可能となっている。

● 事業系一般廃棄物の委託基準は平成15年度に規定された。

T先生：ということで、まずは一般廃棄物の処理の流れです。一般的な処理の流れは図表3のとおりとなります。

　一般廃棄物を処理する場合の「委託」については、事業者による許可業者への委託（事業系ごみ）と市町村から民間業者への委託の通常2形態があります。そして、事業者が委託する場

図表3　一般廃棄物の処理の流れ（通常の場合）

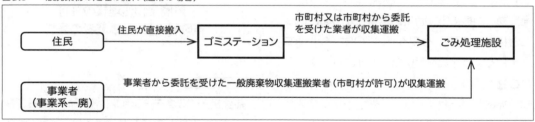

合は許可業者へ委託しなければなりませんが、市町村が委託する民間業者は許可業者でなくてもよいこととされています。

COP：うーん、T先生、よく分かりません。どうして市町村が委託する場合は許可業者でなくてもよいのですか？

T先生：そうですね。ちょっと分かりづらいので詳しく解説します。産業廃棄物処理業の許可をするのは都道府県知事ですが一般廃棄物処理業の許可を出すのは市町村です。したがって、市町村は自分が許可を出す権限があるので、わざわざ許可業者に委託しなくても許可業者と同等の者に委託すれば足りるということです。逆にいえば、許可を出せないような業者には委託しない、ということで、受託者は許可業者でなくてもよいということになると考えられます。

COP：なるほど、なるほど。そういえば、法第19条の8に基づいて都道府県が行政代執行を行う場合、都道府県知事から委託を受けて処理を行う者は、産業廃棄物処理業の許可が不要となっていますが、これと同じような考え方ですね。

T先生：余談になりますが、市町村が市町村以外の者に委託する場合の基準は政令第4条で規定されていますが、この規定の内容は産業廃棄物の委託基準とは全く異なる内容であり、欠格要件など許可基準の項目も含まれています。

　さて、続いて一般廃棄物処理業の許可制度について見ていきましょう。COPさんは産業廃棄物処理業の許可制度とどのような違いがある

か知っていますか？

COP：許可制度である以上、産業廃棄物とほぼ同じではないでしょうか。「許可」とは、ある行為を公共の安全や秩序の維持など公益上の理由から一般的に禁止し、特定の場合に限ってそれを解除し適法に行うことができるようにする行政行為ということでしたよね。したがって同じ廃棄物の処理に関する許可ですから許可基準などに大きな違いがあるとは思えないのですが……（長岡文明著『廃棄物処理法許可不要制度』参照）。

T先生：確かに、条文の字面は似ていますが、冒頭で例示した許可期間（産業廃棄物は5年、一般廃棄物は2年）のほか許可基準などにも違いがあります。

COP：許可基準の違いといっても大きな違いではないんじゃないですか？

T先生：欠格要件など基本的な枠組みは産業廃棄物処理業の許可基準と同じですが、一般廃棄物処理業の許可基準には産業廃棄物処理業の許可基準にない、次の2項目が規定されています。ここが大きな違いとなっています。

①当該市町村による一般廃棄物の処理が困難であること。

②申請内容が一般廃棄物処理計画に適合するものであること。

COP：たった2項目の追加で、それほど大きな違いがあるとは考えられませんが???

T先生：いえいえ、これが大きな違いなんです。処理責任のところで説明したとおり、市町

村は基礎自治体として一般廃棄物の処理主体であり、統括的な責任を有することから、その市町村による処理が困難な場合に限って民間業者に許可を与えるものであり、当然、市町村の一般廃棄物処理計画に沿ったものである必要があるということです。

　同じ許可ですが、産業廃棄物処理業の許可はいわゆる講学上の「許可」で、先ほどCOPさんの説明にあった「禁止の解除」ですが、一般廃棄物処理業の許可は「特別の地位を与える」いわゆる「特許」に近いといえます。もう少し分かりやすく説明すると、産業廃棄物処理業の許可は「問題のある業者をふるい落とす制度」であるのに対し、一般廃棄物処理業の許可は「ふさわしい業者を選び出す制度」となっているのです。

COP：つまり、一般廃棄物の処理に関しては、すべて市町村のコントロールの下、市町村及び市町村が選んだ特定の業者が行うものであり、自由競争は起こりにくいということですね。

T先生：そうです。一見すると、事業系一般廃棄物の処理委託については産業廃棄物の処理委託と同様に許可業者への委託ですから自由競争と思われがちですが、最高裁判決（平成26（2014）年1月）においても、産業廃棄物処理業の許可と異なり、「一般廃棄物処理事業は、専ら自由競争に委ねられるべき性格の事業とは位置付けられないものといえる」とされています。

　さらに、先ほどの最高裁判決では、産業廃棄物処理業の許可のように、「条件を満たせば誰でも参入できる」というものではなく、既存の許可業者は新規参入業者の許可取消しの原告適格を有する（例えば、既存許可業者Aは新規にBが許可となった場合、Bの許可を取り消しするよう訴えることができる）ことにも言及しています。

　また、処理料金についても、事業系一般廃棄物の場合は市町村が条例で定めた額が料金の上限となり、市町村の統制が働くので、産業廃棄物に比べ自由競争が起こりにくい仕組みとなっています。

廃棄物処理法（要約）

（一般廃棄物処理業）

第7条

12　一般廃棄物処理業者は、一般廃棄物の処理につき、当該市町村が地方自治法第228条第1項の規定により条例で定める処理に関する手数料の額に相当する額を超える料金を受けてはならない。

COP：なんと、処理料金に上限があるとは知りませんでした。一般廃棄物の処理業の許可は、まさに「がんじがらめ」ですね。

T先生：これまで、事業者が事業系一般廃棄物を一般廃棄物処理業者に委託することについて説明してきましたが、実は、この委託に関して基準が規定されたのは平成15（2003）年度なんですよ。なお、市町村が市町村以外の者に委託する場合の基準は法の施行当初から規定されていました。しかも事業系一般廃棄物処理の委託基準は産業廃棄物の委託基準と比べてとても簡単な規定です。先ほどCOPさんがいったとおり、自由競争が起こらないことから不適正処理も多くなく、結果として法改正が少ないということになると思います。委託といえばさらに産業廃棄物と大きな違いがあります。COPさん何か分かりますか？

COP：そういえば、一般廃棄物にはマニフェストなどの使用義務がありませんね。ほかに何かあるんでしょうか？

T先生：事業者の一般廃棄物の処理委託契約については、特段条文の規定はありません。このほかでは、一般廃棄物は再委託が禁止されていることも産業廃棄物と異なるところです。産業

廃棄物の場合は条件付きで再委託できますが、一般廃棄物の場合は災害時のみ再委託ができることとなっています。

COP：そういえば、冒頭で例示された許可期限については、どうして産業廃棄物処理業と一般廃棄物処理業で異なるのですか？

T先生：一般廃棄物、産業廃棄物ともに処理業の許可が永年許可から許可期間が設定されたのは平成3年改正です。一般廃棄物については一般廃棄物処理計画（この場合は基本計画ではなく年度ごとの実施計画）との整合性の観点から1年とされ、産業廃棄物については5年とされたところです。その後、平成9（1997）年の改正で、一般廃棄物については規制緩和推進計画を踏まえ2年に延長されました。

COP：なるほど、一般廃棄物処理業の許可期間と一般廃棄物処理計画が関係するのですね。やっと分かりました。ところでT先生、許可の違いといえば、特別管理一般廃棄物処理業がないとのことですが処理しなくてもいいということなのですか？

T先生：平成3年改正で産業廃棄物については特別管理産業廃棄物処理業の許可制度が創設されましたが、特別管理一般廃棄物処理業は創設されず、現在も存在していません。その理由について当時の通知（平成4年8月13日付け衛環第232号）では、「特別管理一般廃棄物については、その類型に応じた処理業の区分は設けず、一般廃棄物処理業の許可を受けている者がその許可を受けている事業の範囲で処理を行うことができること」と記載されています。

COP：うーん、特別管理一般廃棄物処理業が存在しない理由、というか、不要である理由になっていないような……。

T先生：実際に不具合があるかというと、特別管理産業廃棄物と同様の性状である特別管理一般廃棄物の処理は特別管理産業廃棄処理業者が処理できるということが、法第14条の4第

17項で定められており、実態としては特に問題は生じないと思われます。具体的な品目は、省令第10条の20で定められています。なお、廃水銀については平成29（2017）年の省令改正で追加されたものです。

一般廃棄物処理施設の 設置届と設置許可

POINT

- 一般廃棄物処理施設は、ごみ処理施設、し尿処理施設、最終処分場の3区分となっている（最終処分場は昭和52年改正で追加）。
- 市町村以外の者が設置する一般廃棄物処理施設は、産業廃棄物処理施設と同様に平成3年改正で届出制から許可制（法第8条）に移行したが、市町村が設置する一般廃棄物処理施設は届出制（法第9条の3）のまま
- 平成9年の法改正で一般廃棄物処理施設についても告示・縦覧等の手続が追加された。法第8条の許可の場合は産業廃棄物処理施設と同様に最終処分場と焼却施設であるが、市町村設置の場合は、告示・縦覧等の対象施設を市町村条例で定めることとされた。

T先生：次は一般廃棄物処理施設の設置についてです。産業廃棄物処理施設は政令第7条で第1号脱水施設から第14号最終処分場まで規定されていますが、一般廃棄物処理施設については、ごみ処理施設、し尿処理施設、最終処分場の3区分となっています。

　なお、最終処分場は、産業廃棄物の最終処分場と同じく昭和52（1977）年の政令改正により追加されています。

COP：とてもシンプルですが、ごみ処理施設とは何ですか？

T先生：粗大ごみの破砕や圧縮など、そのほか

様々な処理方法を全て包括したものです。しかし、ごみ処理施設としてひとまとめにしたことによる弊害もありますが、それは後ほど説明します。

さて、これら一般廃棄物処理施設の設置手続についてですが、まず、産業廃棄物処理施設の設置手続を復習しましょう。

COP：確か、法施行時は設置届出、平成3年の法改正で許可制度となったんですよね。

T先生：ところが、一般廃棄物処理施設については、法施行時は届出というのは同じですが、平成3年の法改正で袂を分かつこととなります。民間設置は産業廃棄物処理施設と同様に設置許可となりましたが、一般廃棄物処理計画に従って市町村が設置する処理施設（市町村設置）については、従前どおり届出のままなのです。

COP：はてはて、なぜ市町村は従前のままなのか、全く理解できません。

T先生：まず、許可制に移行したのは、廃棄物処理施設の安全性及び信頼性の向上のためですが、平成3年度に許可制に移行する前に届出制をマイナーチェンジしているんです。昭和46年の法施行時は施設に関しては維持管理基準だけ規定されていましたが、昭和52年の省令改正で構造に関する基準が設けられました。

COP：構造に関する基準を満たしているか設置前に確認するため許可制に移行したということですか？　それではなぜ、市町村だけ届出のままなんですか？

T先生：「許可」というものは先ほどお話ししましたとおり「禁止の解除」というものです。一般廃棄物は市町村に統括的処理責任がある以上、それを処理する行為、処理するに必要な施設の建設を「原則禁止」するというのでは理屈が通らないでしょう。

そこで市町村が一般廃棄物処理計画に従い一般廃棄物を処分するため設置する場合は、許可制度ではなく届出制度のままだったのではない

でしょうか。

COP：なるほど、ところでT先生、産業廃棄物の場合は処理業の許可申請先も施設の設置許可申請先も都道府県知事です。一般廃棄物処理業の許可申請先は市町村長でしたが、一般廃棄物処理施設の設置許可申請先や届出先も市町村長なのですか？

T先生：処理施設に関しては、一般廃棄物処理施設の設置許可申請先も市町村設置の場合の届出先も都道府県知事となっています。

COP：民間事業者が設置者となる一般廃棄物処理施設は、産業廃棄物処理施設の設置許可と同様だということですか。

T先生：法第8条の設置許可の場合、告示・縦覧等の対象となるのは、産業廃棄物処理施設と同様に焼却施設と最終処分場ですが、市町村設置の一般廃棄物処理施設については、告示・縦覧等の対象は市町村の条例で定めることとされています。

しかも、産業廃棄物処理施設設置許可の場合は、告示・縦覧等を行うのは、申請を受け付け、許認可の判断をする都道府県知事ですが、市町村設置の一般廃棄物処理施設の場合は都道府県知事ではなく、届出を行う市町村が告示・縦覧等を実施することとなっています。

COP：T先生、ちょっとよく理解できないんですが、市町村設置の場合は設置手続が簡素化されているということですか？

T先生：そうとばかりもいえません。先ほど述べたとおり、民間事業者が設置する場合の告示・縦覧等の対象施設は法第8条第4項を受けた政令第5条の2で焼却施設と最終処分場に限定されていますが、市町村設置の場合は告示・縦覧等の対象施設を市町村の条例で定めるので、破砕施設や分別施設、堆肥化施設なども対象にできるのです。多くの市町村では民間事業者設置と同様に焼却施設と最終処分場だけを対象としている場合がほとんどですが、破砕施設など

ほかの施設も対象にしている例もあるようです。

さらに、市町村設置の場合は、何十年かに1回の設置・更新となるため、過去に条例を制定したまま、必要な改正を行っていないと、ちょっと不利になる場面があります。

COP：制定や改正をしなくて済むならそれに越したことはないような気がしますが、不利になるのはどんなときですか？

T先生：非常災害時に市町村だけでは処理しきれず民間業者に委託し、この民間業者が処理施設を設置して処理しなければならなくなったときです。平成27年の法改正で、市町村から委託を受けた者による非常災害に係る一般廃棄物処理施設の設置の特例として、本来設置許可が必要であるのに届出でよいと簡素化されたのですが、非常災害時の手続の簡素化について、きちんと条例に定めていないと、この手続によることができず、従来どおり設置許可が必要になるというものです。

COP：市町村ではこの条例の改正や制定をしていたほうがよいということですね。

一般廃棄物における 処理基準と行政処分

POINT

●一般廃棄物を実際に排出する住民及び事業系一般廃棄物の排出事業者には処理基準が適用されないが、市町村（市町村から委託された者を含む）と処理業者は処理基準が適用となる。

●改善命令の対象は、一般廃棄物処理業者のみ

●措置命令の対象は、市町村（市町村から委託された者を含む）を除き、委託基準に違反して委託した事業系一般廃棄物の排出事業者が含まれる。

T先生：続いては、処理基準と行政処分についてです。さてCOPさん得意の産業廃棄物では誰に処理基準が適用され、誰が命令を行うのか（命令者になるのか）確認してみましょうか。

COP：はい、産業廃棄物では、産業廃棄物を排出する事業者、許可を受けた産業廃棄物処理業者に処理基準が適用され、処理基準に従わない処理を行った場合は、都道府県知事から改善命令等を受けることとなります。

T先生：では、一般廃棄物ではどのように規定されていると思いますか？　前述のように、一般廃棄物を実際に排出する住民及び事業系一般廃棄物の排出事業者、処理主体である市町村、市町村から委託を受けた者、許可業者がありますが。

COP：そうですね、産業廃棄物からの類推では、事業系一般廃棄物の排出事業者、市町村、許可業者は基準が適用になると思います。住民と委託業者が微妙ですね。住民に直接基準がかかるとは思えないので、住民は適用にならないと思います。市町村からの委託業者については許可業者と同等でしょうから基準が適用されると思います。

T先生：まず、法律の規定がどうなっているかというと次のように規定されています。

廃棄物処理法（要約）

（市町村の処理等）

第6条の2

2　市町村が行うべき一般廃棄物の収集、運搬及び処分に関する基準（一般廃棄物処理基準）並びに市町村が一般廃棄物の収集、運搬又は処分を市町村以外の者に委託する場合の基準は、政令で定める。

※第3項で特別管理一般廃棄物について同様に規定されている。

（一般廃棄物処理業）

第7条

13　一般廃棄物収集運搬業者又は一般廃棄物処分業者は、一般廃棄物処理基準（特別管理一般廃棄物にあっては、特別管理一般廃棄物処理基準）に従い、一般廃棄物の収集若しくは運搬又は処分を行わなければならない。

T先生：結論をいいますと、一般廃棄物を実際に排出する住民及び事業系一般廃棄物の排出事業者には基準が適用されません。市町村と処理業者は基準が適用となることが明確です。一方、市町村から委託を受けた者については「市町村が行うべき」をどのように解釈するかですが、この解釈については、平成26年10月8日付けの環境省通知では、市町村の処理責任について次のように記載されています。

一般廃棄物処理計画を踏まえた廃棄物の処理及び清掃に関する法律の適正な運用の徹底について（通知）（平成26年10月8日環廃対発第1410081号環境省大臣官房廃棄物・リサイクル対策部長通知）

　廃棄物処理法第6条の2第2項の規定における『市町村が行うべき一般廃棄物の収集、運搬及び処分』とは、市町村自ら行う場合と市町村が委託により行う場合の両方を指しており、両者を同様に扱っていることから、市町村の処理責任については、市町村が自ら一般廃棄物の処理を行う場合のみならず、他者に委託して処理を行わせる場合でも、市町村は引き続き同様の責任を負う。

COP：なるほど、許可業者と同等と考え、委託業者に処理基準が適用されると考えたのですが、実は市町村と同等であるとして処理基準を遵守する必要があるのですね。

T先生：それでは、次の改善命令と措置命令について考えたいところですが、なかなか複雑な

ので条文の要約を載せますので確認してみてください。

COP：……難しそうですが、頑張ってみます……。

廃棄物処理法（要約）
　（改善命令）
第19条の3　次の各号に掲げる場合において、当該各号に定める者は、当該一般廃棄物又は産業廃棄物の適正な処理の実施を確保するため、当該保管、収集、運搬又は処分を行つた者（事業者、<u>一般廃棄物収集運搬業者、一般廃棄物処分業者</u>、産業廃棄物収集運搬業者、産業廃棄物処分業者、特別管理産業廃棄物収集運搬業者、特別管理産業廃棄物処分業者及び無害化処理認定業者並びに国外廃棄物を輸入した者に限る。）に対し、期限を定めて、当該廃棄物の保管、収集、運搬又は処分の方法の変更その他必要な措置を講ずべきことを命ずることができる。
　一　一般廃棄物処理基準（特別管理一般廃棄物にあっては、特別管理一般廃棄物処理基準）が適用される者により、当該基準に適合しない一般廃棄物の処理が行われた場合　市町村長

　（措置命令）
第19条の4　一般廃棄物処理基準に適合しない一般廃棄物の処理が行われた場合において、生活環境の保全上支障が生じ、又は生ずるおそれがあると認められるときは、市町村長は、必要な限度において、当該処理を行つた者（一般廃棄物処理計画に従い当該処理を行った<u>市町村を除く</u>ものとし、委託基準に違反する委託により当該処理が行われたときは、<u>当該委託をした者を含む</u>。）に対し、期限を定めて、その支障の除去又は発生の防止のために必要な措置を講ずべきことを命ずることができる。

図表4　一般廃棄物と産業廃棄物の制度の対比

項目	一般廃棄物（事業系除く）	事業系一般廃棄物	産業廃棄物
排出者	住民	事業者	事業者
処理責任	市町村	市町村・排出者	排出者
収集運搬委託者	市町村	排出者	排出者
収集運搬受託者	市町村が認める者	一般廃棄物処理業者	（特別管理）産業廃棄物処理業者
許可権者（期限）	―	市町村（2年）	都道府県（5年）
委託契約	不要	規定なし。特別管理一般廃棄物の場合は、事前通知文書必要	必要
書面契約	不要	不要	必要
マニフェスト	不要	不要	必要
処理基準 改善命令	市町村、市町村から委託された者（住民は対象外）	一般廃棄物処理業者 （排出者は対象外）	排出者、（特別管理）産業廃棄物処理業者
措置命令	基準に適合しない処理を行った者（市町村を除き、委託基準に違反して委託した排出事業者を含む）		（複雑であるため省略）

注）一般廃棄物については、図表3のフロー図のとおり、市町村のごみ処理施設で処理されることを前提として記載しています。

T先生：改善命令、措置命令の対象者等も含めて図表4にまとめてみたので参考にしてみてください。

謎はまだまだある

COP：T先生、廃棄物処理法自体、不思議だらけの法律ですが、一般廃棄物に関しては清掃法の時代までにさかのぼる考え方もあり、さらに謎の世界でした。

T先生：冒頭でお話ししたように、今回は、一般廃棄物に関する規定のうち可能な限り事業者の方に関連のある話題を中心に進めてきました。例えば、生活系ごみに委託基準違反の罰則規定はないが、事業系一般廃棄物には委託基準違反の罰則規定があるなど、まだまだ謎はありますが、それは別の機会に、ということで今回はここまでです。

まとめノート

▶**昭和52年（1977）年**　一般廃棄物処理施設に最終処分場が追加される。

▶**平成3年（1991）年**　一般廃棄物処理業の許可が永年許可から1年間となる。
市町村以外の者が設置する一般廃棄物処理施設は届出制から許可制（法第8条）となる。
特別管理一般廃棄物が規定される（特別管理一般廃棄物処理業は規定されず）。

▶**平成9年（1997）年**　一般廃棄物処理業の許可期限が2年間に延長される。
一般廃棄物処理施設についても告示・縦覧等の手続が追加（法第8条の許可の場合の対象は最終処分場と焼却施設）

▶**平成15年（2003）年**　事業系一般廃棄物の委託基準が規定される。

▶**平成28年（2016）年**　特別管理一般廃棄物に「廃水銀」が追加される。

第**17**回

計画の巻

第17回は、各種「計画」について取り上げます。今回の担当は某自治体で環境行政の中核を担うＹ先生です。

どんな「計画」が規定されているの？

POINT

●廃棄物処理法には、一般廃棄物処理計画、災害廃棄物処理計画など、比較的なじみのある計画以外にも、廃棄物処理施設整備計画、都道府県廃棄物処理計画など、様々な「計画」が規定されている。

●事業者に関連する計画として押さえておきたいのは、多量排出事業者処理計画

COP：「計画」っていうと、廃棄物処理法第6条に規定する「一般廃棄物処理計画」ですね。これは「第16回 一般廃棄物の巻」でＴ先生から説明があったので、改めて取り上げなくてもいいんじゃないですか？

Ｙ先生：いやいや、廃棄物処理法の中に出てくる「計画」というのは、「一般廃棄物処理計画」だけじゃないんです。廃棄物処理法で「計画」とつくものには、ほかにも第5条の3「廃棄物処理施設整備計画」、第5条の5「都道府県廃棄物処理計画」があり、事業者として押さえておきたい計画としては第12条「多量排出事業者処理計画」があります。さらに、近年特に重視されるようになった計画として「災害廃棄物処

理計画」もありますね。

COP：ほぉ～、いろいろあるんですね。でも、計画なんていうのは往々にして「絵に描いた餅」「計画倒れ」って言葉があるくらいで、わざわざ法律で規定したり、その規定を改正したりする意味はあるんですか？

Ｙ先生：確かに、COPさんがいうことも一理あるし、そのようになってしまっている計画もあるかもしれませんが、廃棄物処理法で規定する計画は、本来の趣旨を生かして策定・活用するなら、相応の価値があるものなんです。

COP：それはどんなところで？

Ｙ先生：まず、一般廃棄物の処理計画ですが、一般廃棄物の処理については、市町村に統括的な責任がありますので、処理の責任者であり、実行者でもある市町村が策定する「一般廃棄物処理計画」の重要性や意義は分かりやすいですよね。

COP：はい。市町村や一部事務組合が、一般廃棄物の処理を計画的に行うためには、「一般廃棄物処理計画」が必要というのは当然のことという気がします。

Ｙ先生：ですから、この一般廃棄物処理計画を規定した第6条の規定については、これまでに数次の改正があったものの、廃棄物処理法制定時の昭和46（1971）年から大きくは変わって

いません。

COP：変遷がないなら、今回はこれで終わり……。

Y先生：ではありません。

COP：やっぱり。

Y先生：一般廃棄物処理計画については、処理業者や行政にとって非常に重要な裁判例など、それだけで1章できてしまうマニアックな話がいろいろとあるのですが、解説を始めてしまうと「計画」の話が進まなくなってしまいますので、今回は、これ以外の「計画」を見ていくことにしましょう。

COP：マニアックな話も気になりますので、またの機会に解説をお願いします。

「計画」の意義

POINT

●現行の「都道府県廃棄物処理計画」は、かつては「都道府県産業廃棄物処理計画」だった。

●都道府県産業廃棄物処理計画を通じて的確に将来像を見せることにより、関係者はあらかじめ様々な準備をすることができる。

COP：一般廃棄物の処理に関しては「計画」の意義が分かったんですが、都道府県が策定する「廃棄物処理計画」っていうのは何でしょう？　だって、都道府県は市町村のように、直接廃棄物処理をやることは少ないですよね？　そんな都道府県が「廃棄物処理計画」を作る意味はあるんですかね？

Y先生：では、その「都道府県廃棄物処理計画」から見ていきましょうか。この「都道府県廃棄物処理計画」は、今は第5条の5に移されてしまいましたが、廃棄物処理法スタート時の昭和46年には、第11条第1項に規定されて

いました。

COP：確か第11条って、産業廃棄物に関する事業者の処理責任が規定してあったような……。

Y先生：現行の第11条は、法施行時の第10条が最終的に1条繰り下がったもので、産業廃棄物に関する事業者の処理責任や、市町村による産業廃棄物の処理（いわゆる「併せ産廃」）などが規定されていますね。当初の廃棄物処理法では、この第10条の次に、第11条として「処理計画」の規定を置いていたのです。

廃棄物処理法　　　　　　　　　＊昭和46年当時

（処理計画）

第11条　都道府県は、当該都道府県の区域内の産業廃棄物の適正な処理を図るため、産業廃棄物に関する計画を定めなければならない。

2　前項の処理計画には、産業廃棄物の処理施設の設置、産業廃棄物の運搬、産業廃棄物の処分の場所その他産業廃棄物の処理に関する基本的な事項を定めなければならない。

COP：あれ？　「産業廃棄物に関する計画」となっていますよ？　これだと「都道府県廃棄物処理計画」じゃなくて「都道府県産業廃棄物処理計画」ですよね？

Y先生：よく気付きましたね。その辺りは、後ほど改めて説明しますが、COPさんが気付いたように、第3章は「産業廃棄物」の章なんです。したがって、ここで規定するのは産業廃棄物に関する事項になり、その元になるのが都道府県の定める「処理計画」だったというわけです。

COP：Y先生、話が脱線していますよ。処理計画を作る意味はどうなんですか？

Y先生：では、COPさんがもし処理業者で、「これからあなたの会社は何をやりますか？」って株主から聞かれたら、何て答えますか？

COP：そりゃ、民間企業ですからもうけなきゃいけない。株主には「もうかる仕事じゃんじゃんやりまっせ」と答えますよ。

Y先生：おやまぁ、「商売」といった途端に関西弁ですか。じゃあ、産業廃棄物処理業で「もうかる仕事」って何ですか？　となるわけですが、要するに今後の需要が見込まれ、まだライバル会社が少ない分野ということになりますよね？　それを教えてくれるのが、都道府県の産業廃棄物処理計画だったわけです。

COP：そうなんですか？

Y先生：都道府県は、通常、処理計画を作るときに実態調査を行います。この実態調査では、どの廃棄物が、どれくらいの量排出されて、それを処理する処理施設がどこに、何施設あるかということが分かります。そして、その調査結果を、「計画」に記載することで公表するわけです。例えば、「今後10年間で排出量は倍増し、埋立地が足りなくなる」ってことが、実態調査から予想できた場合、COPさんならどうしますか？

COP：そりゃ、最終処分場の建設を計画しますよ。

Y先生：じゃあ、今後は「排出量は変わらないが、埋立対象物は減少し、焼却対象物が増加する」という状況なら？

COP：その場合は、焼却炉の建設を計画すると思います。

Y先生：処理業者ではなく、排出者の立場だったらどういう行動をとりますか？

COP：最終処分場が少なくなるとすると、埋立対象物の処理料金は値上がりすると想定されるので、購入・製造の段階から埋立てに回るような物は控えて、ほかの方法で処理できる物に切り替えるように対応します。

Y先生：そうですね。今でも、最終処分場や焼却炉といった産業廃棄物処理施設は、様々な要因で簡単には設置することができませんので、埋立てや焼却をしなくても済むように、リサイクル可能な物や、そもそも廃棄物の発生量がない、又は少なくなるような物を選択する取組が進められています。

COP：確かに、将来の見通しが変われば、打つべき手も変わりますね。

Y先生：このように、「処理計画」を通じて、的確に将来像を見せることができるなら、関係者はあらかじめ様々な準備をすることができるのです。事態が深刻になる前に手を打てるので、バッファー（緩衝力）のような効果が期待できるんです。

COP：なるほどねぇ。事業者一人ひとりは都道府県全体の産業廃棄物の動きを知ることはできないですもんねぇ。それを見せることによって、直接は処理をしていなくても、必要な処理施設の設置を誘導するなど、政策的な対応を進めることができるってことですか。

Y先生：はい。ですから、「計画」を策定するときは、抽象的な美辞麗句を並べたて、できもしないことを書いてしまうと、読んだ人は実態がつかめず、計画の本来の役割を果たせなくなってしまいます。

COP：飾り物ではダメなんですね。

Y先生：処理計画の意義はこれ一つではないのですが、産業廃棄物の章の冒頭に、産業廃棄物行政の中心的役割を果たす都道府県の産業廃棄物処理計画が位置付けられていたので、それなりに分かりやすかったのではないかと思います。

どうして変えちゃったの？

POINT

●「都道府県産業廃棄物処理計画」に代え、一般廃棄物を含めた廃棄物全般に関する「都道府県廃棄物処理計画」を策定することとなったため、第3章（第11条）には置いておけなくなり、第1章（第5条の3）に引っ越すことになった。

●都道府県廃棄物処理計画は、国の基本方針と各市町村の一般廃棄物処理計画とをつなぐ役割も期待されている。

COP：その分かりやすかった規定なのに、いつ、どうして変えちゃったんですか？

Y先生：都道府県廃棄物処理計画へ変わったのは、平成12（2000）年の改正ですね。

COP：思ったより最近なんですね。どうして変えちゃったんですか？

Y先生：世の中が「ミレニアム」とか騒いでいた年に循環型社会形成推進基本法（平成12年法律第110号）ができたのですが、これと一体的に、建設工事に係る資材の再資源化等に関する法律（平成12年法律第104号）、食品循環資源の再生利用等の促進に関する法律（平成12年法律第116号）などが整備され、廃棄物処理法についても、第5条の2の規定を追加して国が基本方針を定めることになりました。

COP：循環型社会形成推進基本法って、どんな法律でしたっけ？

Y先生：大量生産・大量消費という構造から脱却し、生産から流通、消費、廃棄にいたる過程において資源の有効利用やリサイクルを進めることにより、資源の消費が抑制され、環境への負荷が少ない「循環型社会」を形成するための基本的な枠組みとなる法律として制定されています。

COP：基本的な枠組みというと？

Y先生：例えば、形成すべき「循環型社会」の姿を提示したり、処理に関する優先順位（①発生抑制、②再使用、③再生利用、④熱回収、⑤適正処分）を明確に定めたりしています。

COP：Reduce（リデュース）、Reuse（リユース）、Recycle（リサイクル）の3Rですね。

Y先生：国の基本方針は、大臣告示の形で「廃棄物の減量その他その適正な処理に関する施策の総合的かつ計画的な推進を図るための基本的な方針」を平成13（2001）年から提示しています（平成13年環境省告示第34号）。

COP：この流れと、都道府県廃棄物処理計画への変更が、どう関係するんですか？

Y先生：これは、平成8（1996）年度のリサイクル率は一般廃棄物が約10%、産業廃棄物が約42%であり[1]、より一層リサイクルを推進する必要があったことや、徐々にではありますが、一般廃棄物処理の分野にも民間が進出してきたこと、一般廃棄物を含む廃棄物の処理が広域化してきたことなどの現実を踏まえ、これらの課題に適切に対応するために、都道府県も産業廃棄物だけでなく一般廃棄物も含めた、つまり、全ての廃棄物を視野に入れた「廃棄物処理計画」を策定する必要があるということになったのです。

COP：いわれてみれば、ごもっともですね。

Y先生：一般廃棄物の処理は市町村の自治事務であり、市町村に権限があるわけですが、各市町村が自分たちだけに都合のよい計画を策定して施策を行ったのでは、全体としては齟齬が生じるかもしれない。そこで、各市町村が策定する一般廃棄物処理計画についても、都道府県全体の廃棄物処理計画、さらには国全体の方針と整合性のあるものにしていく必要がある。都道府県廃棄物処理計画には、そのための調整的な

※1　環境省ホームページ「循環型社会形成推進基本法の趣旨」（https://www.env.go.jp/recycle/circul/recycle.html）

役割も期待されていると思います。

COP：調整的な役割ですか？　でも、廃棄物処理法上は直接関係していないですよね？

Y先生：表面上はそのとおりですが、当時の通知[※2]に、「都道府県は、国が定める一般廃棄物及び産業廃棄物を通じた廃棄物全般に関する施策の基本的な方針に即して区域内における廃棄物の減量その他その適正な処理に関する計画を定めなければならない」旨が記載されています。

COP：なるほど、都道府県が、一般廃棄物も含めて国の基本方針に即した廃棄物処理計画を策定することで、国の基本方針と各市町村の計画とをつなぐ役割を果たすことができるわけですね。そういえば、環境省の「ごみ処理計画策定指針（平成28年9月環境省大臣官房廃棄物・リサイクル対策部廃棄物対策課）」にも、「法令上は直接関係を有するものではないが、両計画は整合性の取れたものとすることが適当」と記載されていました。

Y先生：まぁ、そんなわけで、都道府県が策定する処理計画は、産業廃棄物だけでなく一般廃棄物も含むこととなったので、第3章（第11条）には置いておけなくなり、第1章（第5条の3）に引っ越すことになったわけです。ちなみに、平成27（2015）年の改正で、都道府県処理計画に定める事項として「非常災害時における前3号に掲げる事項[※3]に関する施策を実施するために必要な事項」が追加されています。

COP：災害時には広域的な対応が必要になるので、同じタイミングで国の方針にも同様の規定が盛り込まれていますね。

排出事業者としての計画は？

POINT

- 多量排出事業者に関する処理計画や実施状況報告の制度は、平成3年改正で導入された制度（多量排出事業者に対する処理計画作成の指示）を発展させる形で平成12年改正により創設された。
- 当初、処理計画書や実施状況報告は1年間公衆の縦覧に供することで公表されていたが、平成22年改正によりインターネットの利用による公表となった。
- 処理計画や実施状況報告は、利害関係者に見られる可能性があるということを意識し、計画の作成段階からしっかりと取り組むことが重要

COP：ふぅ〜ん。都道府県処理計画にも、それなりの経緯があったんですねぇ。次は、私たち排出者にも直接関係するような計画を説明してもらえませんか？

Y先生：そうですね。冒頭でお話ししたように、法第12条第7項で規定している「多量排出事業者の産業廃棄物処理計画」という制度は（排出）事業者に関係が深い計画で、平成12年改正で創設されています。

COP：あ、これは聞いたことがあります。

Y先生：この制度は、年間に多量（普通の産業廃棄物なら1,000t以上、特別管理産業廃棄物なら50t以上）の産業廃棄物を排出する事業場を設置している事業者は、排出抑制や、分別、再生利用などについて、「計画」を策定し、毎年、都道府県知事に提出しなければならないというものですね。

※2　平成12年9月28日付け生衛発1469号厚生省生活衛生局水道環境部長通知「廃棄物の処理及び清掃に関する法律及び産業廃棄物の処理に係る特定施設の整備の促進に関する法律の一部を改正する法律の施行について」
※3　廃棄物の減量等の適正処理に関する基本的事項、一般廃棄物の適正処理を確保するために必要な体制に関する事項、産業廃棄物の処理施設の整備に関する事項

COP：年間1,000t以上となると、割と大きな企業だと思うけど、毎年策定して提出するのは、それなりに大変だろうなぁ。

Y先生：排出量などは毎年変動しますが、「計画」としては、毎年そう変わるものではありませんので、実態としては、大幅な見直しをするのは数年に1回程度、通常は排出量等の数字だけを時点修正するという事業者も多いです。

COP：それって形だけで意味がないような……。

Y先生：確かに、ただ作ればいいというものではありませんので、我々（行政）としても、そもそも何のために策定しているかというのを、この制度ができた背景を含めて理解した上で作成していただきたいところです。

COP：なぜできた？　この制度ですね。

Y先生：起源は平成3（1991）年改正まで遡ります。この改正により、都道府県知事は、産業廃棄物や特別管理産業廃棄物の多量排出者に対して「産業廃棄物の処理に関する計画」の作成を指示することができるようになりました。実は同時に「事業系一般廃棄物の多量排出者※4」に対し、市町村長が「一般廃棄物の減量に関する計画」の作成を指示することができるという規定も盛り込まれ（法第6条の2第5項）、こちらは現在でもそのままの形で残っていますね。

COP：産業廃棄物と特別管理産業廃棄物は、どう変わったんですか？

Y先生：形式的には平成9（1997）年に改正されています。産業廃棄物と特別管理産業廃棄物の「処理計画」に関し、当初から「減量に関する内容が含まれる」とされていましたが、「減量その他その処理に関する計画」と条文に明記されました。

COP：その後は？

Y先生：先ほどお話しした循環型社会形成推進

基本法が制定され、これに併せて、現在と同様の枠組みとなりました。

COP：つまり、指示があった場合のみ作成すればよかったものが、一定の要件に該当すれば必ず作成し、都道府県知事に届け出る仕組みになったということですね。

Y先生：平成22（2010）年改正では、処理計画やその実施状況報告の提出を確実にし、排出事業者による減量等の自主的な取組を促進するため、罰則（20万円以下の過料）も追加されました。

COP：罰則まであるんですね。

Y先生：やはり、循環型社会を形成する上では、事業者が自ら廃棄物の減量等の取組を進めていくことが不可欠であるということです。このような背景や制度の趣旨を踏まえ、各企業における廃棄物処理体制の見直し等に積極的に活用していただきたいのですが、現実としては、なかなかそのレベルに至っている事業者は少ないと感じます。

COP：担当者のみに任せていると、そのような対応は難しいでしょう。

Y先生：そう思います。ISOなどのチェックでも、通常は作成・提出しているか否かを確認するだけですから。できれば、計画の内容や、作成過程の妥当性まで評価できるのが理想ですが、簡単にはできませんよね。

COP：それだと、審査する側もされる側も、相当高いレベルが要求されますね。

Y先生：ただ、事業者として意識しておいていただきたいのは、「多量排出事業者処理計画」と処理計画の翌年度に提出しなければならない「多量排出事業者処理計画実施状況報告」については「公表する」とされていることです（法第12条第9項）。

COP：公表されるんですか？

Y先生：そうです。当初は「1年間公衆の縦覧

※4　条文では「その区域内において事業活動に伴い多量の一般廃棄物を生ずる土地又は建物の占有者」

に供する方式で公表」でしたが、平成23（2011）年10月1日からは「インターネットの利用による公表」となっています。

COP：インターネットによる公表だと、誰でも気軽に見ることができますね。

Y先生：これに併せて処理計画書の様式も統一され、関係者が評価しやすくなっています。いわゆる情報的手法ですね。

COP：情報的手法って何ですか？

Y先生：環境法令で代表的なものとしてはPRTR法[5]がありますが、ザックリいうと、情報公開によって積極的な対応を促すという環境政策手法の一つです。COPさんも気付いたように、公表された「処理計画書」や「実施状況報告書」は、いつでも、誰でも見ることができるというのがポイントになります。

COP：誰かに見られるとなると、いい加減なものは作りにくいですね。

Y先生：多くの人の目に触れますから、あまりにも手抜きで作成していると、例えば、環境への取組を重視している取引先との関係が悪化するなど、思わぬところで自社に悪影響を及ぼすこともないとはいえません。

COP：なるほど、いつ利害関係者に見られてもいいような、しっかりした計画書を作るためには、当然、きちんと取り組まなければならないということですね。

Y先生：そのとおりです。

その他の「計画」は？

POINT

●廃棄物処理施設の緊急かつ計画的な整備を促進するため、廃棄物処理施設整備緊急措置法（昭和47年法律第95号）が制定され、「廃棄物処理施設整備計画」が策定されることになったが、同計画は平成15年改正で廃棄物処理法第5条の3に併合された。

●平成9年の厚生省通知に基づき、全国の都道府県で「ごみ処理の広域化計画」が策定された。

COP：ほかには、どんな「計画」があるんですか？

Y先生：既に話に出てきましたが、国が定める法第5条の2の規定による「基本的な方針」というのも、ある意味で計画といえるでしょうね。方針では、国全体の一般廃棄物、産業廃棄物の減量化の目標値なども示しています。ほかに「廃棄物処理施設整備計画」っていうのもありますよ。

COP：それは何の計画ですか？

Y先生：これは、昭和47（1972）年にできた、廃棄物処理施設整備緊急措置法（昭和47年法律第95号）という法律で規定していた計画になります。当時は、まだ高度経済成長期の真っただ中で、一般廃棄物にしても、産業廃棄物にしても、処理施設がいくらあっても足りない状況でした。

COP：「緊急措置法」なんて仰々しい名前がつくほど、切迫していたんでしょうね。

Y先生：そうですね。歴史的には、生活環境施設整備緊急措置法（昭和38年法律第183号）、その後の清掃施設整備緊急措置法（昭和43年法律第58号）を受けた形で、制定された法律・

※5　特定化学物質の環境への排出量の把握等及び管理の改善の促進に関する法律（平成11年法律第86号）

計画でしたが、前述の循環型社会形成推進基本法ができたこともあって、平成15（2003）年の改正で廃棄物処理法第5条の3に併合されました。また、これにより都道府県廃棄物処理計画は第5条の5に繰り下がることになりました。

COP：思ったよりいろいろな計画がありましたね。

Y先生：いやいや、まだ終わりではありませんよ。施設整備で思い出しましたが、「ごみ処理の広域化計画」というのもありましたよ。もっとも、この計画は法令を根拠とするものではありませんが。

COP：まだあるのか……。

Y先生：ごみ処理の広域化計画というのは、厚生省の通知[6]に基づき、ダイオキシン類対策のために策定された計画です。

COP：ダイオキシン類対策ということは、ごみ焼却施設ですか？

Y先生：念のため復習しておくと、ダイオキシン類対策を進める上で、一定規模以上（可能な限り1日当たり300t以上、最低でも同100t以上）のごみ処理施設を設置できるようにするため、地理的条件、社会的条件を踏まえて市町村をブロック化し、広域化計画を策定しましょうというものでした。

また、環境省から新しい通知[7]が発出されており、この広域化計画を検証した上で、改めて「広域化・集約化計画」を策定し、これに基づき安定的で効率的な廃棄物処理体制を構築するよう都道府県に求めています。

COP：そういえば、一般廃棄物処理施設や産業廃棄物処理施設の許可関係では、「位置、構造等の設置に関する計画」とか「維持管理に関する計画」というのが出てきますね。

Y先生：産業廃棄物処理施設等の許可申請書に記載するこれらも「計画」でしたね。これは

COPさんに一本取られました。

実行してこその「計画」

POINT

● 場当たり的な対応にならないためには、「計画」は不可欠
● 「計画」は作るだけでは意味がなく、実行し、検証を行うことで継続的に見直しを進めることも重要

COP：こうやって見てくると、廃棄物処理法における「計画」って様々なものがあるし、制度も変遷してきたんですねぇ。でも、今一つ「自分には関係ないや」って感じちゃうかもしれません。

Y先生：まぁ、さっきもお話ししたように、身近な規定ではないかもしれませんが、今後、どのような処理施設を設置しようか？　とか、製造工程を変えようか？　とか、事業の転換期には大いに関係することで、知っているのと知らないのとでは大きな違いになると思いますよ。

COP：そうですね。

Y先生：国、都道府県、市町村、個々の事業者それぞれに計画が必要で、また、各々の計画の整合性が確保されていないと、結局は、場当たり的な対応になってしまいます。一方で、「計画」を作ることだけに専念する人もいますが、当然これはナンセンスです。計画は実行しなければ意味はありませんし、実行した後には見直すことも重要です。

COP：どのような計画でも、実行し、検証を行うことで継続的に見直しを進めていくことが大切だということですね。今回は、「計画」についてお届けしました。

※6　平成9年5月28日付け衛環第173号厚生省生活衛生局水道環境部環境整備課長通知「ごみ処理計画の広域化計画について」
※7　平成31年3月29日付け環循適発第1903293号環境省環境再生・資源循環局廃棄物適正処理推進課長通知「持続可能な適正処理の確保に向けたごみ処理の広域化及びごみ処理施設の集約化について」

まとめノート

▶**昭和46(1971)年** 廃棄物処理法施行。このとき、法律に定める「計画」は「一般廃棄物処理計画」、「産業廃棄物処理計画」のみ。(以降の「一般廃棄物処理計画」に関する改正の概要については、「第16回 一般廃棄物の巻」、「第19回 不法投棄と海洋投棄の巻」を参照)

▶**昭和47(1972)年** 「生活環境施設整備緊急措置法」、その後の「清掃施設整備緊急措置法」を受けた形で「廃棄物処理施設整備緊急措置法」が制定され、「廃棄物処理施設整備計画」が策定されることになった。

▶**平成4(1992)年** 事業系一般廃棄物の多量排出者に対し、市町村長が、一般廃棄物の減量に関する計画の作成を指示できる制度が創設された。また、産業廃棄物、特別管理産業廃棄物の多量排出事業者に対し、都道府県知事が処理計画の作成を指示できる制度が創設された。

▶**平成9(1997)年** 都道府県知事が作成を指示する廃棄物の処理計画に、「減量に関する内容」が含まれることを条文上も明確化

▶**平成12(2000)年** 循環型社会形成推進基本法が制定・公布

▶**平成13(2001)年** 「国の基本方針」の創設。「都道府県産業廃棄物処理計画」を「都道府県廃棄物処理計画」と衣替えして第11条から第5条の3(当時)へ。また、「多量排出事業者処理計画」制度の創設

▶**平成15(2003)年** 「廃棄物処理施設整備緊急措置法」の規定を廃棄物処理法に併合。これにより、「都道府県廃棄物処理計画」は第5条の5に繰下げ

▶**平成23(2011)年** 多量排出事業者に関する「処理計画」「実施状況報告」の違反に罰則(過料)を創設。処理計画書、実施状況報告書の公表方法が、1年間の縦覧から、インターネットを利用する方法に変更

▶**平成27(2015)年** 「国の基本方針」「都道府県廃棄物処理計画」に定める事項として、非常災害時における施策に必要な事項が追加

第18回

災害廃棄物の巻

第18回目は、「災害廃棄物」を取り上げます。今回の担当はT先生です。

災害廃棄物は「産廃」？「一廃」？

POINT
●災害廃棄物は一般廃棄物として市町村が主体となり処理する。

COP：近年、大規模災害が頻発しています。かつては「災害は忘れたころにやってくる」といわれていましたが、「忘れる前にやってくる」という時代になりつつあるように感じられます。

T先生：そうですね、平成28（2016）年熊本地震、平成29（2017）年九州北部豪雨、平成30（2018）年も大阪北部地震、西日本豪雨、北海道胆振東部地震など、最近は特に、大雨による豪雨災害が頻発する傾向にあるようです。

　災害が発生すると、がれきや片付けごみなど災害廃棄物が大量に発生しますが、COPさんは、災害廃棄物を処理するに当たって重要なことって何だと思いますか？

COP：はい、早期の復旧・復興のため迅速に処理を進めることだと思います。（某雑誌に環境省の方が寄稿していた内容の受け売りですが……）

T先生：既に起きてしまった災害については、COPさんがいうとおり、迅速に処理すること、

さらに適正に処理することが重要です。そのための方策がいろいろ検討されていますが、その一つに制度、すなわち法改正による手続の簡素化などが挙げられています。

COP：なるほど。迅速処理には手続の簡素化は絶対必要ですね。

T先生：また、将来起こりうる災害への備えとして、災害廃棄物処理計画の策定や人材育成、訓練なども考えられますが、本書はタイトルにも記載しているとおり「制度」が中心となりますので、主に廃棄物処理法の規定と災害廃棄物の関係について解説したいと思います。

COP：それでは早速ですがT先生、災害廃棄物を適正かつ迅速に処理するため、平成27（2015）年に廃棄物処理法が改正されましたが、どのような内容ですか？

T先生：COPさん、そう慌てず、落ち着きましょう。物事には順序があります。平成27年の法改正の内容を紹介する前に、法改正に至った経緯など基本的な事項について整理しましょう。

COP：そうでした。まず、災害廃棄物は「一般廃棄物」なのか、「産業廃棄物」なのかを教えてください。

T先生：災害廃棄物は一般的に、自然災害により生じた廃棄物であって、事業活動により生じ

たものではありません。したがって、原則的には産業廃棄物には該当せず、一般廃棄物ということになりますので、災害廃棄物の多くは市町村が処理することとなるのです。

COP：なるほど。一般廃棄物になるんですね。

T先生：ちなみに、後述する環境省の「災害廃棄物対策指針」では、災害廃棄物は「自然災害に直接起因して発生する廃棄物のうち、生活環境保全上の支障へ対処するため、市区町村等がその処理を実施するもの」と定義されています。

次に、災害廃棄物の処理に関して廃棄物処理法の制度や手続について確認しておきたいと思います。COPさんは、平成27年の法改正前、廃棄物処理法では災害廃棄物の処理等に関し、どのような制度があったか知っていますか？

COP：よく分かりませんが、例えば可燃物など、迅速に処理することを最優先させるのであれば、野焼きを許容するとか……？

T先生：実際、平成23（2011）年の東日本大震災以前は、廃棄物処理法では災害廃棄物の処理等に関し「制度」と呼べるような規定は、ほとんど設けられていませんでした。

COP：東日本大震災以前でも、例えば阪神・淡路大震災など大規模災害はあったと思いますが？？？　そのときの教訓は何も生かされていないということですか？？？

T先生：いいえ、もちろんそういうわけではありません。環境省では、阪神・淡路大震災において発生した膨大な災害廃棄物の処理体験を踏まえて、迅速な処理に向けた指針として、平成10（1998）年に「震災廃棄物対策指針」を策定しました。また、平成16（2004）年度の新潟豪雨等による水害への対応を受け、平成17（2005）年には「水害廃棄物対策指針」を策定しました。

COP：むむっ……、先ほどT先生は「東日本大震災以前は、廃棄物処理法上、『制度』と呼べ

るような規定は特に設けられていない」とおっしゃっていましたが？　平成10年と平成17年に制度が作られていたんじゃないですか？？？

T先生：平成10年と平成17年に策定された「指針」は既存の仕組み、制度の中でどのようにすれば災害廃棄物を迅速に処理できるかなどを示したものであり、委託基準や許可基準など法令に基づく制度まで影響するものではありません。これらの指針は平成26（2014）年度に「災害廃棄物対策指針」として統合されますが、この指針は災害廃棄物処理計画とも関連しますので、また後ほど説明します。

東日本大震災では
災害廃棄物を処理する上で
どのような課題があったのか

POINT

【災害廃棄物の特徴と早期処理の重要性】
- 災害時には、様々な種類の廃棄物が、混合された状態で、一度に大量に発生する。
- 災害廃棄物の適正かつ円滑・迅速な処理は、生活環境の保全・公衆衛生の悪化の防止のためにも重要となる。
- 災害廃棄物の迅速な処理は、被災地域の早期の復旧・復興につながる。

COP：ふむふむ、指針は既存の制度の中で効率的、効果的、迅速に、円滑に処理する方法等を示したものであり、制度そのものではないのですね。それではなぜ、平成27年に廃棄物処理法が改正されることになったんですか？

T先生：はい、そのためには、東日本大震災において災害廃棄物を迅速に処理しようとした際、廃棄物処理法の制度的な問題点としてどのようなことが浮き彫りとなったのか確認してみましょう。またまた、準備運動になりますが、

そもそも災害廃棄物とはどのようなものか、どのように処理されるのかについて整理してみましょう。まず、COPさんは、災害廃棄物はどのような特徴があると思いますか？

COP：災害廃棄物……災害で発生する……。まず、いろいろなごみが混合した状態で排出されることだと思います。それから……災害時まではごみではなかった家財や家屋などが一度に大量に出ることでしょうか……。

T先生：そのとおりです。一度に大量のごみが出るとどのような支障があるでしょうか？

COP：その辺に大量のごみが残置されたままでは、悪臭など不衛生な環境であると思いますし、復旧・復興の妨げになるのではないでしょうか。

T先生：そうですね。それでは、混合されたごみが出された場合、処理するためにどのようなことが必要となりますか？

COP：まずは焼却処理や再生利用のため、可燃ごみ、不燃ごみなどに分別する必要が出てくると思います。

T先生：災害廃棄物は、原因となった自然現象や災害の種類によって性状が異なりますが、実際には、もっと多種多様なものが混合された状態で排出される場合があります。具体的には、家電製品、自動車、書籍、化粧品、衣類や布団、畳、その他生活雑貨、木くず、がれき類のほか津波災害や土石流では草木や土砂堆積物も混合して排出されます。このほかアスベスト等の有害物質が含まれる廃棄物が排出される場合もあります。

COP：原因となった自然現象や災害の種類とはどういうことでしょうか？

T先生：自然現象とは、地震、津波、大雨による洪水、火山噴火などであり、災害は、例えば地震に起因した家屋倒壊などの震災のほか、風水害などがあります。また、同じ洪水による災害でも土砂災害と浸水害では、災害廃棄物の性状が異なり、津波災害や土砂災害では混合した状態で排出される場合が多くなり、さらに土砂や流木も混ざって大量に発生します。

COP：なるほど。災害の種類でいろいろ違ってくるんですね。

T先生：市町村がこの混合した災害廃棄物を処理するに当たり、分別するという工程が追加され、分別するための敷地、分別する施設の設置などが必要となります。

COP：そのような分別処理を市町村が平時（通常時）から準備しているとは思えませんが……。

T先生：もちろん、市町村では生活ごみについては分別収集を進めていますが、このような災害廃棄物に特化した分別施設は持っていません。また、災害の規模によりますが、平時の数年分、数十年分のごみが一度に出ますので、可燃ごみのみ分別したとしても焼却施設の処理能力をはるかに超える災害廃棄物が排出されることになります。

COP：東日本大震災では3年程度で処理が終了しましたが、どのような方法で早期処理を実現したのでしょうか？

T先生：国の主導による都道府県を超えた広域処理、つまり被災地以外の都道府県で処理能力に余裕のある自治体が処理に協力したということもありますが、ほかの都道府県ではなく地域内にある、COPさんがよくご存じのものを活用したのです。

COP：???　何を活用したのでしょうか？

T先生：産業廃棄物処理施設を活用したのです。

COP：産業廃棄物処理施設と一般廃棄物処理施設では設置手続が別だと記憶していますが……。つまり、別途設置許可が必要となるはずです。

T先生：平成15（2003）年の法改正で、産業廃棄物と同様の性状を有する一般廃棄物は、届

出をすることで産業廃棄物処理施設において処理することができるとされています（産業廃棄物処理施設の設置者に係る一般廃棄物処理施設の設置についての特例（法第15条、第15条の2の5））。

　この場合、30日前までに都道府県知事に届け出なければならないとされています。この特例届出の対象に安定型最終処分場は含まれていませんでした。産業廃棄物処理施設の中でも焼却施設は、産業廃棄物処理施設の設置許可に併せて、一般廃棄物処理施設の設置許可も得ている場合がありますので、その場合は特段の手続を経ないで災害廃棄物の処理を行うことができました。

COP：つまり、産業廃棄物処理施設と一般廃棄物処理施設の両方の許可を持っていないと、特例の届出後30日を経過しなければ処理できないし、コンクリートくずやアスファルトくずは、分別して安定型産業廃棄物と同様の性状としても、安定型産業廃棄物最終処分場には埋立てできないということですね。

T先生：はい。そこで東日本大震災のときには環境省が次のとおり特例措置を講じました。

①産業廃棄物と同様の性状を有し、環境省令で定める一般廃棄物を産業廃棄物処理施設において処理する場合には、30日前までに都道府県知事に届け出なければならないこととされていましたが、それが困難な特別の事情があると認める場合には、届出の期間を短縮できる例外規定を創設しました（平成23年環境省令第6号）。なお、この省令改正は東日本大震災に限定したものではなく、現行法でも規定されています。

②また、前述の特例届出は、安定型産業廃棄物最終処分場については対象となっていませんでしたが、東日本大震災により発生した災害廃棄物のうちコンクリートくず等を処理する場合については、安定型産業廃棄物最終処分

場を特例届出の対象とする措置が講じられました（平成23年環境省令第8号）。なお、東日本大震災以降の災害においても同様の特例省令が個別に規定されています（巻末の「まとめノート」参照）。

COP：なるほど、この特例措置で地域内の産業廃棄物処理施設も活用可能となったのですね。

T先生：ただし、処理施設の問題は産業廃棄物処理施設の活用のみで解決したわけではありません。それについては後述の法改正に至る経緯でお話しします。

　さて、先ほど、東日本大震災では、多種多様なものが混合された状態で排出された、といいましたが、津波災害で特徴的な災害廃棄物があります。津波災害は沿岸地域が被災地となりますが、沿岸地域固有の業種として水産加工業があります。この水産加工業の原料となる魚介類が廃棄物となったものは腐敗の進行が速く、悪臭防止などの観点からも迅速な処理が求められます。

COP：なるほど、腐敗しやすい廃棄物などは、いつまでも仮置場に置いておくことはできないわけですね。

T先生：そこで、東日本大震災では、津波で散乱した水産物で腐敗したものを、緊急に処分する必要がある廃棄物として環境大臣が指定し、排出海域及び排出方法についての基準を定め、海洋投入処分を行うことを可能とする特例措置を講じました（緊急的な海洋投入処分に関する告示：平成23年環境省告示第44号（宮城県分）、平成23年環境省告示第48号（岩手県分））。

　なお、海洋投入処分の特例については、廃棄物処理法の特例ではなく、海洋汚染防止法の特例で、通常の許可手続を経ることなく、海洋投入処分を可能とするものです（海洋汚染防止法第10条第2項第6号）。

さて、COPさん、このような処理施設の問題や処分方法の問題のほかに、一度に多量の廃棄物を処理するに当たりどのような問題があったと思いますか？

COP：分別や処理など処分施設の能力のほかの問題というと……、そうか、運搬する会社も足りなかったのではないでしょうか？

T先生：そのとおりです。災害廃棄物の一般的な処理フローは**図表1**となりますが、図表中の一次仮置場から分別等の処理をする二次仮置場まで、それから二次仮置場からそれぞれの性状に応じた処理・処分先の施設までの運搬など多くの運搬する工程があり、既存の業者だけでは運搬しきれないという問題がありました。

COP：それって、再委託すればいいだけのことではないでしょうか？

T先生：COPさんは、産業廃棄物の処理委託と同じように再委託できると考えたんだと思いますが、一般廃棄物の処理の委託については再委託が禁止されているんですよ。つまり、再委託なしで処理を進めようとすると、受託者が対応可能なように業務を細分化し、個別に委託の手続を進めていく必要があり、被災した市町村では対応しきれなくなるわけです。

COP：そうでした。一般廃棄物は再委託できませんでした。

T先生：そこで環境省では、災害廃棄物の迅速な処理の推進のため、東日本大震災によって甚大な被害を受けた市町村が災害廃棄物の処理を委託する場合には、平成27年3月31日までの間に限り、一定の基準の下で受託者が処理を再委託することができることとする特例措置を講じました（被災市町村が災害廃棄物処理を委託する場合における処理の再委託の特例措置（平成23年政令第215号、平成23年環境省令第15号））

T先生：実はこれまで見てきたような実務上の問題のほかに、もっと大きな問題がありました。

COP：実務上以外の問題とは……。何でしょうか？　見当もつきません。

T先生：東日本大震災では、基礎自治体である市町村の庁舎自体が被災した事例や職員にも犠牲となった方々がおり、災害対応のみならず、自治体として機能を維持するのが困難な市町村があったのです。

COP：そうすると、県とか国が代行したのですか？

T先生：都道府県が市町村の代行をすることについては、地方自治法による事務委託（地方自治法第252条の14）という既存の仕組みがあるのですが……。

図表1　災害廃棄物処理フロー

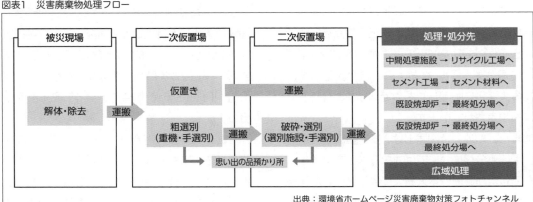

出典：環境省ホームページ災害廃棄物対策フォトチャンネル

COP：それでは国は代行できなかったのですね。

T先生：そう、当時の制度では国が代行する仕組みがありませんでした。そこで国では、新たに東日本大震災により生じた災害廃棄物の処理に関する特別措置法（平成23年法律第99号）を制定し、東日本大震災特措法により、市町村による処理を国が代行する特例等を明確化しました。

東日本大震災により生じた災害廃棄物の処理に関する特別措置法の概要

①国の責務（迅速・適切な処理）：国は、災害廃棄物の処理が迅速かつ適切に行われるよう、基本的方針を定めるなど必要な措置を講ずる。

②災害廃棄物の処理に関する特例（市町村の処理の代行）：環境大臣は、震災により甚大な被害を受けた市町村の長から要請があり、必要があると認められるときは、当該市町村に代わって災害廃棄物の処理を行うものとする。

③費用の負担等（市町村負担の軽減）：必要な財政上の措置を講ずるほか、基金の活用による被災市町村負担費用の軽減その他災害廃棄物の処理の促進のために必要な措置を講ずる。

④国が講ずべき措置：国は、災害廃棄物の処理に関して、広域的協力の要請、再生利用の推進等必要な措置を講ずる。

法改正に向けた検討

POINT

【平成27年改正の概要】

●環境大臣による特定大規模災害の災害廃棄物処理に関する指針の策定（災害対策基本法）

●大規模災害時の環境大臣による代行措置（災害対策基本法）

●廃棄物処理計画等へ非常災害時の事項を追加（廃棄物処理法）

●廃棄物処理施設の迅速な新設又は柔軟な活用のための手続の簡素化（廃棄物処理法）。ただし、維持管理基準など技術上の基準は平時と同様

●非常災害時における一般廃棄物の収集運搬、処分等の再委託（廃棄物処理法）

COP：東日本大震災では、先ほど整理したように、大きくは特別措置法により国による処理の代行が規定され、産業廃棄物処理施設の活用や再委託など制度上の課題は特例措置で対応してきたということですね。それでは、平成27年の改正は、これら特例措置を法制定化したということでしょうか？

T先生：そうそう単純にはいきません。国では、東日本大震災において事前の備えが不十分だったことや特例措置が事態の推移にあわせ事後的に発動せざるを得なかったことなどの反省を踏まえたほか、今後起こりうる東日本大震災を上回る規模の巨大地震（南海トラフ巨大地震や首都直下地震）への備えとして、廃棄物処理システムの総合的な対策の検討を進めました。

COP：なるほど、東日本大震災の特例措置を法に盛り込むほか、不十分であったところは拡充しつつ、事前の備えを行うよう検討した、ということですね。

T先生：それでは、平成27年の廃棄物処理法

改正について、どのような改正が行われたか確認していきましょう。ところで、COPさんはこの廃棄物処理法の改正にあわせ、災害対策基本法も改正されたことを知っていましたか？

COP：災害対策基本法というと、廃棄物処理とは直接関係しないような印象ですが……。

T先生：実は、この災害対策基本法は、平成27年以前の平成25（2013）年にも改正されています。

COP：災害廃棄物の処理とどんな関係があるんですか？

T先生：実は大いに関係があるんです。このときの改正では、災害対策基本法に第86条の5が新設され、「廃棄物処理の特例」が定められました。

COP：特例とは？

T先生：著しく異常かつ激甚な非常災害であって、当該災害による生活環境の悪化を防止することが特に必要と認められるものが発生した場合は、その災害を政令で指定し、災害廃棄物の迅速な処理のため、環境大臣が廃棄物処理特例地域を指定して、廃棄物処理法の処理基準と委託基準の特例を定めることができるとしたものです。

平成25年の災害対策基本法改正で盛り込まれた廃棄物処理の特例

①著しく異常かつ激甚な非常災害が発生した場合に、当該災害を政令で指定する。

②環境大臣は、その災害の指定があったときは、期間を限り、廃棄物の処理を迅速に行わなければならない地域を特例地域として指定することができる。

③環境大臣は、特例地域を指定したときは、当該特例地域において適用される特例的な廃棄物処理基準を規定する。

④環境大臣が、特例地域を指定したときは、当該特例地域において適用される特例的な

廃棄物委託基準を規定する。

COP：災害廃棄物の処理が災害対策基本法で規定されたり、廃棄物処理法で規定されたり、どのようにすみわけされているか分かりづらいです……。

T先生：次の図表2を見てください。平成27年の改正では、横断的な特例として、国による個別の災害廃棄物処理の指針策定や災害廃棄物処理の代行などは災害対策基本法の改正で、廃棄物処理施設設置手続の特例や都道府県廃棄物処理計画への追加などは廃棄物処理法の改正で措置等を規定しています。フレーム的な規定は災害対策基本法、個別具体の特例などは廃棄物処理法で規定したといったところでしょうか。

COP：災害対策基本法と廃棄物処理法が改正されたことは分かりますが、先ほど整理した東日本大震災のときの特例との関係が分かりづらいですね。

T先生：そうですね。この法改正の資料（**図表2**）には、制度的な特例等に関連しない理念や責務等の事項も含まれているほか、政令、省令改正で対応した部分が記載されていないので、政令、省令を含め主な改正について整理しましょう。

災害対策基本法

①特定の大規模災害の発生後、環境大臣は、廃棄物処理法の基本方針にのっとり、災害廃棄物処理に関する指針を策定すること。

②特定の大規模災害の被災地域のうち、廃棄物処理の特例措置（平成25年災害対策基本法改正で追加された規定）が適用された地域から要請があり、かつ、一定の要件を勘案して必要と認められる場合、環境大臣は災害廃棄物の処理を代行することができること。

図表2　廃棄物の処理及び清掃に関する法律及び災害対策基本法の一部を改正する法律の概要（平成27年法律第58号）

1　趣旨	東日本大震災等近年の災害における教訓・知見を踏まえ、災害により生じた廃棄物について、適正な処理と再生利用を確保した上で、円滑かつ迅速にこれを処理すべく、平時の備えから大規模災害発生時の対応まで、切れ目のない災害対策を実施・強化すべく、法を整備。

2　概要

廃棄物の処理及び清掃に関する法律の一部改正		災害対策基本法の一部改正	
平時の備えを強化するための関連規定の整備	**災害時における廃棄物処理施設の新設又は活用に係る特例措置の整備**	**大規模な災害から生じる廃棄物の処理に関する指針の策定**	**大規模な災害に備えた環境大臣による処理の代行措置の整備**
（廃掃法第2条の3、第4条の2、第5条の2、第5条の5関係）平時の備えを強化すべく、 ▶災害により生じた廃棄物の処理に係る**基本理念の明確化** ▶国、地方自治体及び事業者等関係者間の**連携・協力の責務の明確化** ▶国が定める**基本方針及び都道府県が定める基本計画の規定事項の拡充等**を実施。	（廃掃法第9条の3の2、第9条の3の3、第15条の2の5関係）災害時において、仮設処理施設の迅速な設置及び既存の処理施設の柔軟な活用を図るため、 ▶**市町村又は市町村から災害により生じた廃棄物の処分の委託を受けた者が設置する一般廃棄物処理施設の設置の手続を簡素化** ▶**産業廃棄物処理施設において同様の性状の一般廃棄物を処理するときの届出は事後でよいこととする。**	（災対法第86条の5第2項関係）大規模な災害への対策を強化するため、環境大臣が、政令指定された災害により生じた廃棄物の処理に関する**基本的な方向等についての指針を定める**こととする。	（災対法第86条の5第9項から第13項まで関係）特定の大規模災害の発生後、一定の地域及び期間において処理基準等を緩和できる既存の特例措置に加え、緩和された基準によってもなお、円滑・迅速な処理を行いがたい市町村に代わって、**環境大臣がその要請に基づき処理を行うことができることとする。**

3　施行日	平成27年8月6日（公布の日から起算して20日を経過した日）

出典：環境省ホームページ災害廃棄物対策情報サイト

廃棄物処理法

③国及び都道府県は、平時から、廃棄物処理の基本方針又は処理計画に基づき、災害時の備えを実施すること。このため、国の基本方針及び都道府県廃棄物処理計画に非常災害時の事項を追加すること。

④非常災害時においても円滑かつ迅速に廃棄物を処理すべく、災害時には廃棄物処理施設の迅速な新設又は柔軟な活用のための手続の簡素化を行うこと。

⑤非常災害により生じた一般廃棄物の処理、収集運搬を委託する場合は、再委託を可能とすること。

COP：うーん、まず、非常災害と大規模災害はどのように違うんですか？

T先生：「非常災害」とは、市町村の平時の処理体制では対処できない規模の災害であり、非常災害に該当するか否かについては、市町村又は都道府県が判断することとされています。ま

た、「大規模災害」とは、著しく異常かつ激甚な非常災害（東日本大震災クラス以上）であり、災害対策基本法で規定する廃棄物処理の特例の適用を想定した災害とされています。

COP：本題に入りますが、②の国による代行の規定と⑤の一般廃棄物の再委託に関する規定は、東日本大震災のときの特別措置法や特例規定を取り込んだもののようですが、①、③、④は東日本大震災の特例にはなかったものですね。

T先生：①については、前述で話題となった平成26年3月策定の「災害廃棄物対策指針」と関連します。この対策指針は、通常災害時の指針として一般化したものですが、大規模災害の場合は、実際に発生した後でなければ発生量、性状等が定まらないことから、この災害廃棄物対策指針などを踏まえ、発災後に改めて、発生した災害廃棄物の処理方法や工程、期間についての基本的な方向性としての処理指針（マスタープラン）を環境大臣が策定することとしたものです（**図表3**では「○○災害における災害廃棄

物処理指針」と記載されたものに該当します）。

COP：③にも同様の表現が見られますが、①と③はどのように違うんですか？

T先生：③は、発災後ではなく、平時からの備えとして、国の基本方針及び都道府県の廃棄物処理計画に、非常災害時における廃棄物の適正処理確保のための施策を追加するよう規定したものです。災害時の廃棄物対策に係る計画・指針等関係図は**図表3**のとおりとなります。

　災害廃棄物処理計画と災害廃棄物処理実行計画（**図表3**では「○○災害における災害廃棄物処理実行計画」と記載されたものに該当します）は似たような名称で分かりづらいと思いますが、実際に災害が起きたときに、どのように災害廃棄物に対処するかを事前（平時）に定めたものが、「災害廃棄物処理計画」です。一方、「災害廃棄物処理実行計画」は、発生した災害廃棄物を適正かつ円滑・迅速に処理するため、災害廃棄物の発生量、処理体制、処理方法、処理フロー、処理スケジュールなどを発災後に整理したものです。

COP：最後が④の処理施設の設置手続の簡素化ですが、どのように簡素化されたのでしょうか？

T先生：東日本大震災のとき、被災地では前述のとおり他県での処理（広域処理）や民間の産廃施設を活用したとお話ししましたが、それだけでは足りず、また、廃棄物処理施設自体が被災したこともあり、新たに仮設焼却炉など設置しなければならない状況にありました。

COP：焼却施設の設置といえば、生活環境影響調査（ミニアセス）や告示・縦覧、専門家からの意見聴取など設置手続がとても面倒だという認識ですが……。

T先生：そのとおりです。そこで仮設の処理施設を速やかに設置できるよう手続が簡素化されました。

　具体的には次の三つの場合となります。

④-1：市町村による非常災害に係る一般廃棄物処理施設の届出の特例

市町村は、非常災害により生ずる廃棄物処理のために必要があると認める一般廃棄物処理施設に関し、あらかじめ一般廃棄物処理計画に定め、又はこれを変更しようとするときは、都道府県知事と協議してその同意を得ることができる。

④-2：市町村から委託を受けた者による非常災害に係る一般廃棄物処理施設の設置の特例

市町村から非常災害により生じた廃棄物の処分の委託を受けた者は、災害廃棄物処理のため一般廃棄物処理施設（一般廃棄物の最終処分場を除く。）を設置しようとするときは、法第8条の規定（設置許可）にかかわらず、環境省令（施行規則第5条の10の4）で定めるところにより、その旨を都道府県知事に届け出なければならない。

④-3：一般廃棄物を既存産業廃棄物処理施設において処理する場合の特例

産業廃棄物処理施設の設置者が、非常災害のために必要な応急措置として、当該施設で処理する産業廃棄物と同様の性状を有する一般廃棄物を処理する場合、都道府県知事への事後届出で足りる（法第15条の2の5第2項）。

COP：なるほど、細かく見ると④-3は東日本大震災時に追加した特例（事前届出の期間を短縮できる例外規定）を更に緩和し、非常災害時には事後届出で可としたものですね。それでは④-1のメリットは何でしょうか？　あらかじめ同意を得るとどのように手続が簡素化されるのかよく分かりません。

T先生：最大のメリットは、実際に当該一般廃棄物処理施設を設置しようとするときは、都道府県知事による技術上の基準に適合するか否かの審査に要する期間（法第9条の3第3項）が省略され、最大30日間の法定期間を待たずにその同意に係る施設の設置ができることとなる

図表3　災害時の廃棄物対策に係る計画・指針等関係図

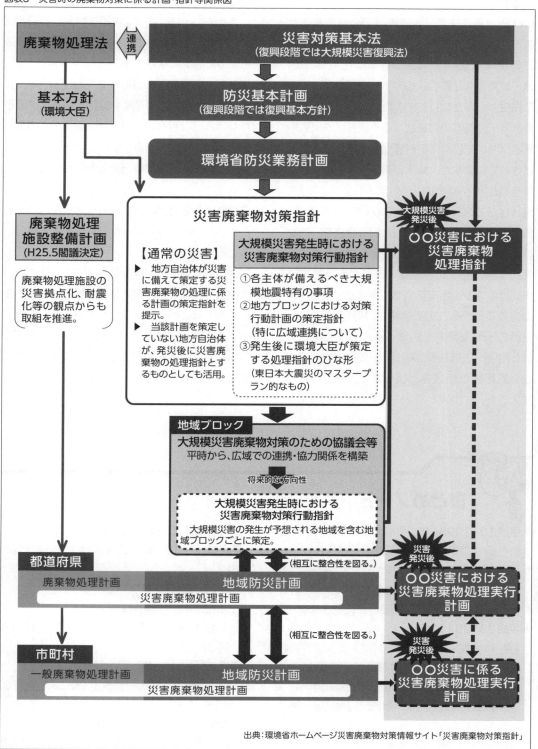

出典：環境省ホームページ災害廃棄物対策情報サイト「災害廃棄物対策指針」

ことです。

COP： ④-2は本来設置許可が必要であるところ、届出で設置ができるということですが、この場合や④-1の場合は、ミニアセスや告示・縦覧等は必要となるのでしょうか？

T先生： 必要となります。ただし、ミニアセスや告示・縦覧等の対象となる処理施設や縦覧期間等については、市町村等が条例で定めることとされていますが、非常災害時にはこの縦覧期間を短縮するなど対応が考えられます。ただ、現状としては条例の制定が進んでいないため、非常災害時であっても平時と同じ手続を行わなければならい自治体が大半という課題があります。なお、④-2の特例は、市町村からの委託を受けた者が災害廃棄物を処理する場合の特例であることから、災害廃棄物の処理終了後に、平時の一般廃棄物を処理しようとする場合には、別途、法第8条に基づく一般廃棄物処理施設の設置許可が必要となるので留意が必要です。

COP： しかし、処理施設の設置手続を簡素化したために、いい加減な施設を設置して周辺環境に影響を与えるおそれはないのでしょうか？ちょっと心配になります。

T先生： 処理施設の設置手続を簡素化しても、処理施設の技術上の基準や維持管理基準は遵守しなければならないので（法第9条の3の3第3項）、これらの基準に適合しない場合は、施設の改善命令や使用停止命令が行われることになります。

COP： なるほど、設置手続は簡素化されるものの、その後の維持管理などは平時と同様ということですね。

T先生： 本日は災害廃棄物に関する制度について考えてきました。災害廃棄物を迅速かつ適正に処理するためには、これまで得られた知見や今後得られる知見により、制度を検証し、逐次見直ししていく必要があると思います。

COP： どうもありがとうございました。

まとめノート

▶**平成10（1998）年** 平成7年の阪神淡路大震災を受けて震災廃棄物対策指針が策定される。

▶**平成17（2005）年** 平成16年度の新潟県、福島県、福井県の集中豪雨や台風等による水害を受けて「水害廃棄物対策指針」が策定される。

▶**平成23（2011）年**
【東日本大震災の災害廃棄物に関する処理の特例】
①一般廃棄物を既存産業廃棄物処理施設において処理する場合の特例届出の期間短縮
②安定型産廃処分場を一般廃棄物最終処分場として設置する特例
③海洋投棄に関する特例
④一般廃棄物の再委託に関する特例

⑤特別措置法の制定による国の代行等

▶**平成24（2012）年** 災害廃棄物対策指針（暫定版）

▶**平成25（2013）年**
①災害廃棄物対策指針の策定
②災害対策基本法の一部改正（廃棄物処理の特例の新設）

▶**平成27（2015）年**
①災害対策基本法の一部改正（国による代行など）
②廃棄物処理法等の一部改正
　　（1）廃棄物処理計画への位置付け／（2）廃棄物処理施設設置手続の簡素化／　（3）再委託

不法投棄と海洋投棄の巻

第19回は、廃棄物処理法第16条に「投棄禁止」として規定されている、いわゆる「不法投棄」について、「海洋投棄」との関係にも触れながら取り上げます。今回の担当はY先生です。

ごみの投げ捨ては違法？ 合法？

POINT

● 日本全国いずれの場所でも廃棄物をみだりに捨ててはいけなくなったのは平成4年から！
● 平成4年までの間は、特定の場所・廃棄物の投棄だけが禁止されていた。

Y先生：それでは最初に、現在の条文を確認してみましょうか。不法投棄については1文だけです。しかも、政省令もありません。

（投棄禁止）　　　　　　　　　　＊現行法
第16条　何人も、みだりに廃棄物を捨ててはならない。

COP：この規定は皆さんよく知っていますよね。廃棄物処理法は知らなくても、「不法投棄」という言葉だけは知っている、聞いたことがあるという人も多いのではないかと思います。とても重大な問題だとは思いますが、「制度の生い立ち」を説明するほどの変遷があるのですか？

Y先生：「不法投棄が犯罪」ということは皆さんよく知っていると思いますし、罰則も年々強化されて、現在では最高で懲役5年と罰金1,000万円、法人なら罰金3億円ですからね。ところが、廃棄物を捨てても法律違反じゃない、合法な時代もあったのです。いわば、「不法投棄」ならぬ「合法投棄」です。

COP：「合法投棄」なんて大昔の話では？

Y先生：日本全国いずれの場所でも廃棄物を「みだりに」捨ててはいけなくなったのは、実は平成4（1992）年なのです。

COP：ええ！てっきり昭和の時代だと思っていました。それまでは、ごみを捨ててもよかったということですか？

Y先生：何でも捨ててよかったというわけではなく、捨ててもよい廃棄物、捨ててもよい場所がありました。それでは、順に見ていきましょう。

COP：よろしくお願いします。

Y先生：廃棄物（汚物）の処理に関する法律の歴史を見てみると、「汚物掃除法」は明治33（1900）年から清掃法施行まで、「清掃法」は昭和29（1954）年から廃棄物処理法施行まで、そして廃棄物処理法が昭和46（1971）年から施行という経過になっています。この清掃法にも「汚物の投棄禁止」という規定があり、

一定の汚物を一定の場所に「みだりに」捨てる行為は、やはり禁止されていました。ちなみに、「みだりに」は現在の条文にも使用されていますが、「正当な理由・資格なく」とか「社会的に許されない態様で」といった意味です。廃棄物処理法についても、昭和46年は次のような条文でスタートしています。

（投棄禁止）　　　　　　　　　＊昭和46年法施行

第16条 何人も、みだりに次に掲げる行為をしてはならない。

一　第6条第1項に規定する区域内又はその地先海面において廃棄物を捨てること。

二　第6条第1項に規定する区域以外の区域内における下水道又は河川、運河、湖沼その他の公共の水域に一般廃棄物を捨てること。

三　第6条第1項に規定する区域以外の区域内又はその地先海面において産業廃棄物を捨てること。

COP：今となっては耳慣れない語句も出てきますね。

Y先生：そうですね。まず「第6条第1項に規定する区域」については、現在の条文でも「市町村は、当該市町村の区域内の一般廃棄物の処理に関する計画（以下「一般廃棄物処理計画」）を定めなければならない」となっています。現在はこの区域というのが「市町村の全域」を指し、「日本全国」が区域となったために、実質的には条文の意味が変わっています。簡単にいえば、廃棄物処理法の施行当時は、市町村が行う「ごみ収集」のエリアは市街地に限られており、そのエリアについてのみ「一般廃棄物処理計画」が作られていたのです。つまり、「第6条第1項に規定する区域」というのは市街地を指しており、郡部、山村等のエリアは「区域以外」

だったと考えていただいてよいと思います。

COP：なるほど。今では当たり前になっている、ごみステーションからの一般廃棄物の収集などは、昔は市街地でのみ行われていたということですね。次に「地先海面」という語句はどういう意味でしょう？

Y先生：「地先」は「じさき」とか「ちさき」と読み、「土地とつながっている場所」という意味があります。当時は「海岸に引き続く沿岸海域で、海岸から3海里までの海域」との解釈が出されています。

COP：では、当時は3海里以上沖合まで廃棄物を運べば、投棄しても法律違反ではなかったということですか？

Y先生：海に関しては、海洋投棄に関する国際条約（通称：ロンドン条約）との関係もあるので注意が必要なのですが、廃棄物処理法の施行時点ではそのように考えてよさそうです。このあと、もう少し詳しく見てみましょう。

違反とはならない場所と物

POINT

● 施行から昭和52年までは、どのような廃棄物でも3海里以上沖合への投棄は合法、山間地で河川等以外であれば一般廃棄物の投棄は合法だった。

● 昭和52年から平成4年までは、一般廃棄物と有害でない産業廃棄物の3海里以上沖合への投棄は合法、山間地で河川等以外であれば一般廃棄物の投棄は合法だった。

● 平成4年以降は、全ての廃棄物について、みだりに投棄することが日本全国で禁止された。

Y先生：まず第1号では、「第6条第1項に規定する区域」「廃棄物」といっていますから、市

街地では一般廃棄物も産業廃棄物も捨てることは禁止です。次に第2号では、「区域以外」でも「下水道や公共の水域」に「一般廃棄物」を捨てることは禁止しています。逆にいえば、「区域以外」の「下水道や公共の水域」以外の場所、例えば山間地などに一般廃棄物を捨てることは禁止していなかったということになります。最後に第3号では、「区域以外」へ「産業廃棄物」を捨てることは禁止しています。

　これらを整理すると、当時、捨てても廃棄物処理法違反とはならなかった場所・物は次のようになります。

①3海里以上沖合は、どのような廃棄物でも合法

②山間地で河川等以外であれば一般廃棄物は合法

COP：そういえば、昭和30（1955）年代に生まれた父親から、子供会の活動で「廃物捨て」という活動があったと聞いたことがあります。隣近所の廃棄物をリアカーで集め、近くの山まで運んで穴に捨ててくるという活動だったようですが、出される物は「欠けた茶碗」程度で、1か月に1度でも子供会がリアカーで運べるような量と質だったようです。確かにその程度なら法律で規制するまでもないかもしれません。

Y先生：今なら最高で懲役5年になるかもしれない行為が、当時は「善いこと」として子供会の活動で行われていたと考えると、隔世の感がありますね。しかしながら、このような時代は長くは続きませんでした。

COP：規制が強化されていくわけですね。

Y先生：この頃、日本は高度成長期の真っただ中で、産業界や環境を取り巻く状況が短期間で大きく変化した結果、昭和51（1976）年には投棄禁止に関する条文も改正されました。先ほど紹介した条文をすべて第2項に移し、第1項に次の条文を追加しました。

（投棄禁止）　　　　　　　　　　　＊昭和51年改正

第16条　何人も、みだりに廃油、第12条第5項第1号に規定する産業廃棄物その他の政令で定める産業廃棄物を捨ててはならない。

COP：あれ？　「産業廃棄物」の投棄を禁止する条文は既にありましたよね？　何でわざわざ、この条文を追加する必要があったのですか？

Y先生：まず、「第12条第5項第1号に規定する産業廃棄物その他の政令で定める産業廃棄物」ですが、これはいわゆる「有害産業廃棄物」で、この頃はPCBを含む有害な廃棄物などに関する規制が強化されていました。

COP：確かに、海に限らず、陸上での埋立処分等についても規制が強化されていたようですね。

Y先生：それから、海に関しては先ほど登場したロンドン条約も関係していると思います。日本が批准したのは昭和55（1980）年ですが、署名は昭和48（1973）年ですので、批准までの間は準備期間だったわけです。

COP：批准までに7年もあったのですね。

Y先生：ロンドン条約は、1996年の議定書で抜本的な方針転換が図られるまでは、海洋投棄をしてはいけない廃棄物だけを定めた、いわゆる「ネガティブリスト方式」であり、水銀、カドミウム等の有害な廃棄物が限定的に列挙されていました。

COP：この改正より前の廃棄物処理法では、ネガティブリストに該当する廃棄物でも海に捨てることができたので、そのままでは条約違反になってしまいますね。

Y先生：このロンドン条約の批准に向けた国内担保法の整備として、これらの有害産業廃棄物については「3海里以上沖合」であったとしても投棄を禁止したという側面があると思いま

す。

COP：なるほど。

Y先生：ちなみに、第1項と第2項とでは罰則が異なっていました。第1項の違反と第2項の違反に差をつけていたので、第1項に規定する廃棄物を「重罰産業廃棄物」と称した疑義応答もあったようです。

COP：罰則については、今と比べると随分「軽い」という印象を受けますね。

Y先生：昭和46年当時の罰則は「5万円以下の罰金」でしたし、懲役刑も設けたので、これでも相当厳罰化したんだと思います。

　さて、このような改正を行っても、まだ「捨てても違反にならない」廃棄物が存在していますね。

COP：これまでの整理だと、山間地等への一般廃棄物の投棄、一般廃棄物と有害でない産業廃棄物の沖合への投棄ですね。

Y先生：そのとおりです。その後、廃棄物の投棄が全面禁止となるのが平成3（1991）年の大改正です（平成4年7月施行）。

（投棄禁止）　　　　＊平成3年改正（現行法）
第16条　何人も、みだりに廃棄物を捨ててはならない。

Y先生：冒頭でも触れましたが、この条文だけになり、区域、対象等を限定することなく、日本全国どこでも廃棄物をみだりに投棄することが禁止されました。罰則については、その後も何度か改正されて厳しくなりましたが、条文については今でも改正されていません。

COP：では、不法投棄については終了ですね。

Y先生：いえいえ、それでは不法投棄を語るには十分ではありません。次は具体的な行為について掘り下げてみたいと思います。

「みだりに捨てる」とは どのような行為を指すか

Y先生：「みだりに廃棄物を捨てる」行為が不法投棄に該当するわけですが、具体的には、どのような行為を指すと思いますか？

COP：トラックの荷台に廃棄物を積んで、人知れず山中の穴に入れ、上から土を被せるイメージです。

Y先生：不法投棄の場面が目に浮かぶような説明ありがとうございます。では、投入しようと思ったときに警察官等が駆けつけて行為がストップした場合はいかがでしょう。

COP：この場合、捨てたとはいえないと思います。

Y先生：基本的にはそのような理解でよいと思います。なお、警察官等による制止、監視等に気付いたことによる行為の打切りなどの場合に罪が問えないのでは問題ですので、平成15（2003）年からは、不法投棄は未遂でも罰することとされています。

COP：なるほど、怪しい車両を見かけて、今にも投棄しようとしている場面に遭遇したら、やはり制止すべきですよね。

Y先生：はい。摘発するために不法投棄するまで待つというのでは、本末転倒ですから。同様に、未遂よりもさらに早い段階、つまり不法投棄目的の運搬段階でも取締りが可能となるよ

う、平成16（2004）年からは、不法投棄目的
の運搬についても罰することになりました。そ
れでは、穴の脇に廃棄物を野積みした場合はい
かがでしょう。

COP：まだ置いているだけなので、不法投棄
とまではいえないのでしょうか……。

Y先生：もう一つ、ある人物（甲）が投入まで
行った後、別の人物（乙）が投棄された廃棄物
に覆土のみ行った場合はいかがでしょう。

COP：乙が投入する行為に関与していないと
なると判断が難しいです。ただ、覆土によって
発見されにくくなりますし、原状回復も困難に
なるので、乙の行為も十分に悪質だとは思いま
す。そろそろ解説をお願いします。

Y先生：COPさんにいろいろと考えていただ
きましたが、これらは非常に難しいテーマであ
り、実際に裁判で争われた事例もあります。不
法投棄とは無縁であるに越したことはありませ
んが、今回は理解を深めるための重要な裁判例
を二つ紹介したいと思います。

COP：よろしくお願いします。

Y先生：一つ目はいわゆる「野積み事件」で、
重要な裁判例として様々な場面で取り上げられ
ているのでご存知の方も多いかと思います。工
場敷地内に設けられた穴に埋め立てることを前
提に、その脇に汚泥等を野積みしたという事案
について、最高裁判所は、次のような判断を示
しています。

・その態様、期間等に照らしても、仮置きな
　どとは認められず、不要物としてその管理
　を放棄したものというほかないから、法第
　16条にいう廃棄物を捨てる行為に当たると
　いうべき。
・自己の保有する敷地内で行われていたとし
　ても、法の趣旨に照らし、社会的に許容さ
　れるものとみる余地はない。したがって、
　法第16条が禁止する「みだりに」廃棄物を

捨てる行為として同条違反の罪に当たるこ
とは明らか。

※注：判決文そのままの引用ではなく、解説用に語句を整
　　　理しています。

COP：この事案では、投入前の野積みの段階
でも不法投棄と判断されており、また、自分の
土地であっても社会的に許容されるものではな
いとされたのですね。

Y先生：二つ目は、先ほど甲と乙の例示で考え
ていただいたのと同様の事案で、甲・乙が共謀
し、まず甲が単独で産業廃棄物を野積みしたあ
と、乙が覆土したという事案です。裁判所は、
次のような判断を示しました。

・先行行為（野積みした行為）も後行行為（覆
　土した行為）もともに不法投棄罪に当たる
　と解すべきである。

※注：判決文そのままの引用ではなく、解説用に語句を整
　　　理しています。

COP：なるほど、この事案では覆土しただけ
でも不法投棄と判断されたわけですね。

Y先生：最終的には事案ごとの判断になります
が、どのような立場で廃棄物の処理に関わるに
しても、不法投棄に巻き込まれることがないよ
う、日頃から適正処理を徹底することが一番の
予防策ですね。

不法投棄と海洋投棄

POINT

● 海洋への投棄については、「どこから捨てたか」によって適用される法律・罰則が変わることがある。

● 最終処分の一つとして位置付けられている海洋投入処分は、現在では一部の産業廃棄物を除いて禁止されている（一部の産業廃棄物についても、別途、環境大臣の許可を受けなければ海洋投入処分を行うことができない。

● 海洋汚染防止法の罰則については、国際条約との関係で罰金刑のみとなっている。

Y先生： 最後に海洋投棄との関係について少しお話ししたいと思います。ホタテの貝殻を海に捨てた場合、実行行為者はどのような罰則になりますか？

COP： 不法投棄なので、5年以下の懲役若しくは1,000万円以下の罰金又はこれらを併科です。

Y先生： よく勉強していますね。半分正解といったところでしょうか。

COP： え？　半分ですか？

Y先生： 質問が意地悪でしたね。先ほどの質問は前提条件が曖昧なのです。

　我々は不法投棄というと、真っ先に廃棄物処理法第16条（投棄禁止）が頭に浮かぶのですが、「どこから捨てたか」によって、適用される法律（罰則）が変わる場合があります。廃棄物処理法と同様、海洋汚染防止法にも船舶からの廃棄物の排出を禁止する規定がありますので（第10条第1項）、これに違反した場合も不法投棄ということになります。

COP： 海洋汚染防止法には、あまりなじみが

ないですね。

Y先生： 正式な法律名称は「海洋汚染等及び海上災害の防止に関する法律」です。なじみがないとのことですが、海洋投入処分という言葉に聞き覚えがありませんか？

COP： 廃棄物処理法では最終処分の一つとして位置付けられています。

Y先生： そうですね。海洋投入処分を行うことができる廃棄物は、廃棄物処理法の処理基準※1に規定されていて、現在では一部の産業廃棄物を除き「海洋投入処分を行ってはならないこと」となっています。その海洋投入処分を行う際の手続、基準などの詳細が海洋汚染防止法に規定されてます。

COP： なるほど。

Y先生： 海洋汚染防止法は、廃棄物処理法に対して特別法の関係にあるとされていますので、一般的には同じ海洋への不法投棄であっても、陸上から海洋への投棄については廃棄物処理法違反、船舶から海洋への投棄は海洋汚染防止法違反となります。また、廃棄物処理法の不法投棄の罰則はCOPさんの回答のとおりですが、海洋汚染防止法の不法投棄（第10条第1項違反）については罰則が1,000万円以下の罰金のみとなっています。

COP： ほとんど同じ行為なのに、船から捨てたら懲役刑がなくなるのですか？

Y先生： これは、「海洋法に関する国際連合条約」（通称：国連海洋法条約）で「外国船舶の違反に関しては、金銭罰のみを科することができる」となっていることから、このような規定になっているようです。したがって、専門家の中には、日本の船舶による海洋への不法投棄については、廃棄物処理法による処罰を認めるべきとの見解を示す方もいらっしゃいます。

COP： 難しいですね。改めて考えると、不法投棄は廃棄物処理法以外にも、軽犯罪法、河川

※1　一般廃棄物処理基準、特別管理一般廃棄物処理基準、産業廃棄物処理基準及び特別管理産業廃棄物処理基準

法などにも同様の規定がありますね。

Y先生：そうですね。それぞれの法律で規定の仕方は異なりますが、「ごみを捨てる行為」を禁止する法律は、ほかに港則法、自然公園法などにもあります。なお、これらの法律と比較すると、廃棄物処理法の罰則が最も厳しくなっています。

COP：大規模不法投棄事案などを受けた累次の改正によって、どんどん厳しくなったのでし

たね。

Y先生：廃棄物処理法の不法投棄については、「不法投棄未遂」や「不法投棄目的運搬」にも罰則が規定されているほか、罰金刑の公訴時効も延長されています[※2]。

COP：法の目的を達するためには、そこまでする必要があったということですね。本日は「不法投棄と海洋投棄」についてお届けしました。

まとめノート

▶ **昭和46（1971）年**　廃棄物処理法施行。この前の「清掃法」にも既に「投棄禁止」の概念はあるが、この時点では法違反となる「投棄」は極めて限定的。罰則は「5万円以下の罰金」

▶ **昭和52（1977）年**　不法投棄を「重罰産廃」と「その他」に分類。罰則は「重罰産廃」6か月以下の懲役又は50万円以下の罰金。「その他」3か月以下の懲役又は20万円以下の罰金

▶ **平成4（1992）年**　「何人も、みだりに廃棄物を捨ててはならない」という全面禁止の条文となった。罰則は「特管物等」1年以下の懲役又は100万円以下の罰金。「その他」6か月以下の懲役又は50万円以下の罰金

▶ **平成9（1997）年**　「産業廃棄物」3年以下の懲

役もしくは1,000万円以下の罰金又は併科（法人は1億円以下の罰金）。「一般廃棄物」1年以下の懲役又は300万円以下の罰金

▶ **平成12（2000）年**　5年以下の懲役若しくは1,000万円以下の罰金又は併科（法人は1億円以下の罰金）

▶ **平成15（2003）年**　不法投棄等未遂罪の制定（罰則は不法投棄罪と同じ）

▶ **平成16（2004）年**　不法投棄目的運搬罪の制定（3年以下の懲役もしくは300万円以下の罰金又は併科）

▶ **平成22（2010）年**　法人重科を1億円から3億円に引上げ、法第25条の違反に関する罰金の公訴時効を5年[※2]に延長

※2　同条の懲役刑（5年以下の懲役）と同じ公訴時効とした。
参考文献　特別刑事法犯の理論と捜査［2］／城祐一郎／立花書房

罰則強化の巻

第20回は、「罰則強化」について、刑罰の基本を復習しながら取り上げます。今回の担当は、前回に続き某自治体で環境行政の中核を担うY先生です。

刑罰の一般原則

POINT
- ●廃棄物処理法も広い意味では刑法に含まれる。
- ●刑罰の一般原則として、罪刑法定主義、法益保護主義、責任主義などがある。
- ●事業者は、簡単には責任から逃れられない！

Y先生：廃棄物処理法も一種の刑法ですので、罰則強化の話に入る前に基本的な部分についておさらいしておきたいと思います。

COP：え？　刑法って一つじゃないのですか？

Y先生：刑罰を規定する法律は、広い意味での刑法に含まれます。COPさんが一つだと思ったのは刑法（明治40年法律第45号）のことだと思いますが、刑法総則の規定は、ほかの法令で規定された罪についても適用することになっていますので、罰則について知るためには基本的な考え方を理解しておく必要があります。

COP：なんだか難しそうですね。

Y先生：私も素人でそんなに難しい話はできないですし、むしろ理解・認識が甘い部分もあるかもしれませんので、その点はあらかじめ御容赦ください。

COP：ザックリ（大まかに）でもよいので、まずは基本を理解しておきましょうということですね。

Y先生：分かりやすさを重視して説明しますので、その分、正確性などは犠牲になるかもしれません。さて、COPさんは、刑罰は何のためにあると思いますか？

COP：不法投棄などの違反行為をした者を懲らしめるためですか？

Y先生：そうですね、刑罰を科することによって、将来また罪を犯すことを抑止・予防する「特別予防」、あらかじめ禁止される行為と刑罰を明らかにしておくことによって、人々が罪を犯すことを抑止・予防する「一般予防」という二つの目的があります。

COP：無許可営業を行った者に対して刑罰を科する場合、二度と違反しないように懲らしめるのが特別予防、ほかの人々が、こんな刑罰を受けるなら無許可営業はやめておこうと思うのが一般予防という感じですね。

Y先生：それから、「罪刑法定主義」「遡及処罰の禁止」「事後法の禁止」などがあります。

COP：法律で禁止される前であれば、廃棄物を山へ捨てても、おとがめなしということですね。

Y先生：次に、「法益保護主義」という原則が重要になります。「法律で保護するに値する利益」を法益といいますが、法益保護主義とは、実際に法益を侵害する行為や法益侵害の可能性を生じさせる行為だけを犯罪とすべきという考え方です。

COP：具体的にはどういうことでしょう？

Y先生：例えば、COPさんが頭の中でよからぬことを考えたとして、ただ頭の中で考えただけという段階では、法益侵害は生じませんので、犯罪にはならないということです。

COP：実行してはいけないということですね。

Y先生：それから、例えばCOPさんがお友達との待ち合わせに遅刻したからといって逮捕されることにはならないですよね？

COP：そりゃ遅刻だけで逮捕されたら、大変なことになりますよ。

Y先生：お友達は不利益を被ったわけですが、刑罰が必要であるとはいえませんので、COPさんに懲役刑や罰金刑が科されることはありません。

COP：そういえば、「しなければならない」という条文でも罰則が規定されていないものがありますね。

Y先生：刑罰は、「劇薬」と例えられることもあるように、ほかの手段では法益を保護できない場合にのみ用いることになります。また、重大な法益侵害には、それだけ重い刑罰を科することになります。例えば、先ほどの遅刻の例だと、平謝りで許してもらうなど刑罰以外の方法でも十分に解決できますよね。

COP：不法投棄などの生活環境の保全に直結するような違反と、産業廃棄物管理票虚偽記載などの違反とで罰則が違ってくるのは、法益侵害の程度に差があるわけですね。ほかには、どんな原則がありますか？

Y先生：もう一つ理解しておきたい原則に「責任主義」があります。これは、「責任がある行為」「非難に値する行為」を罰するというものです。法律違反だと知りながら故意に行うのと、過失によって法律違反をしてしまったのとでは行為者の責任に差がありますので、当然、故意のほうが厳しく処罰されることになります。また、法益侵害の発生に関係していないなど、責任のない者を処罰することができないのも同じ考え方になります。

COP：故意を重く処罰するのは理解できますが、責任のない者を処罰できないとは？　連座制のことですか？

Y先生：それもありますが、例えば本人には全く過失がなく、非難に値するような行為は何一つしていなかったのに他人にけがを負わせてしまったという場合、この人物を処罰したとして、本人や、ほかの人に対する法律違反の抑止・予防の効果は期待できるでしょうか？

COP：本人に非がないとすると、期待できないのでは？

Y先生：そのとおりです。この場合、民事上の対応として相手方の治療費を負担する等はあるかもしれませんが、わざわざ劇薬（刑罰）を使っても薬効（法律違反の抑止・予防）が期待できません。そのような不合理な処罰は行わないということです。

COP：改めて考えると、責任がある行為だけを処罰するというのは当然のことなんですね。

Y先生：ちなみに民事の場合は、過失責任を基本としつつも、一部では無過失責任を認めていますので、刑罰に関しては、責任の扱いが違う（厳格である）と覚えておくとよいでしょう。

COP：あれ？　でも、廃棄物処理法には両罰規定がありますよね？　この場合の法人は法益侵害の発生に関係しているといえるのですか？

Y先生：鋭い質問ですね。両罰規定については様々な議論がありましたが、現在では「過失推定」ということになっています。

COP：どういう意味ですか？

Y先生：不法投棄などの犯罪が発生したということは、前提として事業者に何らかの過失があったと考えるものです。したがって、事業者としては、注意義務を尽くしたことを証明しない限りは「過失があったものとして取り扱われる」ことになります。

COP：なるほど、刑罰では責任が厳格に扱われてはいるものの、事業者としては、そう簡単には責任から逃れられないということですね。

Y先生：そうです。我々が事業者の責任を問う際も同様です。「従業員がやりました」と言い訳をする例もありますが、事業者としては、従業者を監督する責任があったわけですから、「おとがめなし」というわけにはいきません。

行政処分と刑事処分の違い

POINT
- 刑罰の一般原則を踏まえた上で、行政処分と刑事処分の共通点や相違点を意識することが重要
- 行政処分が＋（プラス）を±０（プラスマイナスゼロ）に戻すものであるのに対し、刑事処分は−（マイナス）状態まで引き下げるものなので、より慎重・厳格に判断される。

COP：そうはいっても、例えば焼却炉が構造基準に適合していないからといって、全て「不法焼却」として告発されているわけではありませんよね。

Y先生：最初の段階では行政指導で対応している場合が多いですね。ですが、対策前に使用すると法律違反になると分かっているのに、焼却炉を使っていたとしたらどうでしょうか。

COP：「違反と知りながら焼却したのは悪質

だ」という判断になります。そうなると、行政処分（不利益処分）や告発という対応になっていくんですね。

Y先生：行政処分は、「将来にわたる行政目的の確保を主な目的とするものであって、過去の行為を評価する刑事処分とはその目的が異なるものである※1」とされていますが、刑事処分と共通する部分もありますので、両者が全く別物という捉え方をするよりは、一般原則を踏まえた上でそれぞれの共通点や相違点を意識することが大切です。

COP：そういえば、廃棄物処理法第14条の3に違反行為を依頼し、要求し、唆し、又は助けたときに行政処分の対象となるという規定がありますが、刑法にも教唆とか幇助がありますね。

Y先生：あくまで私の主観ですが、この規定は行政処分と刑事処分との違いを理解するのにピッタリの条文だと考えています。刑法の場合、教唆者には正犯の刑を科するものの、拘留又は科料のみに処すべき罪については特別の規定がなければ罰しないことになっています。また、幇助（従犯）については、正犯の刑を減軽することになっています。

COP：教唆（唆し）や幇助（助け）は、減軽される部分があるんですね。

Y先生：一方、廃棄物処理法第14条の3第1号では、産業廃棄物処理業の「事業の停止」となる行為として、「違反行為をしたとき」から「助けたとき」までの行為を同じ条文にまとめて規定しています。さらに、産業廃棄物処理業の「許可の取消し」に関する条文である次条第1項第5号では、「前条第1号に該当し情状が特に重いとき」と規定しています。

COP：つまり、どういうことですか？

Y先生：条文の構造上は、「助けたとき」であったとしても「情状が特に重い」と判断されれば、

※1　令和3年4月14日付け環循規発第2104141号環境省環境再生・資源循環局廃棄物規制課長通知「行政処分の指針について」

覊束行為^{※2}として許可が取り消される仕組みになっているということです。

COP：「情状が特に重い」の判断が重要になりそうですが、どのような事例が考えられますか？

Y先生：例えば、建設工事によって生じた産業廃棄物を下請業者が不法投棄し、元請業者がそれを助けたような事案です。

COP：確かに、自らの責任で適正処理を徹底させるべき立場の元請業者が、下請業者による不法投棄に加担したとすると、関与の度合いが小さい「助けた」でも「情状が特に重い」ということになりそうですね。

Y先生：刑事処分と行政処分は、どちらも反社会的な行為への対応ですので、一般予防・特別予防といった概念をはじめ刑罰の一般原則についての考え方は参考になりますが、そもそも立ち位置が少し異なります。また、行政処分では、法益保護主義の面で法益侵害や法益侵害の可能性をより広く捉えており、責任主義の面で過失をより厳しく追及していると考えることもできると思います。

COP：その辺りが共通点や相違点ということですね。このような違いが出るのはなぜでしょうか？

Y先生：その点については、**図表1**と許可を受けた処理業者が不法投棄を行い、行政処分として許可取消しとなったが刑事処分としては不起訴（起訴猶予）になったという例で説明します。

COP：時々そのようなニュースを耳にしますね。

Y先生：講学上の許可が「禁止行為の解除」というのは聞いたことがありますよね？　廃棄物処理法の処理業者は、一般の人々が禁止されている廃棄物処理業を営むことを許された特別な立場ということになります。一般の人を基準とすると、＋（プラス）の状態です。

COP：確かに、廃棄物の処理に関しては特権的な立場といえますね。

Y先生：許可取消しという行政処分は、この許可を失わせる、つまり＋の状態から±0（プラスマイナスゼロ）の状態にするものです。

COP：確かに、元の状態に戻っただけですね。

図表1　行政処分と刑事処分の違い

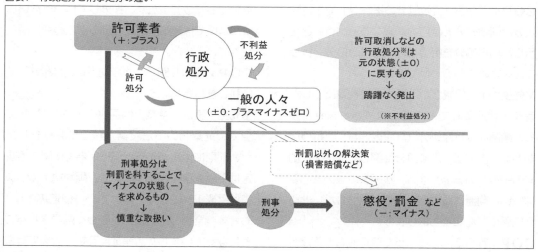

※2　覊束行為とは、裁量の余地がなく必ず行わなければならない行為。許可取消しでは、「取り消さなければならない」とされているものがこれに当たる。一方、裁量の余地がある行為は裁量行為といい、許可取消しでは、「取り消すことができる」とされている。

Y先生：許可を取り消された場合、厳密には欠格要件で差が出ることもあるのですが、廃棄物処理業を営むことができない状態という意味では一般の人と同じです。

COP：欠格要件に該当したとしても5年ほどで再び許可を受けられるようになりますね。

Y先生：はい。廃棄物処理業の許可については、許可の要件に該当すれば許可処分（±0→＋）を行い、欠格要件に該当するなど、取消しの要件に該当すれば許可取消処分（＋→±0）を行います。つまり、行政処分（許可と許可取消しの両方を含む）は、±0と＋との間を行ったり来たりするものになります。

COP：なるほど。

Y先生：これと比較すると、刑事処分によって懲役刑、罰金刑等の刑罰を科された者は、一般の人が±0であるのに対して－（マイナス）の状態になってしまいますので、当然、行政処分よりも慎重・厳格な判断が要求されます。また、既に社会的制裁を受けている場合は、その点も考慮されることになります。このような違いを理解すると、刑事処分と行政処分は、立ち位置が少し異なるというのもお分かりいただけると思います。

COP：だから「行政処分の指針※1」でも行政処分と刑事処分とは目的が異なるということを示し、刑事処分を待つことなく行政処分を行うことを求めているわけですね。

Y先生：不法投棄という重大な法律違反をした者を＋状態にしておくことは許されませんから、躊躇なく行政処分（許可取消し）を行う必要がありますが、刑事処分に関しては、情状酌量の余地がある場合など－状態まで求める必要はないと判断されれば、刑罰は科されないという結果になることもあります。

COP：許可取消しとなった処理業者が不起訴になると、正反対の結論が出たように感じるかもしれません。

Y先生：不起訴といってもいろいろあるので、「違反なし」と誤解してしまうと相反する結論のように感じるかもしれませんね。

COP：起訴猶予などは、刑事処分として－状態まで求めなかっただけですね。

罰則の変遷

POINT

●不法投棄は平成4年に全て禁止となったが、行為者の罰則は平成12年まで、両罰規定は平成15年まで、一般廃棄物よりも産業廃棄物のほうが厳しくなっていた。

●無許可営業は、廃棄物処理法の施行時から一貫して最も重い罰則となっている。

COP：そろそろ罰則の変遷を見てみましょうか。

Y先生：最初に不法投棄について見てみましょう（図表2）。

COP：不法投棄だけでもかなり変わってきたのが分かりますね。

Y先生：法施行時の罰則は、一般廃棄物も産業廃棄物も同じでしたが、投棄してはいけない場所については産業廃棄物のほうが広範囲に規定されていました。

COP：「第19回 不法投棄と海洋投棄の巻」で勉強しましたね。

Y先生：実は、条文上は平成4（1992）年に全ての廃棄物の不法投棄が禁止になりましたが、罰則には差がある状況で行為者に関する規定は平成12（2000）年まで、両罰規定については平成15（2003）年まで、一般廃棄物よりも産業廃棄物の不法投棄が厳しく処罰されることになっていました。産業廃棄物は大量で有害なものも多いことから、産業廃棄物の不法投棄のほうが法益侵害が重大であると考えられてい

図表2　不法投棄の罰則の変遷

施行日	法の規定		罰則
昭和46（1971）年9月24日	市町村処理計画区域内とその地先海面・公共用水域での廃棄物投棄禁止、その他の場所での産業廃棄物投棄禁止		【第27条】5万円以下の罰金
昭和52（1977）年3月15日	有害産業廃棄物等の投棄禁止		【第26条】6月以下の懲役・30万円以下の罰金
	市町村処理計画区域内とその地先海面・公共用水域での廃棄物投棄禁止、その他の場所での産業廃棄物投棄禁止		【第27条】3月以下の懲役・20万円以下の罰金
平成4（1992）年7月4日	投棄禁止		【第26条】（特管一廃、特管産廃、廃油、廃酸、廃アルカリ）1年以下の懲役・100万円以下の罰金 【第27条】（上記以外の廃棄物）6月以下の懲役・50万円以下の罰金
平成9（1997）年12月17日			【第25条】（産業廃棄物）3年以下の懲役・1,000万円以下の罰金・併科 【両罰（法人重科）】1億円以下の罰金 【第26条】（一般廃棄物）1年以下の懲役・300万円以下の罰金
平成12（2000）年10月1日			【第25条】5年以下の懲役・1,000万円以下の罰金・併科 【両罰（法人重科）】（産業廃棄物）1億円以下の罰金
平成15（2003）年7月8日	投棄禁止（未遂含む）		【第25条】5年以下の懲役・1,000万円以下の罰金・併科 【両罰（法人重科）】1億円以下の罰金
平成16（2004）年5月18日		投棄目的収集運搬禁止	【第26条】3年以下の懲役・300万円以下の罰金・併科
平成22（2010）年6月8日	投棄禁止（未遂含む）		【第25条】5年以下の懲役・1,000万円以下の罰金・併科 【両罰（法人重科）】3億円以下の罰金（公訴時効5年）

※両罰規定については、法人重科のみ記載

たということですね。廃棄物処理法が排出事業者の責任を厳格に扱っていく流れとも一致しています。

COP：今でも一般住民には一般廃棄物の処理基準が適用されていないように、一般住民の生活に関する規制の強化は、慎重に進められてきたということでしょうか？

Y先生：規制は合理的で必要最小限としなければなりませんので、やはり慎重に判断する必要があります。また社会状況の変化により、廃棄物処理法が保護する「法益」の重要性が変わったということもあるでしょうね。

COP：昔と今とでは、企業に求められる社会的責任も大きく変わったと感じます。

Y先生：今の時代、法令違反に関する認識の甘さは、企業にとって致命傷になりかねませんからね。次は無許可営業について見てみましょう（**図表3**）。

COP：不法投棄は当初は罰金刑だけだったのに、無許可は法施行時から懲役刑もあったんで

図表3　無許可営業の罰則の変遷

施行日	罰則
昭和46（1971）年9月24日	【第25条】　1年以下の懲役・10万円以下の罰金
昭和52（1977）年3月15日	【第25条】　1年以下の懲役・50万円以下の罰金
平成4（1992）年7月4日	【第25条】　3年以下の懲役・300万円以下の罰金・併科
平成9（1997）年12月17日	【第25条】　3年以下の懲役・1,000万円以下の罰金・併科
平成12（2000）年10月1日	【第25条】　5年以下の懲役・1,000万円以下の罰金・併科
平成17（2005）年10月1日	【第25条】　5年以下の懲役・1,000万円以下の罰金・併科 【両罰（法人重科）】　1億円以下の罰金
平成22（2010）年6月8日	【第25条】　5年以下の懲役・1,000万円以下の罰金・併科 【両罰（法人重科）】　3億円以下の罰金（公訴時効5年）

※両罰規定については、法人重科のみ記載

すね。

Y先生：無許可営業の罰則は、廃棄物処理法の施行時から一貫して最も重い刑罰を科することとされています。

COP：不法投棄よりも、無許可営業の罰則のほうが重かったとは少し意外ですね。

Y先生：不法投棄に関しては、裏山にごみを捨てにいく活動を日常的に行っていたわけですから、社会として法益侵害が重大であるという認識には至っていなかったということですね。

COP：裏を返せば、無許可営業の罰則が厳しいのは、重大な法益侵害という判断ですか。

Y先生：そうですね。法施行当時の通知[※3]には、許可制とした理由として「産業廃棄物の処理を業としている者が存在するが、廃棄物の処理が必ずしも適正に実施されず、不法投棄等が頻発している実情に鑑み」とあります。

COP：まるで処理業者が不法投棄の張本人だといわんばかりですね。

Y先生：自由な処理に任せるとぞんざいに扱われるおそれがあり、生活環境の保全上の支障を生じる可能性を常に有していることから、処理業を許可制として法による適切な管理下に置く必要があるという判断です。

COP：許可制にすることで問題業者を排除しようとしたのですね。

Y先生：このように、許可制は廃棄物処理法の根幹に関わる部分ですから、無許可営業というのは、法の趣旨・目的に違背する悪質な行為であり、重大な法益侵害であるという判断になるわけです。

法の重要性とともに増した罰則

POINT

● 廃棄物処理法の罰則は、大規模な不適正事案を受けて大幅に強化されている。

● 不法投棄等で得た財産は没収の対象となるので、「捨て得」は許されない。

● 法施行時と比較すると、排出事業者の責任も格段に強化された。

COP：ところで、廃棄物処理法の罰則はどんどん厳しくなっていったのですが、ほかの法令と比較するとどうなっているのでしょうか。

Y先生：大まかには、**図表4**のようになっています。

COP：なるほど、廃棄物処理法の施行当時は大気汚染防止法と同程度の罰則でしたが、今では大幅に厳しくなっていますね。

Y先生：廃棄物処理法の罰則の大幅強化は平成4年と平成9（1997）年施行の改正で、「豊島の事案[※4]」など大規模不適正事案によって、犯罪の抑止・予防が、より一層強く求められた結果です。次に委託基準違反を見てみましょう（**図表5**）。

COP：ここでも、産業廃棄物の罰則が先行していますね。

Y先生：平成15年の改正では、措置命令の対象に一般廃棄物の処理委託者を追加することと併せて一般廃棄物の委託に関する罰則が追加されています。

COP：法が排出事業者の責任を厳格に扱っていく流れの中で、委託者に対する規制も強化されているんですね。

Y先生：無茶な委託によって不適正処理が生じ

※3　昭和46年10月16日付け環整第43号厚生省環境衛生局長通知（改定：昭和49年3月25日付け環整第36号）「廃棄物の処理及び清掃に関する法律の施行について」
※4　豊島（香川県）において、昭和50年代後半から平成2（1990）年にかけて廃棄物処理業者による産業廃棄物（シュレッダーダスト、汚泥等）の不法投棄や野焼きが繰り返された事案。膨大な量の廃棄物が残され、その総量は90万tを超える。

た場合に、そもそも「適正に委託する」という義務が課されていなければ責任の所在が曖昧になり、委託者を処罰したり委託者に撤去等を行わせたりすることが難しくなってしまいます。

COP：委託基準違反（無許可業者への委託）は、昭和52（1977）年に政令の委託基準に盛り込まれ、平成4年に法律にも明記されると、平成12年には最高刑になったのですね。

Y先生：無許可営業は法施行時から一貫して最も重い刑罰を科することとしています。贈賄罪・収賄罪のように、犯罪の成立に相手が必要なものを対向犯といいますが、無許可営業を行った者が最高刑なのに、委託した者が全く処罰されなかったり明らかに罪が軽くなったりするようでは、やはりバランスを欠きますよね。

COP：不適正処理を行う者が処罰されるのは当然として、問題業者に委託したほうにも非があるということですね。

Y先生：委託した側は委託基準違反（無許可業者への委託）、受託した側が無許可で処理を行えば、無許可営業として処罰されることになります。また、平成9年の改正により産業廃棄物では実際に処理を行わなくても受託した時点で罪になります。現行法では、これらはいずれも最も厳しい法第25条の罰則が適用されます。

COP：排出事業者の責任は法施行時よりも大幅に強化されているんですね。

Y先生：それから、廃棄物処理法には、ほかの

図表4　他法令との罰則の比較

施行年度	廃棄物処理法 無許可営業（最高刑）	大気汚染防止法 命令違反（最高刑）	刑法 第204条（傷害）
昭和43（1968）年	（制定前）	1年以下の懲役 10万円以下の罰金	10年以下の懲役 2万5,000円以下の罰金
昭和46（1971）年	1年以下の懲役 10万円以下の罰金	1年以下の懲役 20万円以下の罰金	
昭和52（1977）年	1年以下の懲役 50万円以下の罰金		
平成元（1989）年		1年以下の懲役 50万円以下の罰金	10年以下の懲役 10万円以下の罰金
平成3（1991）年			10年以下の懲役 30万円以下の罰金
平成4（1992）年	3年以下の懲役 300万円以下の罰金・併科		
平成9（1997）年	3年以下の懲役 1,000万円以下の罰金・併科	1年以下の懲役 100万円以下の罰金	
平成12（2000）年	5年以下の懲役 1,000万円以下の罰金・併科		
平成16（2004）年			15年以下の懲役 50万円以下の罰金

※施行年度は、昭和43年は大気汚染防止法、その他は廃棄物処理法の施行年度を示す。
※刑法の罰金額は、罰金等臨時措置法（昭和23年法律第251号）に定める倍率を乗じたもの。（昭和43年及び昭和46年は50倍、平成元年は200倍）

図表5　委託基準違反の罰則の変遷

施行日	無許可業者への委託 （法第6条の2第6項、法第12条第5項）	委託契約書作成義務違反等 （法第6条の2第7項、法第12条第6項）
昭和46（1971）年 9月24日	（規定なし）	（規定なし）
昭和52（1977）年 3月15日	【第26条】（産業廃棄物） 6月以下の懲役・30万円以下の罰金	
平成4（1992）年 7月4日	【第26条】（産業廃棄物） 1年以下の懲役・100万円以下の罰金・併科	
平成9（1997）年 12月17日	【第26条】（産業廃棄物） 1年以下の懲役・300万円以下の罰金・併科	
平成12（2000）年 10月1日	【第25条】（産業廃棄物） 5年以下の懲役・1,000万円以下の罰金・併科	【第26条】（産業廃棄物） 3年以下の懲役・300万円以下の罰金・併科
平成15（2003）年 12月1日	【第25条】（全て） 5年以下の懲役・1,000万円以下の罰金・併科	【第26条】（全て） 3年以下の懲役・300万円以下の罰金・併科

環境法令では見られないような罰則の規定もあります。

COP：そうなんですか？

Y先生：一つ目は、不法投棄等の罰則における懲役刑の上限が5年となったのに合わせて、組織的な犯罪の処罰及び犯罪収益の規制等に関する法律（平成11年法律第136号）の前提犯罪に、一般廃棄物処理業の無許可営業、名義貸し、廃棄物処理施設の無許可設置及び不法投棄の罪が追加されたことです。

COP：追加されると、どうなるのでしょう？

Y先生：これらの罪で得た財産の隠匿や収受、これを用いた法人等の経営支配を目的とする行為が処罰の対象となります。また、これらの財産が没収の対象となります。

COP：いわゆる「捨て得」は、絶対に許さないということですね。

Y先生：もう一つは、「未遂」と「予備」の処罰規定で、これらはほかの環境法令では、ほとんど見られないものです。

COP：そんなに珍しいのですか？

Y先生：あまりないですね。

COP：未遂とか予備というのは、どういう状況を指すのですか？

Y先生：犯罪が既遂となる前の段階を「未遂」といい、未遂の段階でも犯罪となるものを未遂犯といいます。不法投棄の例では、警察官等による制止、監視等に気付いたことによる行為の打切りなどが未遂に該当します。

　また、未遂より更に前の準備の段階を「予備」といいます。廃棄物処理法では、不法投棄又は不法焼却目的収集運搬と無確認輸出予備が規定されています。

COP：不法投棄が行われている現場付近まで車両を乗り入れ、投棄の順番待ちをしている行為などが、不法投棄の予備に該当するわけですね。

Y先生：ただし、既遂より前の段階での処罰は、法益侵害の可能性を生じさせる行為の段階を処罰しようとするものですから、むやみに行うことは許されません。廃棄物処理法でも、無確認輸出、不法投棄及び不法焼却に限定されています。

COP：どれも発生してからでは取り返しのつかない犯罪ですね。

法が目指すもの

Y先生：罰則については、構成要件、違法性、有責性などの検討が必要になります。また、廃棄物処理法の違反に関しては、廃棄物該当性など、法の趣旨等を踏まえた総合的な判断が必要になる場合もあります。

COP：法律って何から何まで杓子定規に決まっているものだと思っていましたが、そうとも限らないのですね。

Y先生：法令で全てを完璧に規定するのは不可能といってもよいでしょう。詳細に規定したほうが明確でよいと思うかもしれませんが、必ずしもよいことばかりではないのです。

COP：そうですか？

Y先生：例えば、木くずは必ず破砕して、製紙用の原料にしなければならないと定めたとしましょう。

COP：品質に問題があって原料にできないときは焼却処分してもいいんですよね？

Y先生：いいえ、「しなければならない」と定めたのであれば、そのとおりに行わなければ法律に違反することになりますので、焼却処分の追

加、例外的な処理について定めるなど何らかの改正が必要になります。

COP：そうか、あれもこれも法令で決めてしまうと、例外（法令とは違ったやり方）が許されなくなるんですね。

Y先生：想定されるものを網羅的に規定しようとしてもきりがありませんよね。新技術の開発、想定外の事案など何かある度に法改正が必要になるようでは、社会情勢の変化、特殊事案等に柔軟に対応することができないのです。

COP：必要以上に詳細な規定は硬直化につながってしまう。

Y先生：制度設計としては、必要最低限の規制について定める部分と、その他の部分とのバランスが重要になります。したがって、個別規定がなかったとしても、実務上の解釈・運用に当たっては、根底にある法の目的・趣旨を見失わないようにしなければなりません。

COP：でも、法令に規定のないことをどこまで行えばよいのか悩んでしまいます。Y先生（行政）の立場でも、法令にない部分の指導は難しいのではありませんか？

Y先生：恣意的な行政指導などは論外ですが、法の目的・趣旨を説明することや、その中で求められる責任について指導することは必要なことだと思います。理論武装とはよく言ったもので、我々にとって最も強い味方となるのは、法の目的・趣旨を踏まえた「正論」だと私は思っています。

COP：条文で規定されていなかったとしても社会的に求められるものがあるんですね。

Y先生：そうですね。罰則は法益侵害・責任が特に重大なものに限定されていますから、罰則がなければ何をしてもよいと考えるのは危険です。罰則や個別規定がなくても、社会的に許されない行為と判断される場合もあり得ますから。

COP：確かに、社会に受け入れられなけれ

ば、例えば企業イメージの低下に伴う業績悪化といった形で、ときには罰則以上に厳しい影響を受ける可能性はありますね。

Y先生：CSR（企業の社会的責任）という概念は、法令遵守（コンプライアンス）の先にあると考えるとよいでしょう。また、その責任のあり方というのは、社会との関係の中で決まってくるものですから、世の中の動向を注視していく姿勢も求められます。

COP：社会状況の変化によって廃棄物処理法が保護する「法益」の重要性が変わった結果、排出事業者の責任も厳格に扱われるようになったのでしたね。時代の流れを見極めるために注意すべきことはありますか？

Y先生：社会が大きく変わっていく中にあっても、簡単には変わらないものがあります。それが、原理・原則と呼ばれるもので環境法令におけるPPP（polluter-pays principle；汚染者負担の原則）という考え方もその一つです。基本に立ち返って、そういった本質的な部分を押さえておくことが大切なのではないでしょうか。

COP：本日は、「罰則強化」についてお届けしました。刑罰の基本、行政処分と刑事処分の違いなど様々なポイントがあり、企業の社会的責任についても考えさせられました。

	25条	26条	26条の2	27条	27条の2
昭和45(1970)年	【懲】1年以下／【罰】10万円以下	【懲】6月以下／【罰】5万円以下	－	【懲】－／【罰】5万円以下	－
昭和51(1976)年	【懲】1年以下／【罰】50万円以下	【懲】6月以下／【罰】30万円以下	－	【懲】3月以下／【罰】20万円以下	－
平成3(1991)年	【懲】3年以下・【罰】300万円以下	【懲】1年以下／【罰】100万円以下	－	【懲】6月以下／【罰】50万円以下	－
平成4(1992)年	同上	同上	－	同上	－
平成9(1997)年	【懲】3年以下・【罰】1,000万円以下	【懲】1年以下／【罰】300万円以下	【懲】1年以下／【罰】50万円以下	同上	－
平成12(2000)年	【懲】5年以下・【罰】1,000万円以下	【懲】3年以下・【罰】300万円以下	－	【懲】1年以下／【罰】50万円以下	－
平成15(2003)年	同上	同上	－	同上	－
平成17(2005)年	同上	同上	－	【懲】2年以下・【罰】200万円以下	－
平成22(2010)年	同上	同上	－	同上	－
平成29(2017)年	同上	同上	－	同上	【懲】1年以下・【罰】100万円以下

	28条	29条	29条の2	30条	31条	32条
昭和45(1970)年	【懲】－／【罰】3万円以下	両罰	－	過料	－	－
昭和51(1976)年	【懲】－／【罰】10万円以下	両罰	－	過料	－	－
平成3(1991)年	【懲】－／【罰】30万円以下	両罰	－	過料	－	－
平成4(1992)年	【懲】－／【罰】50万円以下	【懲】－／【罰】30万円以下	－	両罰	過料	－
平成9(1997)年	同上	同上	【懲】－／【罰】30万円以下	両罰(法人1億円)*1	過料	－
平成12(2000)年	【懲】6月以下／【罰】50万円以下	【懲】－／【罰】50万円以下	－	【懲】－／【罰】30万円以下	【懲】－／【罰】30万円以下	両罰(法人1億円)*1
平成15(2003)年	同上	同上	－	同上	同上	両罰(法人1億円)*2
平成17(2005)年	【懲】1年以下／【罰】50万円以下	【懲】6月以下／【罰】50万円以下	－	同上	同上	両罰(法人1億円)*3
平成22(2010)年	同上	同上	－	同上	同上	両罰(法人3億円)*4
平成29(2017)年	同上	同上	－	同上	同上	同上

*1 不法投棄（産業廃棄物）のみ　*2 法人重科は不法投棄のみ　*3 法人重科に無許可営業等が追加　*4 25条違反は公訴時効5年
／：又は　・：若しくは（又は併科）

※この表は、罰則を規定している条文の改正経過を整理したものである。

▶昭和45(1970)年　廃棄物処理法制定

▶昭和51(1976)年　措置命令違反[25]、産業廃棄物委託基準違反[26]、不法投棄・強化[26]

▶平成3(1991)年　施設無許可設置・変更[25]、施設停止命令・改善命令違反[26]

▶平成4(1992)年　無許可輸入[26]、無確認輸出[28]

▶平成9(1997)年　名義貸し禁止[25]、産業廃棄物受託禁止[26]、マニフェスト虚偽記載等[29]

▶平成12(2000)年　産業廃棄物委託基準違反・強化[25]、不法焼却[26]、無確認輸出・強化[26]、マニフェスト不交付等[29]

▶平成15(2003)年　不法投棄未遂[25]、不法焼却未遂[26]、一般廃棄物委託基準違反[25、26]

▶平成16(2004)年　産業廃棄物受託禁止・強化[25]、不法焼却（未遂含む）・強化[25]、指定有

害廃棄物処理禁止［25］、不法投棄・不法焼却目的収集運搬［26］

▶**平成17（2005）年**　不正手段による許可取得［25］、無確認輸出・強化［25］、無確認輸出予備［27］、マニフェスト命令違反［29］、マニフェスト関係・強化［29］

▶**平成22（2010）年**　事業場外保管届出義務違反［29］、定期検査拒否等［30］、両罰規定・強化（罰金刑の公訴時効延長、法人重科の強化）［32］

▶**平成29（2017）年**　新措置命令（事業廃止等による準用）違反［26］、マニフェスト関係・強化［27の2］、有害使用済機器届出義務違反［30］

※［　］は、罰則の条文（当時）

参考文献　刑法総論（第3版）／山口厚／有斐閣

行政処分指針の巻

第21回（最終回）は、産廃行政担当者のバイブル的な「行政処分指針」を取り上げてみました。今回の担当はG先生です。

行政指導と行政処分

POINT

● 「行政指導」と「行政処分」は異なる。
● 「行政指導」は相手方が従う場合に成立する。「行政処分」は相手方に義務を課す。
● 措置命令は、緊急時を除き行政手続法に基づく弁明手続（行政庁の判断により聴聞手続）による意見陳述を行う必要がある。

COP：おそろし、おそろし。

G先生：どうしましたか。おっかない表情で。

COP：いや、委託先の処分業者が何やらやらかしたようで、こわ～い行政担当者が来ましてね。委託契約書とマニフェストを見せてって。

G先生：それは大変でしたね。委託した産廃が不法投棄なんかされると、COPさんの企業にも命令、いわゆる行政処分がかかるかもしれませんね。

COP：ぎょぎょぎょ。命令って行政はどのように判断するんですか？

G先生：違法行為の状況、生活環境の保全への侵害度、行為者の態様などから、比例原則、公平原則などの行政法一般原則に則り、法の目的を実現するために是正等を命ずるんです。

COP：例えば？

G先生：COPさんの会社、ここではリサ商会としますか。リサ商会が産廃の引渡しの際にマニフェストの交付を忘れてしまった。この違反を確知した行政からリサ商会は、「産廃を引き渡す際にはマニフェストを交付すること」といった「指導書」とか「指示書」を受けることがあります。

COP：うちは優良企業だから経験はありませんが。

G先生：まあ、仮に受けた場合ですが、指導書とか指示書、それは「行政処分」ではなく「行政指導」なんです。リサ商会が「はい、分かりました。すんません。以後気を付けます」って従えば、指導は終わり。初回の違反はこのようなケースが多いです。不法投棄や野焼きといった情状の重い違反は別ですが。

COP：要は指導に従ったってことですね。

G先生：そう。行政指導は行政の指示に対して相手が従えば成り立つものです。今の例ですと「マニフェストの適正な運用を行政指導で是正指示した」というわけです。

COP：そんな指導に従うか！と息巻いたら？

G先生：廃棄物処理法第12条の6第1項で行政が勧告する。これも法に基づく行政指導。更に従わない場合は同条第2項で公表し、公表し

ても正当な理由なく従わない場合は、勧告の内容を措置するよう命ずることができます。これが行政処分です。

COP：命じても従わない場合は？

G先生：命令違反として罰則の対象となります。行政処分は相手に命じた内容を義務付けするもので、義務違反に対しては一般的に制裁として罰則が規定されています。まぁ、「指導書」や「指示書」による行政指導を再度行ったり、初めから法に基づき「勧告」を行い、「公表」「行政処分」ということも制度上あり得ます。この辺りが相手方の態様や違反行為により生活環境にどの程度の支障があったかなど、諸々の状況から行政が判断する、いわゆる効果裁量というものです。

COP：なるほど分かりやすいですね。行政指導は相手方が従う場合に成立する。行政処分は相手方に義務を課す。しかし、行政処分は突然出されるんですか？

G先生：えーと、先ほどの例で考えてみましょう。リサ商会がマニフェストを交付せずに産廃を収集運搬業者に引き渡し、その収集運搬業者が「えーい、めんどうくさい‼」と国道脇に入り、山林にダンプアウトして不法投棄しました。

COP：うちが取引している収集運搬業者や処分業者は優良なのでそんなことはしません。

G先生：例えばです。そうするとリサ商会は廃棄物処理法第19条の5第1項第3号イの「マニフェストを交付しなかったとき」の要件に当てはまり、措置命令対象となってしまいます。

COP：確かに条文を見るとそうですね。

G先生：行政は事実を確知した段階で客観性を高めるため、廃棄物処理法第18条による報告徴収で違反事実を固めて違反事実の調書を作成し、その違反事実から構成要件を充足する命令をあたります。そして、要件が廃棄物処理法第19条の5第1項第3号イの措置命令を充足しているとの判断に至り、リサ商会に命令をかけ

る準備をします。この際に突然、命令を出すのではなく、リサ商会に「言い分」を主張する機会を与えます。これが行政手続法に基づく防御権の付与といって、弁明手続や聴聞手続といっています。この手続を経て、命ずることに正当性があるものと判断されれば、「あなたはマニフェスト違反があった。その違反にかかわる産廃が不法投棄された。ついては、それを片付けよ」と措置を講ずるようリサ商会に命ぜられます。いずれにしても不意打ちはありません。まぁ、緊急の場合を除きますが。

COP：不意打ちはないんですね。しかし、このようにお話を聞けばよく理解できるんですが、法律の条文だけではよく分からない。

G先生：まぁ、「廃棄物処理法 いつできた？ この制度（令和版）」を購入して読めば理解は深まりますよ。

COP：そうですか。早速購入しなきゃ。

G先生：ちゃんちゃん！

排出事業者と行政処分指針

POINT

- ●「行政処分の指針について」は、違反があった場合に行政がどう対処するかを示したマニュアル
- ●「指針」は法には書かれていないような具体的な要件、内容、手続等が示されている。

G先生：そういえば、今回は「行政処分指針」の巻だからこれで終わるわけにはいきません。廃棄物処理法の行政処分について理解を深めるために、環境省通知の「行政処分の指針について」（令和3年4月14日環循規発第2104141号環境省環境再生・資源循環局廃棄物規制課長通知）、いわゆる令和3年指針に触れてみますか。

COP：ようやく本題ですな。

G先生：最初に「行政処分の指針について」は、産廃行政を進める上で、自治体が廃棄物処理法の行政処分という権限を適正に行使すること、つまり、行政処分に対する行政庁の裁量を指針により一定程度コントロールさせて、法の目的を実現するために環境省から各都道府県・政令市に通知された重要な指針、マニュアルといえます。

COP：なるほど。

G先生：全国の産廃行政担当者は間違いなく目を通しています。通知の概要は、「全国で発生した大規模不法投棄事案が、なぜ発生したか。その原因は、地方自治体が適切な権限を早期に行使しなかったということである。この反省に立って地方自治体は法に基づく行政権限を的確に行使する必要がある。ついては、その行使を迅速かつ的確に行う手法・考え方を取りまとめたもの」となります。

COP：その内容はどのようなものですが？

G先生：「行政処分の考え方」「廃棄物の該当性判断」「産廃処理業の停止や取消し」から「改善命令」「措置命令」、そして「刑事告発」まで包含しています。

COP：なるほど。廃棄物処理法上の廃棄物の考え方が示されているほか、違反があった場合に自治体がどのように対処するか、その手順を示したマニュアルということですね。産廃処理業の停止や取消しならうちにはあまり関係ないですね。

G先生：甘いですなぁ。産廃処理は排出事業者処理責任ですよね。先ほど措置命令（法第19条の5）の例え話をしましたよね。行政処分指針では措置命令の考え方が示されています。例えば、不法投棄した収集運搬業者が行方不明になったとしましょう。措置命令をかけようとするとき、まずは、一義的には実行行為者の収集運搬業者に命令を発出するものと思いますよね。

COP：そりゃー不法投棄した者がまずは片付

けなきゃ。

G先生：その収集運搬業者が行方不明である。しかし、不法投棄された産廃が地域住民の生活環境を脅かしている。例えば、通学路のそばに崩れかかっているほどのがれきが投棄された。この場合、排出事業者としてどう思いますか。

COP：そりゃー処理費用を払って委託したんだから、行政が収集運搬業者の居所を突き止めて撤去させなきゃ。

G先生：その間、地域住民はどうします？　排出事業者から排出された産廃ですよ。

COP：収集運搬業者の行方が分からない。行政代執行ですか？

G先生：行政代執行も当然あり得ます。ただし、行政代執行の考え方は、代執行後に原因者から費用を求償するとしても、初めは税金、公費を投入するのですから、緊急性やほかの手段により措置できない場合等の要件があります。廃棄物処理法の場合、行政法の世界では「簡易代執行」といって、その要件が緩和されています。廃棄物処理法第19条の8をご覧いただくと、緊急性がある場合や行為者が確知できない場合、委託基準違反やマニフェスト義務違反の排出事業者が確知できない場合などとされています。

COP：ということは、収集運搬業者が行方不明の場合であって、しかし、排出事業者が分かっている場合は、廃棄物処理法上の行政代執行は要件でないと。

G先生：そうです。不法投棄した廃棄物のがれきは排出事業者に処理責任がある。行政処分指針では、「措置命令の発出順位は特に規定していない。行為者が行方不明の場合など、委託基準違反等の違法性が認められる排出事業者に対して積極的に措置命令を発出せよ」としている。図表1が（一社）産業環境管理協会の「環境担当者向け廃棄物研修」で私が使用したパワポです。

COP：なるほどね。法には書いていないこと

が行政処分指針に示されているんですね。**図表1**を見ると、マニフェスト違反だけではなく、無許可業者に委託した場合（委託禁止違反）、委託契約書を締結しなかった場合（委託基準違反）も排出事業者は命令対象になるんですね。まぁ、当たり前ですよね。立入検査を受けたのも、その違反の有無を調べたということですね。まぁ、違反はなかったので一安心です。

G先生：いや、これからも検査はあるかもしれません。

COP：違反がないのに？

G先生：繰り返しますが、排出事業者処理責任は重いのです。これを明確に表しているのが排出事業者限定の措置命令というのがあります（法第19条の6）。この条文では収集運搬業者が不法投棄をしたけれども、その業者に資力がなく撤去できない場合で、かつ、排出事業者が適正な処理費用を払っていなかった場合などには、この命令を排出事業者に発出することができるとしています。同じく**図表2**に示しまし

図表1　行政処分指針の概要（措置命令（法第19条の5））

■行為者、委託基準違反の排出事業者等に対する措置命令（法第19条の5）
（1）**趣旨**
・産業廃棄物保管基準又は処理基準に適合しない<u>保管、収集、運搬、処分</u>
・生活環境保全上の支障又はそのおそれ
・迅速な命令により生活環境の保全上の支障の除去又は<u>未然防止</u>
・不法投棄など違法状態継続している限り命令発出可
（2）**要件・内容**
　対象：①不適正処分を行った者
　　　　②<u>委託禁止違反、委託基準違反及び管理票義務違反により委託した排出事業者</u>
　　　　③要求、依頼、教唆者（違反行為の斡旋などの働きかけ）、幇助者（違反行為を容易にすること）
　発出要件：処理基準に適合しない処分がされ、生活環境保全上支障又はそのおそれがある場合（生活環境＝環基法の定義、おそれ＝高度な蓋然性・切迫性は要求されない）。発出順位の定めはない。排出事業者への措置命令に当たっては、現場の廃棄物の特定は不要で含まれていれば可。
　内容：支障の除去又は発生の防止に必要な措置を講ずるよう具体的な期限を指定し、命ずるもの。ただし、「必要な限度」であり、支障の程度及び状況に応じ、支障を除去し、又は発生の防止に必要であり、かつ経済的にも技術的にも最も合理的な手段を選択すること。
　手続：緊急の場合は聴聞又は弁明の機会は不要（通常は弁明の機会の付与）。被命令者の原状回復に伴う廃棄物処理は許可は不要と解す。

図表2　行政処分指針の概要（措置命令（法第19条の6））

■排出事業者に対する措置命令（法第19条の6）
（1）**趣旨**
・排出事業者処理責任の原則により一連の適正処理行程の注意義務違反の場合、原則堅持のため、違反がなくても一定の要件下で措置命令対象とする。
・<u>代執行による公金負担は、排出事業者処理責任の形骸化であり、責任を全うすべき。</u>
（2）**要件・内容**
　対象：19条の5の命令対象となる者を除く以下の者
　　　　排出事業者、中間処理業者（中間処理産廃による措置が必要な場合）
　発出要件：処分者等に資力がない又は行政に過失がなく処分者等が確知できない場合であって、<u>かつ</u>、排出事業者が適正な処理費用を負担していない（市価の半値以下）又は（不適正な）処分が行われることを知り、又は知ることができたとき又はその他法第12条第7項の排出事業者の注意義務に照らし措置を採らせることが適当な場合
　内容：支障の除去又は発生の防止に必要な措置を講ずるよう具体的な期限を指定し、命ずるもの。ただし、「相当な範囲内」であり、不適正処分された産業廃棄物の性状、数量、処分の方法その他の事情からみて、通常予想される生活環境保全上の支障の除去に限定され、複合汚染や二次汚染など通常予想し得ない支障は含まない。
　手続：通常は弁明の機会の付与

た。

COP：ほっほー。きちっと費用を払わなければ適正処理はできないですものね。

G先生：そうですね。行政処分指針では具体的にその費用をそれぞれの地域での一般的な処理料金の半値程度又はそれを下回るような料金としています。

COP：なるほど。法律には半値程度とかは書けませんね。"契約自由の原則"に反しますもんね。

G先生：自治体は、その地域の一般的な処理料金を客観的に把握せよと示しています。まぁ、具体的には地域の産廃の団体への聞き取りや公共工事の積算資料、複数社に調査するなどで把握できます。

COP：「行政処分指針」は深いですね。法律の行間を解説しているようです。これは企業としても指針は一度眺めておかないといけませんね。

G先生：この指針を理解することは、企業の産廃委託のリスク回避になると思います。そのほか、リスク回避の参考となるものとして、少々古いのですが、平成16（2004）年に経済産業省から「排出事業者のための廃棄物・リサイクルガバナンスガイドライン」（経済産業省ホームページhttps://www.meti.go.jp/policy/recycle/main/3r_policy/policy/pdf/governance/governance.pdf）が出されています。

COP：そういえば、当時話題になり、出版もされたと上司から聞いたことがあります。改めて読み直して点検しなきゃ。

G先生：ちなみに、このガイドラインは改訂に向けた案がその後出されていますが、オーソライズはされていないようです。

COP：さて、令和3年指針が最も新しい通知と思いますが、以前からありました？

行政処分指針の歴史と排出事業者処理責任

POINT

● 「59年指針」では、排出事業者に撤去させるような行政処分ではなかった。
● 全ての産廃が投棄禁止になったのは平成3年改正
● 「平成13年指針」では自治体が厳格な処分を促された。

G先生：最初の指針なるものは「産業廃棄物処理業者に対する行政処分の指針について」（昭和59年8月23日衛産27号。以下「59年指針」）というのがあります。「59年指針」には、「悪質業者に対する行政処分」「休眠業者に対する行政処分」など産業廃棄物処理業者への行政処分の解説が主な内容でした。

COP：排出事業者処理責任は廃棄物処理法施行時からの原則なのに排出事業者に関しては触れてなかった？

G先生：排出事業者の自ら処理については、工場の保管場所において産廃を飛散、流出させるなどの処理基準違反に対する改善命令は法施行時からありました。しかし、排出事業者が委託した処理業者が不法投棄を行った場合に排出事業者に対して撤去させるような行政処分はありませんでした。

COP：委託さえすれば排出事業者に撤去させる仕組みがなかったと。

G先生：まぁ、そういうことです。委託すればその責任は全て処理業者に転嫁されるような雰囲気でしたね。その解消のための最初の突破口が、昭和51年改正で創設された措置命令で、排出事業者が対象となるのは、無許可業者に委託した場合などで緩やかでした。また、「生活環境保全上『重大な』支障又はそのおそれ」と

「重大な」があったのでハードルが高かったんですね。この「重大な」を外したのは平成3年改正です。香川県の豊島の大規模不法投棄事案が契機となっています。

COP：あのミミズの養殖と称した不法投棄ですね。

G先生：この平成3年改正通知の「廃棄物の処理及び清掃に関する法律の一部改正について（依命通知）」（平成4年8月13日生衛736号厚生省生活衛生局水道環境部環境整備課長通知）では、「廃棄物処理に対する国民の信頼を高めていくには、違法行為に対しては厳しい態度でこれに対処する必要があるので、その厳格な運用に期せられたい」としています。

COP：なるほど。行政処分指針の前文のような表現ですな。

G先生：そして、不法投棄が厳格化され、9年後の平成12年改正では、排出事業者責任強化に向け大きく政策転換が図られ、措置命令対象が拡大されました。具体的には、排出事業者が委託した処理業者が不適正処理を行った場合で、当該者に資力がなく、かつ、排出事業者が適正な処理料金を負担していないとき等に委託基準違反等がない排出事業者を措置命令の対象とする規定（法第19条の6）が創設されました。

COP：違反がなくても行政処分対象となるということは……、えっ！法第19条の6は無過失責任ですか？

G先生：いやそこまではいえないでしょうね。例えば大気汚染防止法第25条や水質汚濁防止法第19条では有害物質の排出により健康被害を与えた場合は過失の有無を問わずに賠償責任を排出者に認めていますが、廃棄物処理法の場合は適正な料金を負担していない等の要件があります。

COP：うーん、なるほど。しかし、排出事業者に対して厳しい。

G先生：繰り返しますが排出事業者処理責任ですから。そして、平成13年指針（平成13年5月15日環産第260号。平成14年5月21日環廃産294号で一部改正）となるのですが、この指針で「廃棄物処理法の規制強化を図ってきたが、不法投棄などが依然見受けられ、廃棄物処理に対する国民の不信を招いている。行政は行政指導を繰り返すのではなくしっかり行政処分を行いなさい」と、環境省は本気で自治体にはっぱをかけています。

COP：環境省も法改正により規制強化を図っても、実際執行する自治体が弱腰ですと法改正の効果がありませんもんね。

G先生：この13年指針を契機に、自治体が厳格な処分を促された結果、許可取消処分や改善命令、措置命令の発出件数も増加し、成果をあげてきました。

「廃棄物該当性判断」から「許可取消業者への命令規定」へ

POINT

- ●「平成17年指針」では学識経験者や自治体職員の生の声を反映
- ●「平成30年指針」で許可取消業者への命令規定が定められた。
- ●「令和3年指針」で直近の法改正や法人の破産手続との整合性を反映

COP：あれ、平成13年指針には、令和3年指針にある「廃棄物の該当性判断」がないですね。いわゆる「総合判断説」が。

G先生：この総合判断説が指針に登場したのは平成17年指針（平成17年8月12日環廃産発第050812003号）からなんですね。この17年指針の画期的なところがそこなんです。

COP：何か理由がありそうな。

G先生：17年指針では更に「自治体により適切に行政処分を行ってもらうため」に、学識経験者や自治体職員の意見を聞いて全面改正に至ったのです。

COP：改正に当たって学識経験者や自治体職員の意見を聞いたことは、内容の充実と現場での即戦力、実戦力を狙いにしたということですかね。

G先生：そうです。何を隠そう私も当時指針作りに関与しておりましてね。全国的に有名な現職自治体職員の方も参加されていて、様々議論しました。特に命令の要件や処理業者のいわゆる「おそれ条項」の認定事例として具体的な他法令違反などを記載するなど、現場自治体の声が反映されていると思います。

COP：ふーん、自治体職員が集まり議論や意見を交わし、17年指針ができたと。まさに「自治体により適切に行政処分を行ってもらうため」に生の声が反映されているんですね。

G先生：「廃棄物の該当性判断」以外にも**図表3**のとおり13年指針から発展しています。

COP：かなりの充実ですね。

G先生：そうですね。これで、「強化された法規制を適切に運用し、積極的かつ厳正な行政処分を行ってください」という国の姿勢がよく分かりますね。

COP：ほぼ令和3年指針と同じですね。

G先生：現在の行政処分指針の原型がこの17年指針です。平成22（2010）年法改正において処理業者の欠格連鎖止めや建設工事に係る事業者は元請負業者である旨が明定されました。この改正を受けて行政処分指針は平成25（2013）年に一部改正されています。

COP：なるほどね。法改正の度に行政処分指針も進歩していると。

G先生：そして平成29（2017）年法改正を踏まえた行政処分指針が平成30年指針です。平成30年指針では平成29年改正で創設された「有害使用済機器関連」や「刑法一部改正による刑の一部執行猶予制度の創設」「会社法一部改正による監査役に関する範囲等に関して欠格要件の考え方」や「許可取消業者等の措置命令規定の準用」などが追加されています。そして、直近の法改正や法人の破産手続との整合性などを反映させたのが、令和3年指針です。

COP：「許可取消業者等の措置命令規定の準用」って食品転売問題で行政が産廃業者に改善命令をかけたけれども、その効力を維持するために取り消さなかったということに端を発しているんでしたっけ？

G先生：そうですね。改善命令は対象が事業者、処理業者限定なので取り消したら命じた対象がなくなってしまう。なので、許可取消しても廃食品等の産廃を適正に保管することを命

図表3　「17年指針」の主な改正点

①平成15年改正による欠格要件等の該当時の許可取消処分の覊束化に伴う対応
②平成15年改正による許可取消処分に係る聴聞通知後の事業廃止等の許可取消処分の要件追加への対応
③平成15年改正による廃棄物疑い物の報告徴収・立入検査創設への対応
④平成15年改正による不法投棄や不法焼却未遂罪への対応
⑤平成16年改正による不法投棄や不法焼却目的運搬罪、指定有害廃棄物の処理基準違反への対応
⑥廃棄物該当性の判断基準の記載
⑦取消処分・停止処分の要件の記載の精緻化
⑧報告徴収・立入検査の積極活用の詳述
⑨措置命令の取扱いの明確に記載
⑩第19条の6による措置命令の要件の詳述
⑪措置命令と代執行の関係を明確に記載
⑫行政処分の公表の記載
⑬刑事告発における行政と捜査機関の連携に関する記述

じる制度が法第19条の10として創設されました。まぁ、食品転売問題では悪臭も発生していたようですから、本来は措置命令を発出すべきものだったとは思いますが。

COP：委託した処理業者の許可が取り消された場合、排出事業者はどのように対応すればよいのですか？

G先生：産廃を委託した産廃業者が許可を取り消された場合、法第14条の3の2第3項で「許可が取り消されました。御社から引き受けた産廃はまだ保管されており、処分されていません。申し訳ございませんが、他者に委託をお願いできませんか」のような通知が排出事業者になされますので、新たに別の処理業者に委託することになります。まぁ、保管されている産廃がなくなるまで、許可取消しされた処理業者は適正保管しなければなりませんし、違反があれば行政は行政指導あるいは法第19条の10により適正保管を指導あるいは命じ続けることになります。

COP：いつまでも排出事業者が引き取らない限り保管が続くわけですか。着地点が見えないよく分からない制度ですね。いろいろ問題点も

ありそうですね。

G先生：この解説を始めると大変なことになるので、以前、排出事業者向けのセミナーで使用したパワポを**図表4**としてお示ししておきますので、理解を深めてください。

COP：はいはい。

G先生：そういえば「親子法人特例認定に対する行政処分等の考え方」も加わりましたね。

COP：親子法人特例認定制度についてはうちの企業でも検討しています。

G先生：親子法人特例認定業者は「一（ひとつ）の事業者」と法第12条の7第5項で規定されていますので、特例認定業者の誰かが不法投棄を実行行為に至った場合、特例認定を受けた事業者全てが法第19条の5の措置命令対象となりますので注意が必要です。

COP：先ほどの法第19条の6も同様ですか？

G先生：同じですね。特例認定業者も排出事業者ですから。

COP：令和3年指針はもう一度よく読んでみますね。

G先生：特に令和3年指針の第10の「排出事

図表4　許可取消業者の措置命令の準用（法第19条の10）

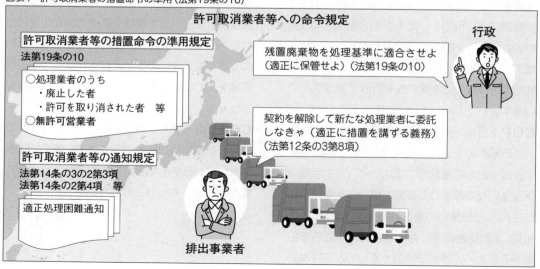

業者等に対する措置命令」（法第19条の6）の「趣旨」はよく読んでください。「排出事業者の処理責任」のエッセンスがギュッと詰まっています。

COP：いやー、排出事業者処理責任を痛感しますね。企業、排出事業者としての処理責任をしっかり全うしなければと改めて思いました。万が一、違反行為を引き起こしてしまった場合は、行政処分が発出されても受忍し、命ぜられたことをしっかり措置しなければいけませんね。

G先生：そうですね。令和3年指針の前文の「都道府県・政令市は違反行為による生活環境の保全上の支障の事態を招くことを未然防止し、適正処理を確保し、廃棄物処理に対する国民の不信感を払拭するため、積極的かつ厳正に行政処分を実施されたい」との環境省の強い意向を自治体は受けているので、本気ではあります。

COP：さらに、この前文では「一部の自治体が断固たる姿勢をとらず、行政処分を講じなかったことが、大規模不法投棄を発生させ、廃棄物処理と廃棄物行政に対する国民の不信を招いた大きな原因である」とのくだりがあり、自治体に厳しいですね。

G先生：この環境省の強い意向が、自治体職員の資質向上を目的とした1週間泊まり込みの環境省の研修、いわゆる"産廃アカデミー"が平成17（2005）年から始まりました。環境省は地方自治体職員に本気の産廃行政を吹き込んでいます。

COP：研修を受けた職員の皆さんは「いたずらに行政指導を繰り返す」ことなく、「違反事実を行政庁として客観的に認定」して、「生活環境保全上の支障を生じる事態を招くことを未然に防止」し、「廃棄物の適正処理を確保する」とともに、「廃棄物処理に対する国民の不信感を払拭する」ため、現場で頑張っているんですね。

G先生：「断固たる姿勢により法的効果を伴う行政処分を講じる」ことが必要となりますね。そうしなければ、例えば措置命令の項にあるように「（自治体）合理的根拠なくしてその権限の行使を怠る場合には違法とされる余地があること」として、大臣による代執行や国家賠償請求訴訟の認容のおそれも示唆していますからね。排出事業者に対しては廃食品の転売事案や建設廃棄物の孫請けによる不法投棄事案を受けて「廃棄物処理に関する排出事業者責任の徹底について」（平成29年3月21日環廃対発第1703212号・環廃産発第1703211号環境省大臣官房廃棄物・リサイクル対策部廃棄物対策課長通知）の通知も出されています。

COP：我々排出事業者もしっかり法令を理解して優良な産廃業者に委託して、処理の実地確認など抜かりなく最終処分や再生まで確認しなければなりませんね。

G先生：確認しないと。**図表5**、これも研修会で使用したパワポですが、このようになってしまいますよ。産廃処理は社会経済活動のインフラでなくてはならないものです。安定的な社会経済活動を持続する上でも適正処理が欠かせないわけです。それだけに、産廃問題は喫緊の課題ということです。排出事業者は処理責任の精神をしっかり持って、また、自治体職員は的確な権限行使によって悪徳な者を市場から退散させる、あるいは是正させるといった、それぞれの立場で生活環境の保全と産廃行政への国民の信頼を高めていく努力をしていかなければなりませんね。

COP：なんだか、シビアな「いつできた」でした。廃棄物処理法というか産廃問題の切迫感について行政処分指針を通じて垣間みたような気がします。ありがとうございました。

図表5　排出事業者が実地確認したら……

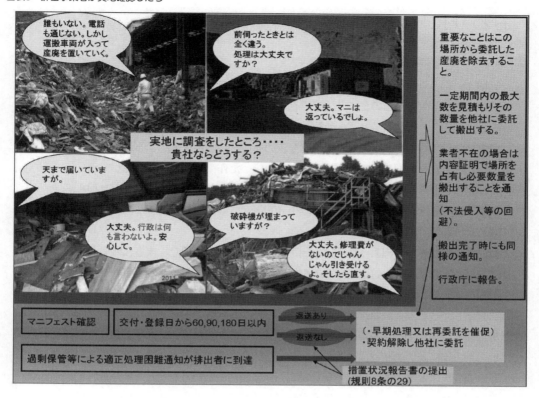

 **まとめノート**

▶**昭和59(1984)年**　最初の指針「産業廃棄物処理業者に対する行政処分の指針について」を通知

▶**平成6(1994)年**　昭和59年の指針を一部改正し通知

▶**平成13(2001)年**　「行政処分の指針について」を通知。自治体が厳格な処分を促される内容になる。

▶**平成17(2005)年**　平成13年の指針を廃止し、新たに現在の原型となる「行政処分の指針」を通知。廃棄物該当性判断として総合判断説が

記載されるなど、学識経験者や自治体職員の生の声が反映される。

▶**平成25(2013)年**　平成17年の指針を廃止し、新たに「行政処分の指針」を通知。建設工事の排出者関連など直近の法改正を反映

▶**平成30(2018)年**　平成25年の指針を廃止し、新たに「行政処分の指針」を通知。有害使用済機器関連など直近の法改正を反映

▶**令和3(2021)年**　平成30年の指針を廃止し、新たに「行政処分の指針」を通知。法人の破産手続との整合性や直近の法改正を反映

おわりに

　昭和45（1970）年に廃棄物処理法が制定されてから50年以上が経過した。令和という新たな時代に入ったこのタイミングで、「廃棄物処理法 いつできた？ この制度」（令和版）が出版されることとなり、今回、執筆とともに編集を担当する機会をいただいた。

　編集といっても、テーマと執筆担当者を決めること、内容を確認すること、執筆者全員で査読して出た意見を調整して修正すること、といった作業なのだが、果たして自分にそんな大役が務まるだろうか、そんな心配をしつつも、ありがたく引き受けることとした。

　執筆・編集を進めていく中で過去の改正通知等を読み返しながら、初めて廃棄物処理法に出会った頃を思い出していた。

　私が廃棄物処理法に出会ったのは、制定から三十数年を過ぎた、まさに法令改正の嵐の時期であった。産業廃棄物処理業許可の欠格要件の強化やマニフェスト制度が義務化された後の頃である。マニフェストの使い方や記載方法の周知に取り組んでいる最中に、制度上の不備に対応した改正が行われ、再度周知に走るといった状況であった。

　その後も硫酸ピッチや石綿の問題といった課題への対処など、めまぐるしく改正が行われていった。当時新人の私は、過去の通知や疑義照会を読んで制度やその歴史を学び、さらに最新の通知を読んで改正内容を把握し現場対応に臨む、といったことを繰り返していた。大変ではあったが、廃棄物処理法の奥深さを感じ始めるとともに、新たな知識や発見を得られる楽しみを覚えた。

　当時参加した研修会の講師の方々や相談相手であった先輩方から教わるその知識の豊富さにも驚いたものだった。早く先輩方の知識に追いつき追い越したい。そんな思いで必死だった。

　今回の執筆・編集作業でも、お互いの内容を精査し、議論する中で新たな発見・知見も得られた。人によって様々な見解があり、意見を出し合い、議論する。中には結論が出ないものもある。だから廃棄物処理法は面白い。昭和、平成、令和と時代・時勢に応じて改正されてきた廃棄物処理法は、今もこれからも進化し、そして深化していくのだろう。いや、していかなくてはならない。そう実感した。

　最後に、執筆と編集の機会をいただいたことに改めて関係者の皆様に感謝し、この本がより多くの方に愛され、活用されることを期待している。

　　令和5年11月吉日

廃棄物処理法愛好会
執筆者代表　三浦大平

執筆者紹介

廃棄物処理法愛好会

長岡文明 （第1回、第2回担当）

元山形県職員。BUN環境課題研修事務所。環境計量士、公害防止管理者、ビル管理士等。環境省環境調査研修所基礎研修・産廃アカデミー講師、栃木県環境審議会専門委員。（一財）日本環境衛生センター専任講師。（公財）日本産業廃棄物処理振興センターテキスト執筆委員、専任講師。（一社）産業環境管理協会講習会講師。
著書：『土日で入門、廃棄物処理法』、『どうなってるの？廃棄物処理法』、『廃棄物処理法の重要通知と法令対応』、『対話で学ぶ廃棄物処理法』、『廃棄物処理法問題集』

田村輝彦 （第15回、第16回、第18回担当）

元岩手県職員。環境省環境調査研修所基礎研修・産廃アカデミー講師。『廃棄物処理法問題集』共同執筆者。

是永　剛 （第3回、第5回、第6回、第21回担当）

長野県職員。環境省環境調査研修所基礎研修・産廃アカデミー講師。『廃棄物処理法問題集』共同執筆者。

神田善弘 （第10回、第13回、第14回担当）

山形県職員。技術士（衛生工学部門）、公害防止管理者。（公財）日本産業廃棄物処理振興センター主催研修会講師。

横山英史 （第6回、第17回、第19回、第20回担当）

山形県職員。福岡県主催研修会講師。（公財）日本産業廃棄物処理振興センター主催研修会講師。（一財）日本環境衛生センター 廃棄物処理施設技術管理者講習 管理課程「廃棄物処理法と関係法規」執筆（第1章）及び査読（第2章〜第4章）（令和3年度版）。

三浦大平 （第4回、第7回、第8回、第9回、第11回、第12回担当）

山形県職員。気象予報士、気象防災アドバイザー（国土交通大臣委嘱）、公害防止管理者等。（公財）日本産業廃棄物処理振興センター電子マニフェスト情報利活用高度化ワーキンググループ委員。（公財）日本産業廃棄物処理振興センター主催研修会講師。

廃棄物処理法 いつできた? この制度 （令和版）

令和5年11月10日　初版発行

編　集　廃棄物処理法愛好会　長岡文明（編集代表）

発　行　株式会社オフィスTM
　　　　〒108-0023 東京都港区芝浦 4-22-1-1413
　　　　TEL/FAX 03-5443-2154
　　　　http://officetm.co.jp

発　売　TAC株式会社 出版事業部（TAC出版）
　　　　〒101-8383 東京都千代田区神田三崎町 3-2-18
　　　　TEL 03-5276-9492（営業）
　　　　https://shuppan.tac-school.co.jp/